本书得到国家重点研发计划项目(NO.2017YFD0301401,NO.2018YFD0301304)资助

湖北稻麦两熟制发展与技术创新

江 洋 主编

中国农业出版社
北 京

内容简介

稻麦两熟制是我国南方稻区重要的种植制度，在确保我国粮食安全方面发挥着重要的作用。湖北省是粮食生产大省，生产中两熟制"中稻+冬作"占主导地位，随着中稻和小麦高产技术体系的建成，以及水稻和小麦机械化程度的提高，稻麦两熟制占比进一步增大。本书在介绍湖北省稻麦两熟制发展概况的基础上，分别对稻麦两熟制中水稻和小麦的丰产技术及其增产原理进行了阐述；重点讲解了湖北省稻麦两熟制在保护性耕作、轻简化种植、水肥高效管理、全程机械化等方面的技术研究与创新。在此基础上，提出了适用于湖北省稻麦两熟区稻麦周年丰产高效技术体系，并对技术模式在生产中应用可能遇到的问题进行了分析与解答。

本书可作为湖北省稻麦两熟模式技术推广的培训教程，可供学生、业者、农技人员及相关科研人员阅读。

主　编　江　洋

副主编　曹凑贵　涂德宝

参　编　蔡明历　王恩庭　潘克强

前　言 QIANYAN

中国大约50%以上的耕地实行多熟制种植，为耕地复种率最高的国家之一。充分利用土地，提高复种指数和粮食产量，提高经济生态效益，为中国粮食安全和农业可持续发展创造了良好的基础条件。在有限的耕作土地条件下，稻麦两熟轮作制度成为维护中国粮食安全有效的途径之一。稻麦两熟制主要分布于温光资源充沛的中国南方地区。我国南方稻区发展稻麦两熟种植制度对提高单位土地面积上粮食产量、维护国家粮食安全、促进农村经济发展均具有十分重要的意义。

稻麦两熟制是我国重要的种植制度，具有悠久的历史。早在唐代，诗人白居易就在其诗句中描述了苏州稻麦两熟的景象。中唐以后，太湖流域及两湖地区，两熟种植开始显现规模。《天工开物》一书记载，宋代，我国政治经济中心南移，中原人口大量迁入南方，为了缓解粮食需求激增的压力，将“川、云、闽、浙、吴、楚”等地的稻田冬闲改为冬种小麦。明、清时期，人口激增，为了解决粮食需求问题，甚至出现了麦—早稻—晚稻三熟的情况。如今，稻麦两熟制已经成为南方稻区重要的种植制度，在确保我国小麦粮食总产中发挥着重要的作用。

现今稻麦生产的发展不仅体现在面积上的增加趋势，而且还需要发展高产高效的耕作制度，必须要有新的技术和生产要素的更合理组合。中国粮食问题的解决主要是依靠耕地，其核心是改革耕作制度，增加复种指数，组装配套现有的高产优质稻麦品种及生产技术，努力提高稻麦的单产，从而满足不断增长的需求。

湖北省是粮食生产大省，素有“湖广熟，天下足”之美誉。湖北地处中亚热带向北亚热带过渡区，属于典型的亚热带暖湿季风气候。光温资源充足，降水充沛，雨热同期，是单双季稻混作区及稻田两熟制种植区，两熟制“中稻十冬作”占主导地位。随着中稻高产技术体系建成，水稻和小麦机械化程度的提高，稻麦两熟占比逐渐增大。湖北省水稻种植面积常年高达 230 多万 hm^2，小麦种植面积高达 100 多万 hm^2，其中50％～60％为稻茬麦。笔者研究湖北省稻麦两熟制模式近 20 余年，对湖北省稻麦两熟制模式中的关键技术进行了发展与创新，在保护性耕作、轻简化种植、水肥高效管理、全程机械化等方面形成了一系列理论成果与特色技术，在此基础上创建了适宜湖北生态区特点的稻麦两熟区稻麦周年丰产高效技术体系，可为湖北省稻麦两熟制的应用与发展提供重要理论依据与技术参考。

编著本书的目的是针对湖北省的生态气候特点，系统总结在稻麦两熟制模式技术研发和创新的基础上，建立起的湖北省稻麦两熟区稻麦周年丰产高效技术体系，同时对技术模式在生产应用中可能遇到的问题进行了分析与解答。全书在介绍湖北省稻麦两熟制模式发展概况、阐明稻麦两熟制关键技术增产原理的基础上，重点讲解了湖北省稻麦两熟制在保护性耕作、轻简化种植、水肥高效管理、全程机械化等方面的技术研究与创新，以促进湖北省稻麦两熟制的规模化、标准化、专业化、绿色化发展。

在编写过程中，参考了大量相关学科研究成果、模式及技术要点、规程及技术标准，文中尽量标明了出处，但部分无法查出来源的未能标明出处，恳请谅解。在此，对相关成果提供者一并表示敬意和感谢。

我们本着理论与实践相结合的原则，在注重科普性与实用性的同时，尽可能深入浅出地阐述相关科学道理，写明技术要点，力求简明扼要，通俗易懂。但由于稻麦两熟制模式涉及稻麦品种多、生产环节多、技术性强，加之编者学术水平和生产经验有限，时间仓促，不足之处恳请读者批评指正。

编　者

2020 年 3 月

目 录 MULU

第一章　湖北稻麦两熟制的发展

第一节　稻麦两熟制的分布及意义

中国大约有50%以上的耕地实行多熟制种植，是耕地复种指数最高的国家之一。中国多熟制种植的历史悠久，20世纪50年代至今，逐步形成水稻—小麦、水稻—油菜、水稻—绿肥等一年两熟和一年三熟的多熟系统。多熟制种植可以充分利用土地，提高复种指数和粮食产量，提高经济生态效益，为国家粮食安全和农业可持续发展创造了良好的基础条件。在有限的耕作土地条件下，稻—麦轮作制度成为维护国家粮食安全有效的途径之一。多熟制种植主要分布于温光资源充沛的中国南部地区，我国南方稻区发展稻—麦两熟制种植对提高单位土地面积上的粮食产量、维护国家粮食安全、促进农村经济发展均具有十分重要的意义。

一、中国稻作概况

近50年来，中国水稻产区发生了以下几个变化：

(1) 北方水稻的生产中心发生北移，由华北向东北的松辽盆地转移。

(2) 华中和华东地区中稻和一季晚稻种植面积增加。

(3) 双季稻面积减少。目前，中国水稻种植主要分布于东北三省、长江中下游地区以及东部和南部的沿海地带。东北三省地处欧亚大陆，属于温带大陆性季风气候区。境内雨热同季，日照丰富，积温较高，冬长夏暖，春秋季短，四季分明；雨量不均，东部较湿而西部较干；无霜期130～200 d，≥0 ℃年积温在2 000～3 200 ℃，大部分农业区为2 800～3 200 ℃；≥10 ℃年积温多在2 000～2 800 ℃，适于玉米、水稻、大豆、春小麦等多种粮食作物生长。是玉米和水稻的优势生产区，素有“优质水稻产区”、“黄金玉米带”和“大豆之乡”的美誉。由于东北地区冬季极端气温在－30 ℃以下，所以东北三省为一年一熟区。南方稻区包括长江中下游水稻产区以及东部和南部沿海地区水稻产区，是重要稻田多熟优势发展区。东部及沿海地区，地处亚热带和热带，受热带及亚热带季风气候的影响，无霜期在300 d以上甚至全年无霜，年降水1 300～2 500 mm，热量充足，形成以水稻种植为主的一年两熟或三熟种植制度。长江中下游地区水稻种植面积及产量均占全国50%以上，是重要的水稻种植区域、粮食生产地。长江中下游地区包括湖北、湖南、江西、安徽、江苏、浙江、上海六省一市，大部分位于秦岭、淮河以南和南岭以北，地处亚热带和暖温带，受亚热带暖湿季风气候影响，四季分明，≥0 ℃年积温在 5 600～6 800 ℃，年降水量 850～1 700 mm，无霜期 230～300 d。雨热同季，适于夏秋粮食作物生长，适宜发展稻田多熟制，一年两熟或三熟。

二、稻麦两熟制的面积与分布

稻麦两熟制是我国重要的种植制度，具有悠久的历史。唐代诗人白居易曾在诗句中描述了苏州稻麦两熟的景象。《天工开物》记载，宋代，我国政治经济中心南移，中原人口大量迁入南方，为了缓解粮食需求激增的压力，将“川、云、闽、浙、吴、楚”等地的稻田冬闲改为冬种小麦。明、清时期，人口剧增，为了解决粮食需求问题，甚至出现了种植麦—早稻—晚稻三熟的情况。如今，稻麦两熟制已经成为南方稻区重要的种植制度，在确保我国小麦粮食总产中发挥着重要作用，尤其是在北方小麦产量受地下水位下降影响严重的情况下。

我国小麦种植面积常年为 2 400 万 hm^2 左右，主要集中于河北、山西、内蒙古、黑龙江、江苏、安徽、山东、河南、湖北、四川、云南、陕西、甘肃、宁夏及新疆 15 个省、自治区。稻茬麦是小麦生产中的重要组成部分，主要分布于黄淮南部、长江中下游以及西南三大冬麦区。其中，江苏、安徽、湖北、河南等省稻茬麦面积较大（表 1-1）。

安徽小麦生产面积常年为 240 万 hm^2 左右，占全国小麦总种植面积的 1/10，其中稻茬麦面积占全省小麦种植面积的 1/5，小麦单产 4.5～6.0 t/hm^2。主要分布于：

（1）安徽沿淮及淮北平原地区。本处处于南北过渡带，海拔一般在 100 m 以下，属于暖温带半湿润型气候，常年平均气温在 13～15 ℃，小麦生长季内≥0 ℃积温为 2 000～2 300 ℃，日照时数 1 400～1 700 h。本区具有较大的昼夜温差，有利于小麦的生长发育和产量的形成，是稻茬麦高产区，小麦年均单产高达 5.2 t/hm^2。是重要的中、强筋小麦产区。

（2）沿江稻茬麦区。本区常年日均温为 15～16 ℃，秋季降温慢，冬季极端低温 7.5～10.8 ℃，无霜期 230 d 左右，常年小麦的越冬期较短。小麦生长季降水常年在 450～500 mm。本区沿江高沙土区是我国优质弱筋小麦的优势产区。

（3）丘陵山地稻茬麦区。本区属于热带湿润气候向暖温带半湿润气候的过渡带，年平均气温为 14～16 ℃，秋季温度较高，春季回温较快，小麦生长季降水常年为 400～500 mm，适宜种植中强筋小麦。

江苏小麦常年种植面积达 210 万 hm^2，其中 3/4 为稻茬麦，小麦单产达 4.8 t/hm^2 左右。江苏小麦生产区包括：

（1）沿淮及淮河以北的灌溉区，适宜强筋小麦种植。

（2）沿江沿运稻麦生产区，多为高沙土区，适于弱筋小麦种植。

（3）丘陵山地种植区，适宜中强筋小麦种植。

（4）沿海稻茬麦生产区（江苏南通、盐城、连云港等地），适宜春性弱筋小麦种植。

四川和重庆小麦常年种植面积为 65.8 万 hm^2 左右，稻茬麦约占 40%。四川稻茬麦为盆地平原稻茬麦，海拔在 400～700 m，是四川小麦的高产区，平均每公顷单产 4.5～5.2 t。盆地平原气候温和，常年平均气温 16～18 ℃，日照时数 1 100～1 300 h，年降水量约

1 000 mm，春季降水量 150～350 mm。

河南小麦种植面积为 500 万 hm^2，稻茬麦占 10%～15%，主要分布于信阳、南阳以及驻马店等市县。

湖北小麦种植面积达 110 万 hm^2，其中约 3/5 为稻茬麦，小麦年均单产为 3.8 t/hm^2 左右。是南方稻茬麦的重要组成部分，包括沿江稻茬麦区、丘陵稻茬麦区（鄂北大部分地区）以及江汉平原湿地稻茬麦区。江汉平原湿地稻茬麦区，海拔低，境内水系发达，地下水位较浅。常年平均气温 15～17 ℃，没有明显的越冬期；降水量多在 1 000 mm 以上，小麦生育期内降水 500～600 mm；小麦生育期内日照时数为 1 000～1 100 h。

表 1-1　稻麦两熟的主要分布省份与面积

地　区	稻茬麦面积（万 hm^2）	数据来源
全　国	480	张斯梅，2019
河　南	60	陈素娟，2017
江　苏	160	杨四军，2011
安　徽	48	杜祥备，2020
四川和重庆	26	汤永禄，2010
湖　北	65	高春保，2016
其　他	30～50	

三、稻麦周年丰产与粮食安全

"粮安天下""民以食为天"均体现了粮食的重要性。纵览中华五千年文明历史，历代盛世均离不开丰实的粮食供给，粮食盈实成为国家昌盛，人民安居乐业的根基。中国是人口大国、粮食生产大国，同时也是粮食消耗大国。从中长期发展趋势来看，受人口、耕地、水资源、气候、能源以及国际市场变动的影响，加上消费需求的刚性增长，国内的粮食供需将长期处于趋紧平衡态势。粮食增产是我国农业生产重中之重。2008 年 10 月 12 日中国共产党第十七届中央委员会第三次全体会议通过了《中共中央关于推进农村改革发展若干重大问题的决定》，指出，必须巩固和加强农业基础地位，始终把解决好十几亿人口吃饭问题作为治国安邦的头等大事。坚持立足国内实现粮食自给方针，加大国家对农业支持保护力度，深入实施科教兴农战略，加快现代农业建设，实现农业全面稳定发展，为推动经济发展、促进社会和谐、维护国家安全奠定坚实基础。粮食安全任何时候都不能放松，必须常抓不懈。加快构建供给稳定、储备充足、调控有力、运转高效的粮食安全保障体系。把发展粮食生产放在现代化农业建设的首位，稳定播种面积，优化产品结构，提高单产水平，不断增强综合生产能力。水稻和小麦是我国主要口粮，保证和提高水稻、小麦的产量更是我们保障粮食安全的工作重点。

我国幅员辽阔，南北跨度包括了热带、亚热带、暖温带等宜于多熟种植的气候类型。现阶段以光、热为主体的气候资源远未成为农业发展的制约因素，然而因地形、地貌等原因，可用耕地面积较小。因此在有限的耕种土地上，提高粮食作物单产和提高复种指数是提高粮食总量的重要途径。复种是我国农业生产的宝贵经验，可以有效地扩大耕地种植面积。在宜于多熟种植的气候区发展多熟制种植，是提高粮食产量的有效途径之一。我国南方稻区，是极适宜多熟制发展的重要区域。该区域多年来形成了稻麦、双季稻，甚至是小麦—早稻—晚稻的三熟种植制度。通过复种模式，构建吨粮田对于我国粮食安全具有重要的意义。2019 年在双季稻适宜区湖南常德创下了双季稻合计每公顷产 20.475 t 的高产记录，实现了吨粮田。但在一些光、温资源充足，夏季多雨，冬季干旱的地区不宜发展双季稻，在这些区域实施稻麦轮作，也可达合计亩产吨粮目标。然而大多区域仍以冬闲田为主。我国长江流域地区冬闲田总面积为 2 055 万 hm^2，占耕地总面积的 45.49%。若能开发长江中下游地区冬闲田种植小麦，参照湖北省小麦平均产量，年生产小麦可达 7 000 万 t 左右。因此，稻茬田改冬闲为冬种小麦，发展稻麦轮作，对于提高粮食作物总产，确保我国粮食安全具有重要意义。

四、稻麦两熟制的发展趋势

随着人口增长，对粮食的需求量越来越大，供求缺口逐渐增大。生产任务中，稻麦轮作的发展不仅要体现在面积上的增加，而且还需要发展高产高效的耕作制度，以及要有新的技术和生产要素的更合理组合。中国的粮食问题的解决主要是依靠耕地，提高单位面积单产，其核心是改革耕作制度，增加复种指数，组装配套现有的高产优质稻麦品种及生产技术，努力提高稻麦的单产，从而满足不断增长的需求。

中华人民共和国成立以来，稻麦两熟种植面积出现了增—减—增的发展趋势。中华人民共和国成立后，通过土地改革，极大地调动了农民生产积极性。随着各地爱国增产运动的蓬勃兴起和以水利建设为中心的农田改良全面展开，在总结种植经验的基础上，借助科学技术的进步，在宜于多熟种植的区域，大力倡导扩大多熟种植。南方稻区通过改冬闲田为冬种小麦，扩大了稻麦种植面积。改革开放后，稻茬小麦种植面积缩小。造成这一现象的主要原因有：①长期以来农产品特别是粮食价格偏低，冬季作物产量不高，收益较差。②第二、三产业迅猛发展，城乡差距悬殊，特别是在长江中下游地区，农业效益明显低于其他产业，大量劳动力向城镇转移，农村青年劳动力缺失，导致冬季农田闲置现象普遍。③机械化水平不高，尤其是稻茬麦机械化种植难度大。近些年，稻茬麦种植面积有所回升。归因于：①小麦品种及中稻品种的改良，使得小麦产量及中稻产量增加，大幅度实现了吨粮田，增加了农民收益；②优质品种的选育推广，提高了稻麦收购价，特别是小麦的收购价格，增加了农民收益，极大地提高了农民冬种小麦的积极性；③机械化程度的提高，特别是稻茬麦机械化水平的提高，不仅减少时间、人力投入和减轻劳动强度，而且还提高了小麦的播种水平，构建了较优的生长群体，提高作物产量，极大地调动了农民种植积极性。

就栽培技术而言，根据稻麦两熟地区的实际情况，稻麦两熟耕作栽培方式的发展方向可归纳为以下八个方面：①从只注重产量提高向同步提高产量、品质及效益方向转变，引进和选育适宜不同区域的高产优质品种。②由于农村青壮劳动力向城镇转移，农村多为老人、妇女等劳动力较弱群体，对稻麦轻简化栽培技术的渴望越来越大，所以轻简化栽培是未来稻麦发展趋势之一。③提高稻麦轮作系统的肥水利用率仍是农业工作者的工作中心之一，未来的稻麦生产中将不断地采用和发展节水、节肥精确定量栽培技术。④以农户为单位的稻麦种植规模小，管理水平不一、产量品质形成不一，应推动区域集约化生产经营、和标准化栽培生产，使得产量、品质水平统一，均达到较优水平。⑤因地制宜，根据不同区域土壤和气候特点，选择相应的品种，生产当地优质稻麦产品；扩大同品种生产规模，构建农产品生产与加工业需求衔接桥梁，从而加快农产品销售，增加农民收益，提高农民积极性。⑥综合利用稻麦秸秆资源，实施稻麦免耕套种、秸秆还田培肥土壤、秸秆饲料化利用以及秸秆沼气发电等措施，避免对农田、空气和地下水产生污染，保护资源环境，实现可持续发展。⑦随着栽培管理技术和信息技术的革新，未来互联网应用技术和智能化管理技术将大幅度用于稻麦生产中。⑧更加重视环境保护和产品安全卫生，研究推广环保型、无公害型清洁生产技术管理体系，推动农业向高产、优质、高效、生态、安全全方位发展。

第二节　湖北稻作制度的发展

湖北省是粮食生产大省，素有“湖广熟，天下足”之美誉。湖北地处中亚热带向北亚热带过渡区，为典型的亚热带暖湿季风气候。光温资源充足，降水充沛，雨热同期，是单、双季稻混作区及稻麦两熟制适宜区。其中两熟制（中稻＋冬作）占主导地位，随着中稻高产技术体系建成，水稻和小麦机械化程度的提高，稻麦两熟的占比逐渐增大。湖北省水稻种植面积常年高达230多万 hm^2，小麦种植面积高达100多万 hm^2，其中50%～60%为稻茬麦，其稻麦周年丰产高效技术体系正不断更新和逐步完善。

一、湖北省自然资源及条件

湖北属典型的亚热带暖湿季风气候，年平均气温15～17 ℃，7月平均气温为27～29 ℃，无霜期230～300 d，年降水量800～1 600 mm。降雨量主要集中于6～7月，雨热集中，7月中旬以后雨带逐渐北移退出湖北，冬季受西伯利亚干冷气团控制，降雨量较少。年降水量地区分布特点是南多北少，山区多，平原河谷少，变化在750～2 100 mm之间。具有光能充足、热量丰富、无霜期长、降雨丰沛、雨热同季等特点，为粮食作物全面发展创造了优越条件，适于多熟种植。全省种植制度以一年两熟为主。光温资源与江淮稻区相近，是稻麦两熟适宜种植区域。

湖北省境内水系发达，水域广阔，河流纵横，湖泊棋布，素有“洪水走廊”“千湖之省”之称，长江自西向东横贯全省，并有洞庭湖的湘、资、沅、澧四水和汉江汇入干流。河长100 km以上的河流有38条，10 km以上河流有1 700多条。全省地表水、地下水总量达1 035.9亿 m^3，客水量达6 394.66亿 m^3，水资源较为丰足，为水稻和小麦等粮食生产打下良好基础。

湖北省土地面积为18.59 km^2，占全国陆地面积的1.94%。其中平原地区占19.9%，丘陵岗地占35.8%，山区占44.3%。耕地总面积为492.2万 hm^2，占全国耕地面积的8.5%，人均耕地0.08 hm^2。在耕地总量中，坡度<25°的宜耕地面积约为450万 hm^2，占

耕地总面积的91%以上。

改革开放后，湖北省得益于国家工业化水平显著提高，有力地促进了粮食生产能力的提升，以水利化为主的中低产田改造和渍涝的排除，旱涝保收的基本农田面积已超过全省耕地面积的半数之多。以化肥利用为主体的物质投入的农业化学化水平也得到了大幅度提高。同时，农业机械化水平也得到了大幅度提升，机械化贯穿于耕地—播种—施肥—田间管理—收获整个农业生产环节。2017 年，全省耕地机械总数达到 250 万台，排灌机械总数达 230 多万台，其他机械水平也相应得到较大的突破并有继续上升的趋势（图 1 - 1）。同年拥有农用机械操作证书的人员已经达到 240 万人次。稻麦联合收割机的发展以及机械员的增加对稻—麦全程机械化推广起到了促进作用。

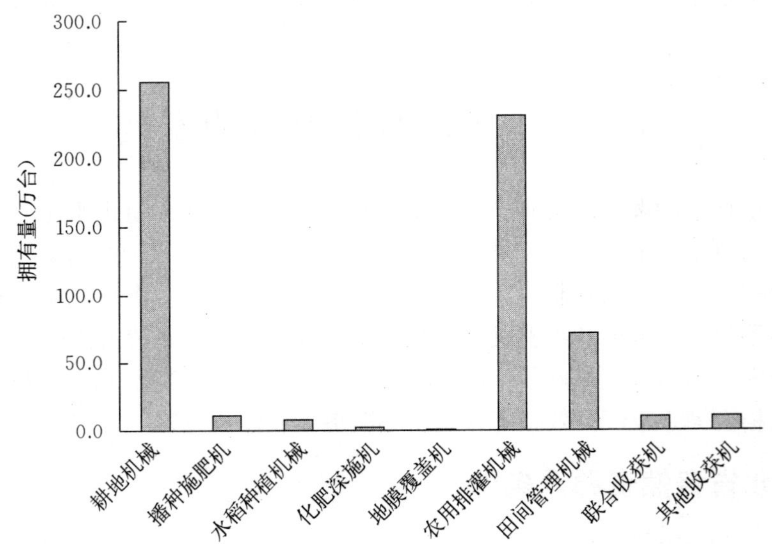

图 1 - 1　湖北省不同类型农业机械拥有量

（耕地：耕整机、机耕船、机引犁、旋耕机、深松机、机引耙；播种施肥机：播种机、免耕精少量播种机；水稻种植机械：水稻直播机、水稻插秧机；农用排灌机械：排灌动力机械、农用水泵节水灌溉类机械；田间管理机械：机动喷雾机；联合收获机：稻麦联合收割机、玉米联合收割机；其他收获机：大豆、油菜等收获机）

二、湖北省稻作制度概况

湖北省是水稻种植大省，全省水稻种植面积常年高达 230 万 hm^2，占总耕地面积 50%左右，是重要的水稻种植区。全省可划为 7 个稻区，鄂中北丘陵、鄂西北山地、鄂东南低山丘陵、鄂西北山地、鄂西南山地、鄂东丘陵岗地及江汉平原 7 个稻区。湖北省气候优越，是极好的稻田多熟制发展区域。

长期以来湖北省的多熟种植模式有油菜—棉花、稻—油、稻—麦、冬闲—早稻—晚稻、绿肥—早稻—晚稻、蔬菜—早稻—晚稻、玉米/花生、马铃薯—玉米。随着稻作高产高效栽培技术体系的建成以及农业机械化的推广，目前形成了以水稻为主的稻田多熟种植模式，例如稻—麦、稻—油、稻—马铃薯、玉米—水稻、稻田种养以及集成资源节约高效、效能稳定提升、产品绿色优质的基于水稻生产的多种高效种养模式。其中稻—麦种植面积较大，达 60 万 hm^2 以上。湖北省“十三五”提出要扩大“稻—麦”种植面积，发展“中粳—小麦”轮作模式。

三、湖北省稻麦两熟制的发展

湖北省耕作面积较大，是以长江流域为主的华中地区稻作区重要组成部分，水稻种植面积 230 万 hm^2 左右，稻谷总产 1 790.2 万 t，分别位居全国第 6 位和第 5 位。同时湖北省也是中国十大小麦生产省份之一，2013 年湖北省小麦面积和总产规模占全国第 7 位和第 8 位。2015 年湖北小麦面积达到 100 万 hm^2 以上（图 1－2），总产达 400 万 t 以上（高春保等，2016）。2018 年小麦总面积 110.5 万 hm^2，小麦总产达 410.4 万 t（雷昌云等，2019）。

湖北省气候优越，是极好的稻田多熟制发展区域。近 30 年来湖北水稻种植面积呈现出先减后增趋于平稳发展的态势。1978—2003 年水稻种植面积有所减少（见图 1－2），主要原因有两个：一是水稻轻简化水平不高，劳动强度大，用工投入多，降低了收益，农民积极性降低，不少农民选择种植收益较高的经济作物；二是全省大力推广高产中稻品种，双季稻种植面积减少，水稻复种指数下降。如早稻及双季晚稻种植区域的水稻实际种植面积在减少，且早稻和双季晚稻种植面积的变化基本一致，鄂东南、鄂东北、江汉平原以及鄂西南的宜昌市和鄂中的荆门市早、晚稻种植面积减小程度极其显著，种植面积变化最小的是黄石市，但早、晚稻种植面积变化率也高达 28.0%和 25.7%，余下鄂中、鄂北和鄂西的随州市、襄阳市、十堰市、神农架林区以及恩施土家族苗族自治州无早、晚稻种植，属于中稻种植区。中稻和单季晚稻种植面积变化则主要集中在鄂东和江汉平原地区，其中鄂东及江汉平原的荆州市、天门市、仙桃市中稻种植面积均至少增加 40.0%。2003 至今，随着中稻精确定量高产高效栽培技术以及轻简化栽培技术体系的形成和推广，“籼改粳”工程的推进增加了农民的收入，从而提高了农民水稻种植的积极性，水稻种植面积呈现上升趋势。一季中稻代替双季稻的种植模式以及中稻高产品种培育和高产栽培技术体系发展和完善，为稻—麦等种植模式的发展提供了空间。

小麦种植也出现了先降后升的发展变化，主要原因：一是小麦高产品种缺乏，降低了农民的种植积极性；二是机械化水平不高，劳动强度大；三是江汉平原小麦产区的降水较多，赤霉病害严重等；四是小麦收购价格低，严重降低了农民的种麦积极性；五是冬季作物油菜种植面积的增加。随着油菜优良品种的培育和推广应用，1978—2000 年，油菜种植面积呈现大幅度增加，在一定程度上制约了小麦的种植。但是，近 20 年油菜种植面积不再增加，甚至出现下降的趋势，原因可能与油菜机械化难度高、劳动强度大，加上农村劳动力大量向城市转移，限制了其发展，且油菜的收益也较小麦低。如今，小麦种植面积出现了稳步上升的趋势。2003—2015 年 12 年间湖北省小麦种植面积从 79.5 万 hm^2 增加到 109.3 万 hm^2，主要原因：一是品种改良，小麦品质提升，使小麦收购价格提高，促进了农民种麦积极性。一批优质高产高抗小麦品种在生产中得到示范推广，如郑麦 9023、鄂麦 18、鄂麦 23、襄麦 25 和鄂麦 596 等，以及新审定品种鄂麦 580、漯麦 6010、先麦 8

号、鄂麦 170、襄麦 35、郑麦 119、天民 198 等，不同生育期小麦品种得到极大的丰富。二是机械化程度得到大幅度提高。2014 年湖北省推广小麦全程机械化面积 48 万 hm^2，占适宜推广面积的 50%以上。机械耕整土地 105.2 万 hm^2；机播 46.6 万 hm^2，机播率 43.3%；机收 102.6 万 hm^2，机收率达 91.6%。小麦全程机械化得到较大的推广普及。“十二五”期间，湖北省农业科学院、湖北省农业技术推广总站、华中农业大学工学院、湖北省农机局等单位联合开展了稻茬麦少免耕机械播种联合攻关，有力地促进了湖北省稻茬麦机械化水平的提高，稻茬麦机械播种从无到有，发展迅速。加之稻作机械化的发展，“稻—麦”全程机械化技术大面积推广应用，实现了降低成本、提高产量、节省劳动力和增加农民收益，极大地提高了农民种麦积极性。三是由于小麦精确定量栽培技术的发展推广，小麦产量提高，进一步提高了农民的积极性。四是产业结构调整促进小麦生产。2020 年湖北省小麦种植面积计划要稳定在 120 万 hm^2。

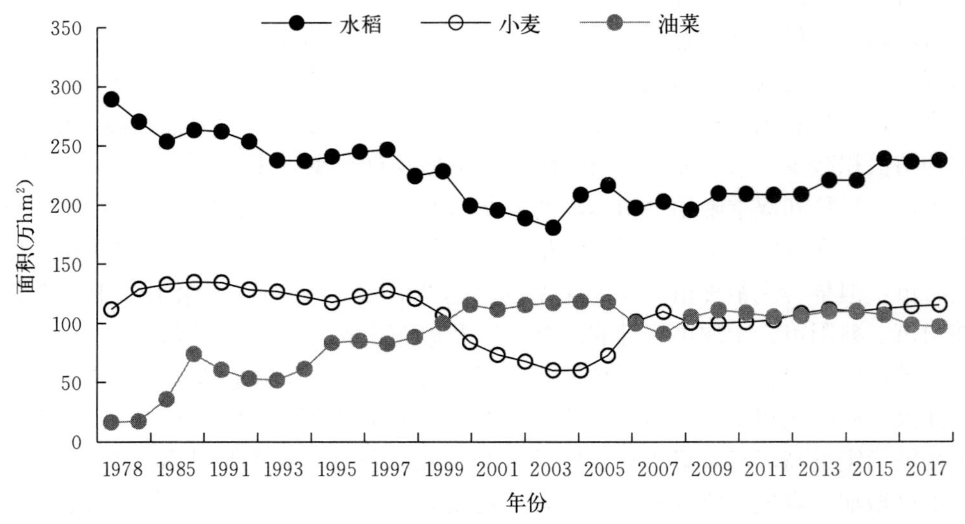

图 1-2　1978—2017 年湖北省水稻、小麦、油菜种植面积

第三节　湖北省稻麦两熟制的面积及分布

湖北省小麦种植主要集中于鄂中北（襄阳市、随州市及荆门市）、江汉平原（荆州市、仙桃市、潜江市、天门市等）及鄂西北（十堰市等）等重要种植区。鄂中北地区小麦种植总面积达 59.0 万 hm^2，约占小麦总种植面积的 51.3%；江汉平原小麦种植面积达 30.8 万 hm^2，占小麦总种植面积 26.7%（表 1-2）。鄂中北地区及江汉平原也是水稻种植的重要区域。江汉平原的粮食作物以水稻为主，其次为小麦，粮食产量占全省的 40%左右，被誉为湖北的“粮仓”。这两个区域均以“稻—麦”两熟种植为主。据初步统计，湖北小麦中 50%～60%为稻茬麦，即“稻—麦”种植面积在 50 万～60 万 hm^2，并有上升趋势。稻麦轮作是湖北省稻田多熟制的重要组成部分。

表 1-2　湖北省不同区域稻、麦种植面积（2016—2017 年）

地区	面积（万 hm^2）		
	粮食作物	小麦	水稻
全省	485.0	115.3	236.8
武汉	15.2	1.0	10.9
黄石	9.2	0.7	6.6
十堰	21.7	5.7	2.6
宜昌	31.6	3.8	8.0
襄阳	83.1	38.9	19.8
鄂州	4.4	0.6	3.0
孝感	36.8	8.5	25.7
荆门	48.1	13.1	25.6
荆州	74.5	17.7	48.5
黄冈	40.8	4.1	32.6
咸宁	20.4	0.7	15.0
随州	21.8	7.1	13.0
恩施州	36.9	0.2	4.5
仙桃	12.2	2.8	6.7
潜江	10.8	3.7	5.9
天门	17.5	6.7	7.8

数据来源：2018 湖北农村统计年鉴。

参考文献

常志强，2019. 稻茬麦机械种植技术难点与破解之策 [J]. 农机科技推广（3）：40-43.

陈素娟，2017. 稻茬小麦种植建议 [J]. 河南农业（1）：35.

高春保，佟汉文，邹娟，等，2016. 湖北省小麦“十二五”生产进展及“十三五”展望 [J]. 湖北农业科学，55（24）：6372-6376.

湖北农村统计年鉴编辑委员会，2018.《2018 湖北农村统计年鉴》[G]. 武汉：湖北农村统计年鉴编辑委员会.

雷昌云，羿国香，2019. 2018 年湖北省小麦市场综述和 2019 年市场走势预测 [J]. 湖北农业科学，58（4）：130-131.

汤永禄，程少兰，李朝苏，等，2010. 稻茬麦半旋高效播种技术 [J]. 四川农业科技（9）：20-21.

杨四军，顾克军，张恒敢，等，2011. 影响稻茬麦出苗的关键因子与应对措施 [J]. 江苏农业科学，39（5）：89-91.

张斯梅，2019. 秸秆全量还田下改进氮肥运筹对水稻物质生产与分配的影响 [C]//中国作物学会. 2019 年中国作物学会学术年会论文摘要集. 北京：中国作物学会，316.

第二章　湖北稻麦两熟制的水稻丰产技术

第一节　籼改粳及品种搭配

一、籼改粳的优势

（一）籼改粳的生产优势

关于籼粳稻生产力差异比较，前人做了较多的相关研究，但各地研究结果因生态稻区、供试品种及配套栽培技术等因素不同而存在较大的差异。笔者课题组近些年研究表明，粳稻的生育安全性要优于籼稻，在鄂中北稻区籼稻抽穗期迟于当地安全抽穗期，甚至有些品种不能安全齐穗成熟，导致灌浆充实不佳，结实率下降，产量显著低于粳稻，甚至失收。分析其产量构成因素，粳稻群体颖花量与籼稻相当或略低于籼稻，但籽粒充实性状优于籼稻，差异显著或极显著；品质方面，粳稻加工品质极显著优于籼稻，整精米率较籼稻高 20%左右，蒸煮食味品质也极显著优于籼稻，口感更佳，但外观及营养品质略逊于籼稻。因此，“籼改粳”可产生巨大经济和社会效益。事实上，无论是大面积生产还是小面积攻关研究，粳稻均有较大增产潜力。在稻麦两熟制条件下粳稻常年每公顷产量稳定在 8.25 t 左右，比全国水稻平均单产水平高出 1.65 t 左右（张洪程等，2013），尤其是近些年笔者课题组在研创水稻“壮足大”栽培技术及其理论的基础上，进一步挖掘粳稻高产潜力与优势，已连续多年在大面积示范片上实现了每公顷产量 12 t 以上的超高产记录，部分高产攻关田块每公顷产量超过 13.5 t。

（二）籼改粳的机械化轻简化栽培优势

机械化轻简化栽培条件下，多熟制水稻生育期大幅缩短，每穗粒数显著减少，所以轻简栽培也被称为“短生育、小穗型栽培”。对于以大穗为特征的杂交籼稻而言其杂种优势被弱化，而常规粳稻则可以足量的穗数达到稳定产量的目的，实现机械化轻简化栽培高产高效。此外，粳稻具有较强的感光性，适度迟插秧不仅不会影响水稻安全成熟，还能避免中籼杂交稻生产中出现的播期早、秧龄大，不利于机械插秧的问题。目前大面积生产上，粳稻主要以常规粳稻为主，播种量远较杂交籼稻大，这能有效保证成苗（穴）率和减少机插秧漏插率，降低集中育秧风险和稳定高质量群体起点，促进大面积平衡高产高效；同时，粳稻具有较强的抗倒伏能力，不易落粒，有利于机收作业。可见，机械化轻简化栽培下“籼改粳”生产优势更加明显，是实现水稻全程机械化的实用途径之一。

（三）籼改粳生产优势形成的生理生态基础

关于“籼改粳”生产优势形成的生理生态机制，人们从灌浆动态、耐凉特性及其生理生化机制等方面进行了较多探索，都一致认为粳稻具有较强的耐凉性，抽穗后干物质转运能力强，籽粒灌浆快，能实现较高的结实率和千粒重，表现出较高的产量潜力。通过前人研究分析（张洪程等，2013），初步总结籼改粳生产优势形成的生理生态特征为：①粳稻群体消长相对平稳，最终有效穗数足，成穗率高，而籼稻群体茎蘖消长易出现“大起大落”现象，无效分蘖比例较高；粳稻后期群体质量较高，其衰老速度较籼稻慢，乳熟到成熟期仍具有相对较高的绿叶面积，最终生物产量较高。②粳稻全生育期长，温光资源利用率相对较高，抽穗—成熟期光合物质积累较多。一般而言，粳稻全生育期较籼稻可长 10 d 左右，尤其是灌浆结实期较籼稻长 1 周左右，且粳稻较籼稻更能适应秋末温凉天气，提高水稻对温光资源的利用，增加抽穗—成熟期光合物质生产积累量，进而提高群体库容总充实量。③粳稻不早衰，群体抗倒伏能力较强。粳稻在开花及灌浆结实期可保持光合系统的高效生产，提高后期光合物质的积累和转运效率；同时能维持强壮根系和较高的茎鞘强度，使得粳稻较大群体不倒伏，可支撑较大库容的安全充实。

（四）湖北省籼改粳的气候条件分析

目前在湖北省种植制度下，北部地区为水稻—小麦、南部地区为水稻—油菜。前茬作物收割到播种的间隔天数减掉茬口（按 10 d 计算）天数，称为一季中稻可种植的天数。假定前茬作物种植制度不变，北部大概有 160～165 d 可种植一季中稻，南部有 170～190 d 可种植一季中稻。中稻籼改粳后生育期延长，气候资源利用率有所提高，由于粳稻生长期普遍比籼稻长，中稻籼改粳后，农田空闲天数北部减少 7～16 d，南部减少 6～27 d，理论生长期利用率提高了 5%～10%（表 2-1）；籼稻改种籼粳杂交稻，产量和产值均有所提高；改种粳稻，北部地区产量、产值双增，鄂西南、江汉平原地区产量下降、产值增加，鄂东南产量、产值双降（表 2-2）。总的来说，籼改粳能将相同的气候资源转化为更多的产量和产值，因此，籼改粳能有效提高气候资源利用率（万素琴，2016）。

表 2-1　湖北省不同生态区籼粳稻生育期利用率比较

（万素琴，2016）

生态区	中稻可种植天数（d）	实验生育期天数（d）			空闲天数（d）			生长期天数利用率（%）		
		籼稻	籼粳杂交稻	粳稻	籼稻	籼粳杂交稻	粳稻	籼稻	籼粳杂交稻	粳稻
鄂西北	161	148	156	155	13	5	6	91.9	96.9	96.3
鄂东北	164	144	160	159	20	4	5	87.8	97.6	94.5
江汉平原	172	141	149	146	31	23	26	82.0	86.6	90.1
鄂西南	171	140	157	147	31	14	25	81.9	91.8	90.6
鄂东南	186	137	142	149	49	22	35	73.7	74.2	83.3

湖北省 7 月中旬到 8 月上旬，鄂西北、鄂西南发生高温热害频率在 20%～30%，江汉平原和鄂东北在 30%～42%，鄂东南为 40%～56%（万素琴等，2009；刘敏等，2011）。高温热害频率下降到 20%以下的日期，自鄂西北、鄂西南、鄂东北、江汉平原北部、江汉平原南部至鄂东南依次推后，分别为 8 月 8 日、11 日、13 日、14 日、15 日和 18 日。高温热害发生最严重的是鄂东南，7 月 1 日至 8 月 18 日长达 48 d 处于高风险期，其中 7 月 17 日至 8 月 11 日高温热害频率都在 40%以上，最大频率 55%左右；其次是江

汉平原、鄂东北，7 月 11 日至 8 月 18 日长约 38 d 为高风险期，最大频率 40%左右；高温热害最轻的是鄂西北和鄂西南，7 月 7 日至 8 月 11 日长 34 d 为高风险期，最大频率 30%左右。湖北省水稻高温热害发生最严重是鄂东南地区，其次是江汉平原、鄂东北，最低的是鄂西北。籼改粳后，若播期不当抽穗开花期遭遇高温热害的风险增大，适当调整播期，能降低扬花期遭遇高温热害的风险。以甬优 1 540 为例，播种期北部地区应安排在 4 月 20 日以后，江汉平原安排在 4 月 30 日以后，鄂东南地区为 5 月 5 日以后，能保证 80%的年份抽穗开花避开高温热害高风险期，使受灾风险降到 20%以下。

表 2-2 湖北省不同生态区籼粳稻产量和产值比较

（万素琴，2016）

生态区	每公顷产量（t）					每公顷产值（万元）				
	籼稻	籼粳杂交稻	粳稻	籼粳杂交稻较籼稻增减	粳稻较籼稻增减	籼稻	籼粳杂交稻	粳稻	籼粳杂交稻较籼稻增减	粳稻较籼稻增减
鄂西北	9.7	10.1	9.8	0.4	0.1	26.7	3.12	3.05	0.44	0.36
鄂东北	9.2	9.9	9.5	0.8	0.4	2.53	3.08	2.95	0.55	0.42
江汉平原	9.7	10.1	8.7	0.5	−1.0	2.66	3.15	2.69	0.48	0.03
鄂西南	9.5	9.9	8.5	0.4	−1.0	2.62	3.08	2.64	0.46	0.02
鄂东南	9.0	9.5	7.3	0.5	−1.7	2.49	2.94	2.28	0.45	−0.21

湖北省一季籼稻抽穗扬花期遭遇低温冷害的频率都在 20%以下，鄂西北最高为 17%，其他地区发生频率均在 10%以下；一季粳稻低温冷害发生频率在 10%以下，鄂西北最高，仅为 8%，其他地区 3%以下（万素琴等，2016）。同一时间，一季粳稻低。粳稻对低温的耐受力更强，抽穗开花期能耐受的低温约比籼稻低 2 ℃。中稻籼改粳后低温冷害发生频率都在 8%以下，大部地区在 5%以下，抽穗开花期低温冷害风险较籼稻降低，对推广中稻籼改粳有利。

二、品种筛选及适应性

长期以来，湖北省种植水稻主要以籼稻为主。为适应市场的需要，应对全国范围内的粮食安全问题，2012 年开始启动实施“籼改粳”工程。笔者课题组从 2012 年起，开始从外省引进粳稻品种，研究其生态适应性及相配套的高产栽培技术，以期为粳稻高产栽培技术体系的形成提供理论依据。笔者课题组以 41 个粳稻品种为试验材料，以籼稻扬两优 6 号为对照，选取鄂北（襄阳）、鄂中（荆门）、江汉平原（公安）3 个不同生态区为试验点，进行品种筛选试验；同时以甬优 1512、沪旱 3 号和扬两优 6 号为试材，研究氮肥、播期和密度对水稻产量的影响及其高产栽培技术，确定各品种获得高产的最适播期、最适氮肥水平和最适栽插密度组合，为湖北省粳稻品种的科学选用、合理区划布局和产业发展提供技术支撑。

（一）不同粳稻品种的产量表现

国内外对于粳稻的研究，主要是针对群体与个体表现，从粳稻生育期、生育进程、光温利用效率、产量及产量构成等方面进行深入。黄山等（2013）研究表明，在江西种植杂交粳稻比常规粳稻更具产量优势，晚粳比中粳更具有产量优势，虽然杂交籼稻的产量较高，但与对照籼稻相比，并没有显著性差异。陈刚等（2013）研究表明，相比于常规粳稻，杂交粳稻具有明显的产量优势，杂交粳稻受穗粒因子的影响较大。因此，杂交粳稻的选育和品种的选择应以穗粒数为重要依据，选用大穗的品种。常规稻应选择生育期较长的单季晚粳稻品种，穗粒协调及光合物质生产、积累效率高的品种。笔者课题组研究也得到了类似的实验结果，甬优 4138、甬优 1538 和甬优 4901 等杂交粳稻品种的产量显著高于淮稻 5 号、中稻 1 号和南粳 45 等常规粳稻品种，籼型杂交粳稻甬优 4138、甬优 1538 和甬优 1512 等品种的产量高于粳型杂交粳稻热粳优 35、常优 10－1 和常优 10－6 等品种（表 2－3）。

表 2－3 不同粳稻品种、不同试验点的产量表现

品种	襄阳			荆门			公安		
	实产（kg/hm²）	相对生产力（%）	排序	实产（kg/hm²）	相对生产力（%）	排序	实产（kg/hm²）	相对生产力（%）	排序
CK 1	8 554			8 683			9 301		
徐稻 3 号	6 902	78.0	28	7 926	90.4	22	8 804	90.6	17
连粳 4 号	6 772	76.5	31	8 266	94.3	16	7 587	78.1	31
连粳 6 号	7 268	82.1	21	7 831	89.3	24	8 871	91.3	15
连粳 7 号	6 951	78.5	27	9 121	104	7	8 170	84.1	22
淮稻 5 号	8 724	98.6	6	7 635	87.1	28	8 088	83.2	23
淮稻 9 号	7 570	85.5	18	6 841	78.0	34	9 738	100	5
淮稻 11	8 282	93.6	11	7 896	90.1	23	7 620	78.4	30
淮稻 13	7 043	79.6	25	7 932	90.5	21	8 805	90.6	16
宁粳 3 号	7 267	82.1	22	7 797	88.9	25	7 805	80.3	28
CK 2	9 148			8 853			10 139		
宁粳 4 号	6 931	77.4	29	6 401	74.3	35	7 904	80.9	27
宁粳 5 号	7 620	85.1	19	7 916	91.9	19	8 388	85.8	20
扬粳 805	6 152	68.7	35	7 032	81.6	33	7 737	79.2	29
南粳 45	7 915	88.4	15	8 720	101	10	8 121	83.1	24
南粳 49	7 778	86.8	17	7 518	87.3	27	9 005	92.1	14
南粳 5055	7 852	87.7	16	7 535	87.5	26	9 204	94.2	12
武运粳 21	6 226	69.5	34	8 382	97.3	13	6 636	67.9	34
武运粳 24	7 295	81.4	23	8 753	102	8	9 288	95.0	11
中稻 1 号	8 213	91.7	13	8 439	98.0	12	8 603	88.0	18
CK 3	8 766			8 377			9 406		
WDR60	8 122	93.7	10	7 542	87.0	29	6 437	68.2	33

（续）

品种	襄阳			荆门			公安		
	实产（kg/hm²）	相对生产力（%）	排序	实产（kg/hm²）	相对生产力（%）	排序	实产（kg/hm²）	相对生产力（%）	排序
WDR129	6 880	79.3	26	7 424	85.6	31	7 770	82.4	25
WDR37	7 297	84.2	20	7 878	90.9	20	5 786	61.3	35
沪旱 11	6 474	74.7	32	8 196	94.5	15	8 288	87.8	19
沪旱 3 号	8 018	92.5	12	7 458	86.0	30	7 704	81.7	26
早玉香粳	6 126	70.7	33	8 045	92.8	18	7 269	77.0	32
热粳优 35	6 664	76.9	30	8 096	93.4	17	8 088	85.7	21
常优 10-1	8 289	95.6	9	10 257	118	2	9 522	101	4
CK 4	8 575			8 965			9 464		
常优 10-6	7 655	90.3	14	9 855	101	11	9 321	93.0	13
常优 10-7	6 897	81.3	24	8 250	84.6	32	10 038	100	6
常优 11-6	8 993	106	4	9 866	101	9	9 539	95.1	10
常优 11-11	8 529	101	5	9 237	94.8	14	9 921	98.9	7
甬优 4138	10 215	121	2	11 994	123	1	11 873	118	2
甬优 1512	9 878	117	3	10 211	105	6	11 790	118	3
甬优 1538	10 590	125	1	10 854	111	4	13 073	130	1
甬优 4901	8 241	97.2	7	10 403	107	5	9 788	97.6	8
甬优 4949	8 222	97.0	8	11 103	114	3	9 638	96.1	9
CK 5	8 384			10 532			10 590		

（二）不同粳稻品种的生育期表现

与籼稻相比，粳稻对温度的适应范围更广，对肥料的耐性更强，抗倒性更强。在不同粳稻品种的选择上，应选择籼型杂交晚粳，因为其生育期较长，能充分利用光温资源优势和杂交稻的产量优势，如果考虑种子的价格优势，也可选择表现比较好的常规粳稻进行推广种植。笔者课题组研究表明，与对照籼稻相比，粳稻的生育期明显要长，会随着纬度的降低，生育期出现逐渐缩短的趋势（表 2-4）。江苏选育的各粳稻品种的生育期为 130～180 d，全生育期的差异主要表现在播种—抽穗前阶段，抽穗—成熟期各品种差异不显著。总体上粳稻的感光性和感温性比籼稻强，不同粳稻品种感温性敏感度为早熟中粳＜中熟中粳、早熟晚粳、迟熟中粳＜中熟晚粳，感光性与感温性相似，且有相类似的趋势。各品种稻米外观品质与灌浆结实期的日均温度、日照时数有相关显著性，作用的程度因品种而异（陶小军等，2002）。笔者课题组研究表明，湖北省各粳稻的生育期为 130～185 d，各生育时期差异表现在营养生长期和灌浆成熟期的差异，其中孕穗期差异不显著，灌浆成熟期各粳稻品种要显著高于对照籼稻。

表 2-4　不同品种的生育期表现

品种	营养生长期（d）	长穗期（d）	灌浆成熟期（d）	生育期（d）	种源地生育期（d）
徐稻 3 号	68～73	34～37	35～38	137～142	130
连粳 4 号	67～71	30～34	40～41	137～141	128
连粳 6 号	67～76	28～30	41～43	135～143	131
连粳 7 号	69～73	31～32	37～38	134～143	131
淮稻 5 号	72～73	32～38	36～42	135～148	134
淮稻 9 号	72～74	35～37	34～43	136～156	144
淮稻 11	73～74	34～37	35～47	137～160	148
淮稻 13	72～74	32～37	38～45	137～158	146
宁粳 3 号	76～81	33～35	34～37	141～151	139
宁粳 4 号	73～74	32～38	35～41	135～148	136
宁粳 5 号	72～75	33～35	41～43	131～149	137
扬粳 805	67～75	36～43	26～42	127～148	126
南粳 45	75～78	35～36	23～40	138～148	136
南粳 49	73～75	36～37	31～41	138～151	139
南粳 5055	73～81	35～37	33～37	148～154	142
武运粳 21	67～76	28～30	50～55	130～151	121
武运粳 24	67～75	37～40	33～37	136～151	139
中稻 1 号	68～73	35～37	34～39	134～146	134
WDR60	78～93	33～41	36～56	151～167	155
WDR129	73～82	37～38	34～51	140～165	160
WDR37	75～95	36～51	52～61	153～178	138
沪旱 11	75～79	33～34	34～46	137～155	134
沪旱 3 号	75～93	46～53	34～43	158～174	162
旱玉香粳	72～81	25～26	39～40	124～146	134
热粳优 35	77～80	32～34	33～46	137～155	137
常优 10-1	77～93	34～45	36～55	153～178	166
常优 10-6	78～93	34～41	35～56	149～182	170
常优 10-7	72～82	37～39	34～64	140～178	137
常优 11-6	76～87	37～40	38～60	149～179	148
常优 11-11	83～87	33～38	39～55	151～176	150
甬优 4138	75～78	27～28	36～42	134～149	137
甬优 1512	71～93	34～45	35～49	152～172	142
甬优 12	72～84	44～54	37～48	158～172	168
甬优 1538	76～80	37～38	34～36	143～151	139
扬两优 6 号（CK）	68～76	41～47	29～30	141～144	142

（三）不同粳稻品种的品质表现

据上述研究结果，初步筛选出适宜湖北省推广种植的粳稻品种有中稻 1 号、淮稻 5 号、连粳 7 号、南粳 45、宁粳 5 号、热粳优 35、甬优 1538、甬优 4138 等，米质分析主要针对以上品种进行。从表 2－5 可以得出，与对照籼稻扬两优 6 号相比，中稻 1 号、淮稻 5 号、连粳 7 号、南粳 45、宁粳 5 号、热粳优 35、甬优 4138 等品种的糙米率都高于对照籼稻，甬优 4901、甬优 1538、武运粳 24 和沪旱 11 的糙米率与对照差异不大；中稻 1 号、淮稻 5 号等 5 个品种的精米率和整精米率优于对照，甬优 4949 和沪旱 11 的整精米率和精米率与对照持平；淮稻 5 号、连粳 7 号等 5 品种的垩白率高于对照，中稻 1 号、甬优 4901 等 8 个品种的垩白率要显著低于对照，其中甬优 4901 的垩白率可以达到国家二级标准；甬优 1538、甬优 4138 等 6 个品种的垩白度低于对照，达到优质稻米的标准，淮稻 5 号、沪旱 11 等 7 个品种的垩白度要显著高于对照。由此可以得出，从米质而言，甬优 1538、甬优 4149、甬优 1538、中稻 1 号、南粳 45 和热粳优 35 等品种具有很好的米质表现，适宜在湖北推广种植。

表 2－5　不同粳稻品种的稻米品质表现

品种	糙米率（%）	整精米率（%）	精米率（%）	垩白粒率（%）	垩白度（%）
中稻 1 号	82.7 a	71.7 a	77.0 a	19.0 b	4.47 b
淮稻 5 号	83.3 a	71.5 a	78.2 a	44.5 a	11.10 a
连粳 7 号	82.2 a	58.6 a	74.8 b	30.0 a	6.69 a
南粳 45	83.3 a	45.1 b	77.3 a	13.0 b	2.69 b
宁粳 5 号	82.1 a	66.2 a	75.4 b	25.0 b	6.92 a
热粳优 35	84.1 a	70.1 a	78.0 a	12.5 b	3.80 b
武运粳 24	81.0 b	62.7 a	71.3 b	31.3 a	17.10 a
沪旱 11	80.5 b	51.8 b	66.0 b	38.0 a	21.60 a
武运粳 21	82.8 a	64.3 a	65.2 b	46.0 a	9.20 a
甬优 1538	80.3 b	57.5 a	71.4 a	12.5 c	2.44 b
甬优 4138	81.8 a	65.3 a	77.0 a	28.3 b	5.93 b
甬优 4901	80.0 b	67.6 a	75.5 b	10.0 c	2.07 b
甬优 4949	81.1 b	68.5 b	73.5 b	10.6 c	10.60 a
扬两优 6 号（CK）	80.3 b	52.8 b	75.4 b	33.5 a	4.20 b

注：同一列中不同小写字母表示差异达 5%显著水平，下同。

（四）不同粳稻品种配套栽培技术

粳稻的栽培要因地制宜，适时播种，适时移栽，精确田间管理，综合防治病虫害和适时收获（徐虹等，2002）。适时播种和移栽是粳稻获得高产的重要因素之一。研究表明，多因素试验中，4 月 25 日播期和 5 月 5 日播期粳稻容易获得高产，6 月 19 日播期的粳稻产量显著降低，严重影响后茬作物的下田。某些组合在生产上能表现出高产潜力和产量优势，但籼型杂交粳稻的结实率低是普遍存在的问题（袁隆平等，1990）。籼型杂交粳稻结实率低的原因是粳稻高产需要的库容量很大，但是源不足（卢向阳等，1992）。因此，粳稻的高产栽培，应该效仿高产籼稻的栽培，即“扩库、建群、养根”的理论模式。粳稻的高产栽培模式应充分根据粳稻能充分吸收利用更多的光能、耐肥等特点，通过控制播种期和栽插密度达到粳稻高产需要的库源。笔者课题组相关试验表明，每公顷栽插密度在34.5万～39.0万穴时，粳稻有可能获得高产，所以说足够的栽插密度是粳稻获得高产的重要保证。

黄山、何虎（2013）研究表明，与常规粳稻相比，杂交粳稻的理论产量和实际产量都要偏高，杂交粳稻在穗粒数、株高、干物质积累量等性状上具有一定的优势，表现为穗粒数多、植株高大和群体干物质积累量较大等特点。影响粳稻产量的因素是多方面的，除了受到品种本身特性的影响之外，种植地点的土壤气候条件也是重要的因素，粳稻容易受到干旱、低温冷害和高温热害等自然灾害的影响和制约。杂交粳稻结实率偏低是限制其获得超高产的主要瓶颈之一。

大库、足源是水稻产量形成的基石，干物质生产量大是水稻获得高产的前提，充足的氮素是水稻生长的保证。大穗型粳稻品种的库容量较大，叶面积系数较高，成熟期的吸氮量，特别是齐穗灌浆期吸氮量大是获得高产的重要保证（李进前等，2010）。笔者课题组研究表明，粳稻获得高产和超高产，构建大穗群体，足够的栽插密度和足够的氮肥施用量是必不可少的，特别是粳稻分蘖水平较对照杂交籼稻差，栽插密度更要大于籼稻，才能构建理想的库容量。

适当减少营养生长期的施氮量或氮钾肥的施用，对提高水稻的千粒重和结实率的作用显著，对水稻的增产显著。施始穗肥可以明显地提高叶片在结实期的光合作用，有效延缓叶片的衰老，促进光合同化和物质运输，合理分配利用同化产物。是增加粳稻产量的生理基础之一（潘晓华等，1997）。

将品种、秧龄、氮肥施用量和施肥方式4个因素进行回归试验，结果表明各因素对产量均有显著的影响，影响的次序依次是秧龄＜施肥方式＜品种＜氮肥施用量，产量最高的组合：品种为滇杂32，秧龄为60 d，基肥施用量为270 kg/hm^2，移栽7 d后施用50％的追肥。对粳稻产量影响较大的产量构成因子是每公顷有效穗数和每穗实粒数，协调好这两个产量构成因子的关系有助于获得高产（金寿林等，2009）。研究表明，播期、氮肥施用量和栽插密度对各水稻品种的产量均有显著性的影响，其影响大小是播期＞密度＞氮肥施用量，产量最高的组合是播期为4月20日，每公顷栽插密度为34.5万穴，氮肥施用量为285 kg/hm^2。对于不同试验点粳稻的栽培技术，应根据本地的土壤气候条件而异。

与一般水稻相比，高产、超高产中粳的源、库、流表现为“收获指数高、物质转运效率高、粒叶比高、光合势能高”，根系表现为“根系存活力强、根冠比高、根量足”，产量构成因子表现为“结实率高、穗大、粒足”。栽培技术要点是“稀植、培育壮秧、因种施肥、因地施肥、干湿交替管水、轻度晒田”。高产中熟粳稻群体生育诊断指标为：茎蘖成穗率＞80％，结实率＞90％，千粒重＞26 g，每平方米总颖花量＞4.5万（杨建昌等，2006）。有关粳稻的高产栽培技术，前人从品种的选育、栽插方式、水肥管理等方面做了深入性的研究，选用增产潜力大的品种，培育壮秧，采用宽行窄株的栽插方式，严格水肥管理是粳稻获得高产重要的技术措施。笔者课题组研究表明，粳稻的高产高效栽培，应充分选用产量优势显著的品种，杂交粳稻具有很好的产量优势，这与潘晓华等（2010）、陈刚等（2013）的研究结果类似。对于粳稻的栽培，结合粳稻灌浆成熟期长、耐肥抗倒、能充分利用光温资源等特性，应采取良种配良法的高产高效栽培。

笔者课题组研究显示，湖北省粳稻的产量除了受品种本身特性的影响之外，还与种植地区的气候条件、种植方式、种植习惯有着密切的关系，粳稻的栽培要注意保证高产所需要的群体，与籼稻相比，栽插密度要大，施氮水平要高，至于每个品种的具体标准，有待于进一步深入研究。杂交粳稻高产、超高产群体在物质的产生与积累方面表现有“稳前、高中、强后”的特性，其在拔节期之前生长量小于高产群体，呈现稳发的特点，在中期生长量逐渐增高，明显要高于高产群体（张洪程等，2012）。

氮素的经济产量会随着水稻生育期的延长和生物产量的增加而呈现逐渐提高的趋势，提高水稻各品种的氮素生物产量、氮素收获系数和收获指数，能够显著提高氮素的经济产量和水稻的产量，与此同时，不同品种在不同的生长阶段和不同的施氮水平条件下植株的吸氮量、含氮量和氮素经济产量生产力、水稻产量及其产量构成因子也会有比较大的差异（董明辉等，2002）。笔者课题组研究表明，与对照相比，结合各粳稻品种，杂交粳稻甬优1512和常规粳稻沪旱3号获得最高产量时的氮肥施用水平均为285 kg/hm^2。对于各品种的最适施氮量有待于进一步研究。

表2-6　各品种在不同因素下寻优组合

品种	播期	氮肥施用量（kg/hm^2）	每公顷密度（万穴）	最高产量（t/hm^2）
甬优1512	5月5号	345	33.0	14.8
沪旱3号	4月25号	270	28.5	12.6
扬两优6号（CK）	4月20号	300	27.0	14.2

各品种在SPSS程序模拟中寻优结果（表2-6）表明，对照籼稻扬两优6号在播期4月20日，施氮量300 kg/hm^2，密度每公顷27万穴条件下，产量可以达到14.2 t/hm^2；甬优1512在播期5月5日，施氮量345 kg/hm^2，密度每公顷33万穴条件下可以获得高产，产量为14.8 t/hm^2；沪旱3号在播期4月25日，施氮量270 kg/hm^2，密度每公顷28.5万穴条件下也可以获得较高产量，为12.6 kg/hm^2。这是模型模拟寻优出的各水稻品种在获得高产条件下的栽培组合，在实际生产过程中，需要根据当地实际情况进行高产高效栽培。

（五）湖北省粳稻品种适宜区域划分

针对湖北省种植推广的粳稻品种，研究表明，甬优1538、甬优4138等16个品种的生育期均与对照无显著性差异；武运粳21、WDR60、沪旱3号、常优10-7等品种对温光反应较敏感。稻米外观品质上，甬优4901、武运粳24等5个品种的糙米率都高于对照；中稻1号、淮稻5号等5个品种的精米率和整精米率高于对照，呈显著性差异；甬优4949、武运粳24等7品种的垩白粒率与对照差异不显著。结合湖北省的生态气候条件、土壤条件以及全省各地区水稻种植模式，对比对照籼稻扬两优6号，从生育期、产量、米质等方面初步筛选出适宜湖北省推广种植的品种有籼型杂交粳稻甬优4138、甬优1538、甬优4149，常规粳稻宁粳5号、中稻1号、南粳45等。其中，适宜鄂北地区推广的粳稻品种有甬优1538、甬优4138、甬优4901、武运粳24、宁粳5号、中稻1号、连粳7等；适宜鄂中地区种植推广的粳稻品种有：淮稻5号、南粳45、宁粳5号、武运粳24、中稻1号、甬优4138、甬优1538等；适宜江汉平原稻区种植推广的粳稻品种有：淮稻9号、南粳 5055、南粳 49、宁粳 5 号、中稻 1 号、甬优 1538、甬优 4138 等。

三、品种播期及适应性

目前，湖北省在粳稻种植方面已取得大量的经验和成果。笔者研究课题组选用近几年由省农技推广中心筛选的较适合湖北省种植的中稻品种，与湖北省主推品种扬两优 6 号和黄华占进行比较，通过在主要稻作区进行分期播种试验，明确主要生态区的光温资源条件及籼粳稻在各生态区的生长习性，并从生育进程、产量、品质等性状综合比较籼粳稻特性，从而找到粳稻种植的适宜播期范围、适宜种植区域，为湖北省“籼改粳”及粳稻优质高产栽培提供依据。

（一）不同播期粳稻生育期的变化

水稻的生长发育主要受水稻品种本身的遗传特性和外部生长环境影响。生育期作为水稻的遗传特性，主要由水稻自身的感光、感温和基本营养生长特性决定。播期和生态区不同，使得水稻生长所处的温光条件发生变化，从而使水稻的生育进程及温光利用发生改变（张洪程等，2013）。有关生态区和播期对水稻生长的影响，已做过大量研究，但由于栽培方式（李杰等，2011；张军等，2013）、播栽时间（李秀芬等，2004；姚义等，2012a；朱大伟等，2014）、品种配置（许轲等，2013）、产地生态环境及对水稻生育期的水肥管理（姚义等，2012b）等多方面不同，使结果不尽相同。湖北省 6 个主要水稻种植生态区进行分期播种试验的结果表明，随着生态区纬度的降低，全生育期逐渐缩短，并主要是由于水稻灌浆结实期的缩短（表 2－7）；随着播期的推迟，全生育期也逐渐缩短，且主要是由于水稻营养生长期的逐渐缩短（表 2－8）。姚义等（2012）在江苏省不同地点，对直播稻分期播种的研究表明，随着播期推迟，各类型品种生育期推迟，全生育期明显缩短；同一类品种，随纬度升高，各生育期逐渐延迟，全生育期相应变长；同一试点，随播期推迟一般晚粳较中粳生育期天数缩短略多。生育期随播期推迟而缩短主要受营养生长期的影响，而生殖生长阶段较稳定。许轲等（2013）通过对不同品种类型的播期研究，也得出相同的结果。李秀芬等（2004）、朱大伟等（2014）、孙建军等（2015）的研究结果也相同，均认为随纬度降低而生育期发生缩短，且主要由于营养生长期的缩短所致。

表 2－7　不同生态点粳稻生育期变化

试验点	播种—拔节期（d）	拔节—抽穗期（d）	抽穗—成熟期（d）	全生育期（d）
襄州	62.3 b	34.5 a	49.4 b	146.0 a
随县	63.0 ab	30.0 cd	54.2 a	147.0 a
沙洋	61.1 b	34.2 ab	47.2 b	143.0 a
公安	65.0 a	31.9 bc	36.8 d	134.0 b
武穴	63.4 ab	29.5 d	41.7 c	135.0 b

（二）不同播期粳稻产量的变化

由于播期不同，使水稻生育进程发生变化，从而影响水稻群体动态及光合产物的形成，最终影响到产量构成因子及产量。笔者课题组相关研究表明，因地点和品种不同，产量随播期的推迟，呈现规律性不一致，大部分地点和品种随播期推迟，产量呈先增后减趋

表 2-8　不同播期全生育期及主要生育阶段的生育天数

品种	生育期 (d)	播期（月/日）					
		4/15	4/25	5/5	5/15	5/25	6/4
甬优 4949	播种—拔节期	72.0	67.6	64.0	59.4	57.8	56.0
	拔节—抽穗期	29.6	28.6	26.6	26.4	27.0	28.2
	抽穗—成熟期	49.6	52.4	57.4	58.0	57.0	52.6
	全生育期	151.0	149.0	148.0	144.0	142.0	137.0
南粳 9108	播种—拔节期	73.0	69.6	66.0	61.4	59.8	60.0
	拔节—抽穗期	35.8	34.6	32.4	32.0	29.2	25.6
	抽穗—成熟期	48.6	49.6	51.4	53.2	53.0	50.6
	全生育期	157.0	154.0	150.0	147.0	142.0	136.0
扬两优 6 号	播种—拔节期	73.4	69.6	66.0	64.0	60.2	59.0
	拔节—抽穗期	38.8	38.4	40.0	38.8	40.4	38.8
	抽穗—成熟期	45.8	47.8	46.4	46.0	45.4	44.0
	全生育期	158.0	156.0	152.0	149.0	146.0	142.0
黄华占	播种—拔节期	70.8	67.4	64.4	60.6	58.2	56.6
	拔节—抽穗期	30.8	28.8	26.2	27.8	28.6	28.6
	抽穗—成熟期	34.6	37.0	43.2	44.8	45.0	45.4
	全生育期	136.0	133.0	134.0	133.0	132.0	131.0
平均值	播种—拔节期	72.3	68.6	65.1	61.4	59.0	57.9
	拔节—抽穗期	33.8	32.6	31.3	31.3	31.3	30.3
	抽穗—成熟期	44.7	46.7	49.6	50.5	50.1	48.2
	全生育期	151.0	148.0	146.0	143.0	140.0	136.0

势，但因地点和品种的不同，各品种在各地点的最高产量相应播种期存在差异，且产量相应的增减幅度也存在差异；在地区纬度间，总体上表现为高纬度地区的产量高于低纬度地区的产量，但各品种之间产量变化幅度上存在差异（表 2-9）。相关前人的研究结果也不尽相同，但大部分认为随着播期的推迟，各类型品种产量呈下降趋势。孙建军等（2015）通过在河南省 3 个纬度，对不同品种类型设置 6 个播期的研究表明，随播期的推迟，大部分处理产量呈下降趋势，且各品种类型的差异逐步增大，其中也存在部分试验点的部分品种产量有先增后减现象。孙圳、许轲等（2013）在江苏里下河地区试验的结果也表明，随播期推迟，产量呈下降趋势。朱大伟等（2015）通过对江苏省的 25 个县的产量数据分析，表明机插秧的水稻产量随纬度的升高呈现先增后减的趋势，且产量的变化主要受每穗粒数的影响，其次受结实率和千粒重的影响。朱大伟等（2014）也通过在兴化和东海两个试验点设置 7 个播期，研究南粳 9108 的生长变化，结果表明随播期推迟产量逐渐下降，而纬度升高时，产量也出现递减趋势，其播期对产量的影响主要与每穗粒数有关。而霍中洋等（2012）认为，随播期推迟而产量降低的原因是每穗颖花数和结实率共同作用的结果。李秀芬等（2004）对播栽期的研究表明，随播期推迟产量下降，主要受每穗成粒数影响，其次是因为千粒重的减小和成穗率的下降。在笔者课题组研究中，因地点和品种的不同，对产量影响的主要构成因子存在差别，其襄州点主要受每穗粒数和穗数影响，而随县、沙

洋、公安和武穴点主要受每穗粒数和结实率的影响（表 2－10）。各品种对各生态区的适应程度存在差异，导致产量的变化趋势和幅度不尽相同。

表 2－9　各生态区不同播期籼粳稻产量表现

试验点	类型	品种	不同播期（月/日）产量（t/hm²）						平均值	变异系数
			4/15	4/25	5/5	5/15	5/25	6/5	(t/hm²)	*CV*（%）
随县	粳稻	甬优 4949	14.2 a	14.0 a	14.1 a	13.8 a	13.8 a	12.8b	13.8 A	3.56
		南粳 9108	10.8ab	11.3 a	10.5c	9.8 cd	9.3 d	9.6 d	10.2 C	7.70
	籼稻	扬两优 6 号	11.7 b	12.0 b	12.6 a	11.5 b	10.2 c	7.8 d	11.0 B	15.63
		黄华占	10.5cd	11.4ab	12.0 a	11.5b	11 bc	10.0 d	11.1 B	6.63
		平均值（t/hm²）	11.8BC	12.2 AB	12.3 A	11.7 C	11.1D	10.1 E		
		变异系数 *CV*（%）	13.96	10.48	11.96	14.02	17.65	20.50		
沙洋	粳稻	甬优 4949	10.7 d	10.6 d	12.5b	12.8 a	11.2 c	12.4b	11.7 A	8.57
		南粳 9108	8.0 d	8.5 c	9.5 b	9.8 a	9.6ab	8.6 c	9.0 C	8.05
	籼稻	扬两优 6 号	9.8 b	9.4 c	10.7 a	8.0 d	7.0 e	5.5 f	8.4 D	23.15
		黄华占	9.0 c	9.1 c	11.1 a	10.6 b	11.3 a	11.0 a	10.4 B	9.94
		平均值（t/hm²）	9.4 D	9.4 D	11.0 A	10.3 B	9.8 C	9.4 D		
		变异系数 *CV*（%）	12.10	9.20	11.50	19.40	20.60	32.40		
夷陵	粳稻	甬优 4949	10.3 a	10.2 a	9.3 bc	9.2 bc	8.9 c	9.6 ab	9.6 A	5.89
		南粳 9108	8.1 a	7.7 a	7.5 a	7.4 a	7.3 a	7.5 a	7.6 B	3.52
	籼稻	扬两优 6 号	8.0 a	7.7 ab	7.7 ab	7.3 bc	6.7 cd	6.6 d	7.3 B	7.72
		黄华占	7.9 ab	8.1 a	7.4 ab	7.5 ab	7.1 b	7.3 ab	7.5 B	5.26
		平均值（t/hm²）	8.6 A	8.4 A	8.0 B	7.8 BC	7.5 C	7.8BC		
		变异系数 *CV*（%）	13.30	14.20	11.20	11.50	12.60	16.90		
公安	粳稻	甬优 4949	9.9 b	8.2 d	9.1 c	11.3 a	8.7 cd	8.5 cd	9.3 A	12.68
		南粳 9108	6.3 e	9.8 a	8.4 b	7.8 c	6.7 d	6.6 de	7.6 C	17.97
	籼稻	扬两优 6 号	8.1 ab	8.2 ab	7 b	8.9 a	8.8 a	8.3 ab	8.2 B	8.37
		黄华占	6.8 c	9 a	8.3 ab	7.7 b	8.9 a	8.3 ab	8.2 B	10.10
		平均值（t/hm²）	7.7 C	8.8 A	8.2 B	8.9 A	8.3 B	7.9BC		
		变异系数 *CV*（%）	20.80	8.90	10.50	18.90	12.80	11.40		
武穴	粳稻	甬优 4949	8.3 d	9.0 c	10.2 b	11.1 a	11.1 a	9.9 b	9.9 A	11.34
		南粳 9108	9.0 c	9.7 b	9.6 bc	10.3 a	10.2 a	10.3 a	9.8 A	5.25
	籼稻	扬两优 6 号	8.8 ab	9.5 a	9.3 a	8.3 b	8.6ab	9.1 ab	9.0 B	4.95
		黄华占	7.3 c	7.5 c	8.4 b	9.0 a	8.8ab	8.7 ab	8.3 C	8.87
		平均值（t/hm²）	8.3 C	8.9 B	9.4 A	9.7 A	9.7 A	9.5 A		
		变异系数 *CV*（%）	9.50	10.90	8.10	12.80	12.10	7.60		

注：显著性分析基于 0.05 水平的 LSD 法。在同一行中，小写字母表示各品种播期间的差异，大写字母表示各试验点 6 个播期间的差异；在同一列中，大写字母表示品种间的差异；*CV*：播期和品种间的变异系数。下同。

表 2-10 各地产量及产量构成因子在年际、播期、品种间的方差分析

地点	变异来源	自由度	穗数	每穗颖花数	结实率	千粒重	理论产量
襄州	年度间	—	—	—	—	—	—
	播期间	5	14.1**	18.6**	27.1**	4.84**	7.02**
	品种间	3	256**	365**	76.9**	1 828**	47.2**
	播期×品种	15	9.74**	3.74**	13.6**	19.6**	3.09**
随县	年度间	1	0.72^{ns}	36.6**	40.2**	179**	41.1**
	播期间	5	6.6**	13.4**	34.9**	2.66*	40.9**
	品种间	3	221**	442**	105**	982**	117**
	播期×品种	15	7.48**	3.44**	7.86**	7.43**	5.27**
沙洋	年度间	1	82.7**	2.22^{ns}	0.24^{ns}	168**	0.01^{ns}
	播期间	5	6.13**	8.15**	23.8**	4.54**	7.37**
	品种间	3	197**	198**	75.1**	438**	61.2**
	播期×品种	15	2.62**	2.49**	3.94**	0.86^{ns}	5.44**
公安	年度间	1	44.7**	1.11^{ns}	35.9**	36.4**	13.0**
	播期间	5	31.6**	13.2**	1.62^{ns}	7**	12.6**
	品种间	3	221**	452**	38.7**	980**	61.1**
	播期×品种	15	1.7^{ns}	2.17*	6.92**	2.69**	5.11**
武穴	年度间	1	8.05**	16.7**	4.04*	297**	0.14^{ns}
	播期间	5	3.2**	5.3**	1.08^{ns}	11.6**	5.05**
	品种间	3	179**	321**	13.3**	1 194**	66.3**
	播期×品种	15	2.1*	2.96**	3.47**	2.16*	3.37**

（三）不同播期粳稻稻米品质的变化

水稻稻米品质因生态环境的不同也存在差异。有研究表明，稻米品质的差异主要是水稻生长中谷粒胚乳发育和籽粒灌浆动态及相关生理生化反应受到环境影响所致。朱镇等（2013）通过 5 个试验点 7 个播期的设置对南粳 44 进行研究，结果表明随播期推迟，加工品质提高，外观品质呈曲线波动；而随地点的南移，加工品质降低，垩白粒率和垩白度增加，粒形变化幅度不大。陈畅、秦阳等认为垩白度作为受播期影响最大的外观品质性状，随播期的推迟，有利于垩白度的降低（秦阳等，2004；陈畅，2014）。赵庆勇等（2013）研究也表明，随地点纬度的降低会使加工品质变差，垩白粒率和垩白度呈现南高北低的趋势，同样随播期推迟，加工品质和外观品质会变优。孙圳（2013）在里下河地区的试验认为，随播期的推迟，稻米加工品质和外观品质因品种类型不同而影响不同，播期推迟，大部分品种加工和外观品质变优，而迟熟中籼品种有变劣趋势。从笔者课题组研究结果来看，就加工品质而言，在随县和沙洋点表现较优；外观品质上，各试验点品种间差异较大，南粳 9108 表现较差，甬优 4949 和扬两优 6 号其次，黄华占较优（表 2-11）。笔者课题组研究认为，品种间的差异对加工品质和外观品质有较大的影响，随播期的推迟，糙米率、

精米率和整精米率显著增加，其中精米率变化最为明显；粒形虽然变化幅度不大，但呈现先增加后减小的趋势；垩白粒率和垩白度随播期的推迟，呈现逐渐降低趋势（表 2-12），说明在一定播期范围内，适当推迟播种有利于稻米加工和外观品质的提升，但要兼顾播期变化对产量造成的影响，应该通过综合分析，做好水稻播种期的合理设置。

表 2-11　不同生态区籼粳稻米品质的表现

品种	性状	襄州	随县	沙洋	公安	武穴
甬优 4949	糙米率（%）	81.1 b	82.3 a	81.3 b	78.5 c	80.6 b
	精米率（%）	73.5 b	75.5 a	73.9 b	70.5 d	72.1 c
	整精米率（%）	67.1 b	74.3 a	71.8 ab	49.9 d	57.4 c
	粒形（长宽比）	2.12 ab	2.11 b	2.12 b	2.17 a	2.13 ab
	垩白粒率（%）	12.3 b	13.1 b	11.8 b	19.9 a	13.4 b
	垩白度（%）	3.37 b	3.74 b	3.56 b	6.69 a	3.87 b
南粳 9108	糙米率（%）	81.5 c	83.8 a	83.1 ab	82.7 b	82.3 bc
	精米率（%）	69.9 c	73.9 a	73.4 a	71.7 b	69.8 c
	整精米率（%）	53.7 c	67.1 a	70.8 a	61.2 b	53.9 c
	粒形（长宽比）	1.54 a	1.57 a	1.55 a	1.56 a	1.53 a
	垩白粒率（%）	92.5 a	88.7 b	86.3 b	92.8 a	94.9 a
	垩白度（%）	46.0 b	47.7 b	45.0 b	56.3 a	57.1 a
扬两优 6 号	糙米率（%）	78.9 b	80.7 a	79.0 b	76.4 c	76.1 c
	精米率（%）	70.7 b	72.3 a	70.4 b	67.3 c	66.9 c
	整精米率（%）	63.8 a	68.4 a	64.7 a	50.9 b	50.6 b
	粒形（长宽比）	2.79 d	2.84 bc	2.82 cd	2.92 a	2.89 ab
	垩白粒率（%）	20.6 abc	24.2 a	16.6 c	17.6 bc	22.3 ab
	垩白度（%）	5.64 ab	7.11 a	4.97 b	4.57 b	5.90 ab
黄华占	糙米率（%）	76.9 c	79.9 a	79.2 ab	78.1 bc	72.4 d
	精米率（%）	69.8 b	73.5 a	72.3 a	69.8 b	65.1 c
	整精米率（%）	61.5 b	70.5 a	71.1 a	62.6 b	49.9 c
	粒形（长宽比）	3.12 c	3.21 b	3.22 ab	3.28 a	3.27 ab
	垩白粒率（%）	2.5 c	6.3 a	3.3 bc	3.1 c	5.5 ab
	垩白度（%）	0.56 c	1.41 ab	0.90 abc	0.77 bc	1.60 a

表 2-12 不同播期条件下籼粳稻米品质的表现

品种	性状	播期（月/日）						平均值	变异系数 CV（%）
		4/15	4/25	5/5	5/15	5/25	6/5		
甬优 4949	糙米率（%）	79.7 d	79.7 d	80.7 c	81.1 bc	81.6 ab	82.1 a	80.8	1.20
	精米率（%）	71.9 d	71.9 d	72.9 c	73.6 b	73.8 b	74.5 a	73.1	1.46
	整精米率（%）	61.4 d	61.9 cd	63.9 bc	65.9 ab	64.8 ab	66.7 a	64.1	3.31
	粒形（长宽比）	2.03 e	2.06 d	2.11 c	2.17 b	2.22 a	2.20 a	2.13	3.65
	垩白粒率（%）	17.7 a	14.9 b	15.5 b	12.8 c	12.3 c	11.5 c	14.1	16.60
	垩白度（%）	5.26 a	4.88 a	4.53 a	3.73 b	3.57 b	3.49 b	4.24	17.60
南粳 9108	糙米率（%）	82.6 c	81.8 e	81.9 de	82.4 cd	83.3 b	84.0 a	82.7	1.05
	精米率（%）	70.8 cd	69.9 d	70.6 d	71.6 c	73.2 b	74.5 a	71.8	2.46
	整精米率（%）	64.6 b	59.2 cd	58.4 d	58.3 d	60.6 c	66.9 a	61.3	5.86
	粒形（长宽比）	1.48 c	1.49 c	1.53 b	1.60 a	1.59 a	1.60 a	1.55	3.57
	垩白粒率（%）	93.6 a	92.2 a	88.5 b	89.4 b	93.6 a	89.0 b	91.1	2.57
	垩白度（%）	60.00 a	57.20 b	47.80 d	48.10 cd	49.80 c	39.60 e	50.40	14.50
扬两优 6 号	糙米率（%）	77.8 b	78.4 b	77.8 b	77.9 b	78.0 b	79.4 a	78.2	0.80
	精米率（%）	68.7 c	69.6 b	69.0 bc	69.2 bc	69.8 b	70.8 a	69.5	1.07
	整精米率（%）	56.9 c	60.3 b	58.6 bc	58.9 bc	59.2 bc	64.2 a	59.7	4.18
	粒形（长宽比）	2.77 d	2.83 c	2.88 b	2.92 a	2.89 b	2.83 c	2.85	1.93
	垩白粒率（%）	31.1 a	20.2 b	17.6 b	16.9 b	17.4 b	18.5 b	20.3	26.80
	垩白度（%）	8.91 a	5.28 b	4.60 b	4.69 b	5.13 b	5.21 b	5.64	28.90
黄华占	糙米率（%）	75.6 c	75.6 c	78.7 a	78.5 ab	77.4 b	78.1 ab	77.3	1.80
	精米率（%）	68.1 b	68.5 b	71.0 a	71.3 a	70.5 a	71.3 a	70.1	2.07
	整精米率（%）	56.0 d	58.6 c	67.3 a	65.6 ab	65.2 b	65.9 ab	63.1	7.30
	粒形（长宽比）	3.11 e	3.14 d	3.20 c	3.27 b	3.33 a	3.27 b	3.22	2.69
	垩白粒率（%）	7.3 a	4.7 b	5.1 b	3.5 c	1.6 d	2.7 c	4.2	48.70
	垩白度（%）	2.04 a	1.07 b	1.10 b	0.88 b	0.37 c	0.82 b	1.05	52.70

四、粳稻两熟制模式搭配

两熟制是湖北省作物生产主要模式之一，其总面积占全省近 50%左右，鄂中北地处南北气候过渡带，是湖北省主要的两熟制地区。基于湖北省中北部两熟制生态区的农业资源特征，通过组建不同两熟模式，并比较不同模式在鄂中北地区温光资源、水土资源利用和经济效益等特点，明确在湖北省中北部两熟制生态区不同种植模式周年光温高效利用的规律，同时探明周年光温资源高效利用的机制，优化和构建适宜鄂中北地区的周年光温资源高效利用模式。

（一）不同粳稻两熟制模式光温资源利用差异

黄国勤（2006）研究认为，轮作系统不但提高了作物产量，而且提高了总初级生产力、光能利用率、辅助能利用率。李小勇（2011）认为，春玉米—晚稻种植模式较传统双季稻模式对土地、光、温、水资源利用率的提高非常显著。笔者课题组相关试验中各模式年有效积温利用率达到 90%以上的有籼稻—小麦、籼稻—油菜、粳稻—小麦 3 个模式（表 2-13），这主要与积温资源的季节分配有关。籼稻—小麦和籼稻—油菜模式大于粳稻—小麦和粳稻—油菜模式，表明现有粳稻—小麦、粳稻—油菜模式并不能提高周年有效积温利用率。各模式的积温比值（TR）均在 0.2～0.3 之间，这反映了该地区水稻和冬季作物之间的比较理想的积温比值，其中粳稻—小麦、籼稻—小麦模式处于较高水平，积温资源利用较充分。

李淑娅等（2015）的研究得出，与传统双季稻模式相比，春玉米—晚稻模式籽粒温度生产效率、积温利用率提高了 14.1%、23.4%。在水稻籽粒温度生产效率方面，2017 年不同种植模式间没有显著差异，最高的粳稻—油菜模式较最低的籼稻—冬闲模式高 0.37 kg/(hm^2·℃)（表 2-14），而冬作作物籽粒温度生产效率的差异是由于作物不同的原因导致的。2018 年水稻季各模式籽粒温度生产效率较前一年均有所提高，籽粒温度生产效率最高的是粳稻—油菜模式，与籼稻—冬闲、籼稻—油菜模式差异达到了显著水平，其中增幅最大的是粳稻—绿肥模式，增幅达 15.8%。年际对比可知，光温资源充裕的年份加快了水稻生育进程，也相应地提高了水稻籽粒温度生产效率，粳稻的迟播晚收对提高籽粒温度生产效率有一定促进作用。

在周年籽粒温度生产效率方面，周年籽粒温度生产效率最高的粳稻—马铃薯模式较最低的籼稻—冬闲模式高 9.71 kg/(hm^2·℃)，其中除籼稻—冬闲模式外的 6 种种植模式对年有效积温的利用率均接近饱和（表 2-14）。周年籽粒温度生产效率的较大差距与不同模式的周年产量也有较大关系。籼稻—冬闲模式的周年籽粒温度生产效率在试验中最低，同时该种植模式仅利用了水稻季的积温资源，造成温光资源的浪费。作物光温潜力当量的高低一定程度上可以反映模式产量的潜力大小，即使将降水因素考虑在内，粳稻—马铃薯和粳稻—绿肥模式的产量发挥还有很大上升空间。其他作物光温潜力当量较高的模式如何进一步保证稳产性也有待进一步研究。

表 2-13　不同种植模式下作物积温利用率

模式	2017 水稻季		2017 冬作		2018 水稻季	生长季总有效积温（℃）	积温比值	年有效积温利用率（%）
	有效积温（℃）	有效积温分配率（%）	有效积温（℃）	有效积温分配率（%）	有效积温（℃）			
粳稻—马铃薯	2 359	80.1	585	19.9	2 275	2 944	0.25	87.9
粳稻—绿肥	2 359	82.9	485	17.1	2 275	2 844	0.21	84.9
粳稻—油菜	2 359	78.7	639	21.3	2 275	2 998	0.27	89.5
粳稻—小麦	2 359	76.8	714	23.2	2 275	3 073	0.30	91.7
籼稻—冬闲	2 456	100	0	0.0	2 381	2 456	0.00	73.3
籼稻—油菜	2 456	79.4	639	20.6	2 381	3 095	0.26	92.4
籼稻—小麦	2 456	77.5	714	22.5	2 381	3 170	0.29	94.6

表 2-14 不同种植模式作物籽粒温度生产效率

模式	2017 水稻季 [kg/(hm²・℃)]	2017 冬作 [kg/(hm²・℃)]	2018 水稻季 [kg/(hm²・℃)]	周年 [kg/(hm²・℃)]
粳稻—马铃薯	(4.58±0.45) a	(10.7±0.91) a	(5.13±0.17) ab	(5.79±0.40) a
粳稻—绿肥	(4.61±0.30) a	(5.94±1.19) bc	(5.34±0.12) ab	(4.83±0.39) bc
粳稻—油菜	(4.92±0.14) a	(4.72±2.59) c	(5.52±0.39) a	(4.88±0.44) bc
粳稻—小麦	(4.73±0.17) a	(9.35±3.42) ab	(5.31±0.21) ab	(5.81±0.90) a
籼稻—冬闲	(4.55±0.24) a		(4.97±0.34) b	(4.55±0.24) c
籼稻—油菜	(4.68±0.04) a	(4.74±0.83) c	(4.99±0.25) b	(4.69±0.14) c
籼稻—小麦	(4.72±0.38) a	(8.84±0.44) ab	(5.32±0.14) ab	(5.65±0.19) ab

黄国勤（2006）、展茗（2015）研究认为，轮作系统能够提高光能利用率、辅助能利用率。笔者课题组研究中，年辐射利用率的顺序为籼稻—小麦＞粳稻—小麦＞籼稻—油菜＞粳稻—油菜＞粳稻—绿肥＞粳稻—马铃薯＞籼稻—冬闲（表 2-15），主要与辐射资源的时空分布有关，体现了光温资源在全年的分配并不完全同步。年辐射利用率达到90%以上的有籼稻—小麦、籼稻—油菜、粳稻—小麦、粳稻—油菜 4 个模式，它们对辐射资源的利用均接近饱和；籼稻—油菜和籼稻—小麦模式大于粳稻—油菜和粳稻—小麦模式，可能由于 2017 年水稻生育中后期的降水较多延长了水稻生育期。

表 2-15 不同种植模式下年辐射利用率

模式	2017 水稻季		2017 冬作		周年生育期总辐射量 (MJ/m²)	年辐射利用 (%)
	辐射量 (MJ/m²)	辐射分配（%）	辐射量 (MJ/m²)	辐射分配（%）		
粳稻—马铃薯	2 453	62.4	1 480	37.6	3 933	85.0
粳稻—绿肥	2 453	61.2	1 559	38.8	4 012	86.7
粳稻—油菜	2 453	57.9	1 787	42.1	4 241	91.6
粳稻—小麦	2 453	56.0	1 926	44.0	4 379	94.6
籼稻—冬闲	2 506	100.0	0.00	0.0	2 506	54.2
籼稻—油菜	2 506	58.4	1 787	41.6	4 294	92.8
籼稻—小麦	2 506	56.6	1 926	43.4	4 432	95.8

孙丹平（2016）的研究得出，两年的试验中绿肥—早稻—晚稻模式较传统双季稻模式的有效积温利用率平均提高了 23.6%。笔者课题组研究中，不同种植模式水稻季籽粒光能生产效率同一年间趋势一致，不同年间有差异（表 2-16），2018 年各模式较 2017 年提高了 0.02～0.07 g/MJ，模式间差异达显著水平；粳稻模式年间增幅均大于籼稻模式，说明 2018 年粳稻模式的迟播晚收提高了籽粒光能生产效率。水稻季籽粒光能生产效率年间的变化表明，在温光资源较充裕的年份，相应水稻品种生育期的缩短可能会提高籽粒光能生产效率，但如何在有效提高籽粒光能生产效率和保证增产稳产之间取得平衡需要进一步研究。杨滨娟等（2018）得出，不同轮作种植模式的冬季、水稻季及周年的光能利用率均

较冬闲连作模式有所提高。以笔者课题组相关冬作作物的籽粒温度生产效率的试验来看，粳稻—马铃薯模式冬作季籽粒温度生产效率最高，粳稻—油菜、籼稻—绿肥模式最低，这一方面是由于不同冬作作物本身产量存在较大差距，另一方面也与冬作作物播种和收获时间有关。

从周年籽粒光能生产效率来看，虽然粳稻—油菜、粳稻—小麦、籼稻—油菜、籼稻—小麦模式的辐射利用率接近饱和，但籽粒光能生产效率仍处于较低水平（表 2-16）。周年籽粒温度生产效率最高的粳稻—马铃薯模式较最低的籼稻—油菜模式高 0.77 g/MJ，周年籽粒光能生产效率的较大差距与不同模式的周年产量存在联系。

表 2-16　不同种植模式籽粒光能生产效率

模式	光能生产效率（g/MJ）			
	2017 水稻季	2017 冬作	2018 水稻	周年
粳稻—马铃薯	(0.49±0.05) a	(0.41±0.04) a	(0.54±0.02) ab	(0.46±0.03) ab
粳稻—绿肥	(0.49±0.03) a	(0.17±0.03) b	(0.56±0.01) a	(0.35±0.03) c
粳稻—油菜	(0.52±0.02) a	(0.16±0.09) b	(0.58±0.04) a	(0.36±0.03) c
粳稻—小麦	(0.50±0.02) a	(0.34±0.12) a	(0.56±0.02) a	(0.43±0.07) b
籼稻—冬闲	(0.49±0.03) a		(0.51±0.04) b	(0.49±0.03) a
籼稻—油菜	(0.51±0.00) a	(0.16±0.03) b	(0.51±0.03) b	(0.35±0.01) c
籼稻—小麦	(0.51±0.04) a	(0.32±0.02) a	(0.55±0.01) ab	(0.42±0.01) b

在水稻生育期的积温及辐射分配方面，不同种植模式下水稻生育期积温和辐射分配状况年间趋势一致，均表现为移栽后到扬花期前分配量最大，扬花期后到水稻收获次之，秧田期最小（表 2-17），主要与各生育期时间长短及所处生育期的每日温度、辐射量大小有关。不同年间存在差异，2018 年水稻生长季的温度和辐射更充足，各模式水稻生育期均有所缩短。由于 2018 年粳稻模式相对籼稻模式推迟了播期，相比于籼稻模式水稻生育期总积温、总辐射量有所降低，但并没有对产量造成不利影响。

表 2-17　不同种植模式水稻生育期积温分配及辐射量

年份	地点	品种	秧田期				花前				花后				全生育期		
			日期（月/日）	天数（d）	积温（℃）	辐射量（MJ/m²）	日期（月/日）	天数（d）	积温（℃）	辐射量（MJ/m²）	日期（月/日）	天数（d）	积温（℃）	辐射量（MJ/m²）	天数（d）	总积温（℃）	总辐射量（MJ/m²）
2017	枣阳	粳稻	5/6～6/6	31	453	551	6/6～7/31	55	1 028	920	7/31～9/23	54	879	747	140	2 359	2 218
		籼稻	5/6～6/6	31	453	551	6/6～8/13	67	1 278	1 115	8/13～10/2	50	726	597	149	2 456	2 262
	荆门	粳稻	5/5～6/2	28	508	568	6/2～8/4	63	1 043	1 140	8/4～9/20	47	733	746	138	2 148	2 453
		籼稻	5/5～6/2	28	508	568	6/2～8/10	69	1 158	1 264	8/10～9/30	51	731	675	148	2 260	2 506
2018	枣阳	粳稻	5/18～6/16	29	420	500	6/16～8/9	54	1 011	911	8/9～10/1	53	842	763	136	2 276	2 174
		籼稻	5/7～6/2	26	339	368	6/2～8/8	67	1 232	1 252	8/8～9/26	49	810	702	142	2 382	2 322
	荆门	粳稻	5/17～6/8	22	272	306	6/8～8/5	58	1 027	1 022	8/5～9/15	41	742	822	121	2 041	2 150
		籼稻	5/8～6/1	24	298	312	6/1～8/8	68	1 182	1 236	8/8～9/12	35	641	737	127	2 121	2 286

根据韦克苏（2012）、龚金龙等（2013）的研究，高温胁迫下，水稻生理生化活性下降，光合功能降低，干物质积累和运转受抑，进而影响产量和品质。花后辐射资源的积累提高，有可能提高产量。而枣阳、荆门 2018 年粳稻的迟播晚收导致生育期相比前一年分别缩短了 4 d、17 d，和籼稻模式分别缩短 7 d、21 d 相比有所减少，说明在光温资源充裕、未出现极端天气的年份，粳稻较籼稻较晚的播期可避免籽粒的过早成熟，避免或削弱高温可能对籽粒灌浆期带来的不利影响，提高水稻的产量。荆门较枣阳纬度更低、积温和辐射量更充足，加快了同样的粳稻、籼稻品种的成熟。

汪伟（2017）认为，水稻播期的推迟会导致水稻生育期缩短，全生育期的缩短表现为播种—拔节期天数减少，但拔节—抽穗期与抽穗—成熟期天数相对稳定，减少较少。笔者课题组的相关试验，2018 年的光温条件更好，但播种后到扬花期前这段时间的积温和辐射积累量缩短，可能与品种本身的特性有关，变化较大的是秧田期和扬花期后到水稻收获这两个阶段，说明年间光温条件的不同可能会对籽粒灌浆速率产生影响。2018 年水稻生育期总积温、总辐射量较 2017 年有所降低，水稻生育期总积温降幅最大的是荆门的籼稻模式，达 6.2%；水稻生育期总辐射量降幅最大的是荆门的粳稻模式，达 12.4%。荆门模式降幅较大，可能与生育期缩短有较多相关，侧面反映了现有水稻生育期所处时间段内积温和辐射资源较充裕，完全能够满足现有品种生产的需要，粳稻替代籼稻并进行适当的迟播晚收不会面临光温资源不足的限制。

在土地利用率方面，粳稻品种和籼稻品种生育期长短的差异、光温资源条件和冬作不同作物生长季特性与土地利用率密切相关（表 2-18）。而试验中结合当地实际情况水稻要在前季作物未收获前育秧，因而与前季作物之间存在 7～11 d 的生育期重叠现象，由此也可看出在当地实行籼稻改粳稻的必要性。由于笔者课题组相关两熟制试验采用的是水旱轮作方式，因此前后季作物的生育期重叠期越长意味着接茬时间越短，这可能会给年际间的轮作带来一定风险，可能发生冬作作物未能完全成熟或意外推迟水稻播期所带来的减产风险。从表 2-18 可以看出，除粳稻—马铃薯模式和籼稻—冬闲模式以外的试验模式土地利用率均达到了 80.0%以上。

表 2-18　不同种植模式生育期天数和土地利用率

处理	播种期—移栽期—收获期（月/日）			生育期天数（d）					土地利用率（%）
	2017 水稻季	2017 冬作	2018 水稻	2017 水稻季	2017 冬作	2018 水稻季	周年	重叠期	
粳稻—马铃薯	5/6—6/6—9/23	1/2—5/15	5/18—6/16—10/1	140	133	136	273	0	66.3
粳稻—绿肥	5/6—6/6—9/23	10/29—4/30	5/18—6/16—10/1	140	183	136	323	0	80.0
粳稻—油菜	5/6—6/6—9/23	11/2—5/14	5/18—6/16—10/1	140	193	136	333	0	82.7
粳稻—小麦	5/6—6/6—9/23	11/2—5/18	5/18—6/16—10/1	140	197	136	337	0	83.8
籼稻—冬闲	5/6—6/6—10/2		5/7—6/2—9/26	149	0	142	149	0	32.3
籼稻—油菜	5/6—6/6—10/2	11/2—5/14	5/7—6/2—9/26	149	193	142	342	7	85.2
籼稻—小麦	5/6—6/6—10/2	11/2—5/18	5/7—6/2—9/26	149	197	142	346	11	86.3

（二）不同粳稻两熟制模式养分利用差异

不同种植模式对氮素积累总量、吸氮率、氮素籽粒生产效率、氮素收获指数和氮盈余都有影响，粳稻—马铃薯、粳稻—绿肥氮素积累量表现出一定优势，吸氮率方面主要表现为籼稻模式显著高于粳稻模式（表2-19），主要原因是籼稻模式对地力有一定消耗。综合两年水稻氮素利用情况来看，与前一年相比，2018年各种植模式氮素积累总量和吸氮率均有所提高，增幅最大的3个模式是粳稻—绿肥、粳稻—油菜、籼稻—油菜。卜容燕（2017）的研究表明，稻油模式油菜前季作物残留的氮肥可以促进油菜的产量和氮素吸收。油菜生物量大，自身养分充足，还田部分经过水稻种植前的翻耕，作为一部分养分投入，结合油菜季残留的氮肥可以促进下一季水稻的产量和氮素吸收，水稻季残留的氮肥也可以促进下一季油菜，实现培肥土壤。2018年各模式氮素偏生产力较2017年均出现提高，增幅最大的粳稻—绿肥模式，达11.66%。粳稻—绿肥、籼稻—冬闲和籼稻—小麦的周年氮素偏生产力较好，这与徐宁（2013）和邓丽萍（2017）的研究结果一致。2018年枣阳各模式水稻季较2017年氮盈余均出现不同程度的下降，粳稻—绿肥和粳稻—油菜降幅最大，达43 kg/hm^{2}以上，粳稻—绿肥、粳稻—油菜均由前一年的氮盈余变为氮亏缺，结合土壤全氮两年间升高的趋势分析，侧面反映这两种模式具有氮素补偿作用。

表2-19　不同种植模式氮素偏生产力

模式	2017水稻季（kg/kg）	2017冬作（kg/kg）	2018水稻季（kg/kg）	周年（kg/kg）
粳稻—马铃薯	(40.0±3.9) b	(27.7±2.4) a	(43.2±1.5) c	(34.4±2.4) cd
粳稻—绿肥	(40.3±2.7) b		(45.0±1.0) c	(50.9±4.1) b
粳稻—油菜	(43.0±1.3) b	(12.6±6.9) b	(46.5±3.3) c	(28.7±2.6) d
粳稻—小麦	(41.4±1.5) b	(37.1±13.5) a	(44.8±1.8) c	(39.6±6.1) c
籼稻—冬闲	(62.1±3.3) a		(65.8±4.6) b	(62.1±3.3) a
籼稻—油菜	(63.8±0.6) a	(12.6±2.2) b	(66.0±3.3) b	(34.6±1.1) cd
籼稻—小麦	(64.4±5.2) a	(35.0±1.8) a	(70.4±1.9) a	(49.7±1.7) b

如表2-20所示，不同种植模式对2017年土壤pH影响显著，对2018年的影响不显著，这可能与土壤的特性有关。柴凯斌（2018）的结果表明，土壤存在一定缓冲能力，pH通常不会在一定时间内发生大的变化。2018年的研究结果表明，种植模式显著影响土壤有效磷和土壤速效钾含量，但对土壤pH、土壤有机碳和土壤全氮没有显著性影响。粳稻—绿肥的有效磷含量较其他种植模式显著提高，粳稻—小麦的速效钾含量显著高于其他种植模式。相关研究表明（刘英等，2007；余泓，2010；陈尚洪等，2013；陈勇等，2016；马艳芹，2019；He et al.，2017），轮作种植模式可以提高土壤氮、钾和有机碳含量，但并不认为有效磷含量会下降。这与笔者课题组研究结果不一致，但也有观点认为绿肥还田对磷含量没有影响（杨旭燕、何文寿，2019），这可能由于无法满足作物生长对磷的需求，存在亏缺，也可能水旱轮作加快了有机物质转化，土壤物理、化学或者生物学特性发生了一些变化，其中的机制可能需要进一步研究。陈尚洪等（2006）认为，轮作种植模式可以促进土壤团聚体的形成，增加水稳性团聚体含量，进而改善土壤结构，保水

保肥。

表 2-20 不同种植模式对水稻土壤养分的影响

模式	pH	有机碳（g/kg）	全氮（g/kg）	有效磷（mg/kg）	速效钾（mg/kg）
粳稻—马铃薯	(6.15±0.11) a	(17.1±0.53) a	(2.02±0.32) a	(5.93±0.40) b	(168±7.85) b
粳稻—绿肥	(6.12±0.09) a	(17.9±0.59) a	(1.87±0.05) a	(6.89±0.50) a	(173±7.82) b
粳稻—油菜	(6.21±0.08) a	(18.0±1.15) a	(1.93±0.16) a	(5.66±1.01) b	(169±3.95) b
粳稻—小麦	(6.19±0.10) a	(18.3±0.48) a	(2.00±0.02) a	(6.11±0.37) b	(197±10.5) a
籼稻—冬闲	(6.17±0.10) a	(17.9±0.90) a	(1.88±0.05) a	(4.35±0.36) c	(129±7.61) d
籼稻—油菜	(6.07±0.11) a	(17.3±1.38) a	(1.83±0.18) a	(4.46±0.53) c	(158±1.90) c
籼稻—小麦	(6.19±0.17) a	(17.6±1.52) a	(1.86±0.18) a	(4.36±0.14) c	(155±2.24) c

（三）不同粳稻两熟制模式经济效益评价

如表 2-21 所示，粳稻—马铃薯、粳稻—小麦和籼稻—小麦效益比较好。粳稻—绿肥模式经济效益虽不显著，但在土壤培肥、温室气体减排等方面有较大优势，这些并没有体现在经济效益上。综合成本考虑，高投入高产出的粳稻—马铃薯模式及中投入中产出的粳稻—小麦、籼稻—小麦模式在该地区相对适宜，有比较优势，对农民经营性收入的增加是有成效的（李会忠，2006；展茗，2013；庞力豪，2018）。但马铃薯也存在季节性较强、价格波动较大、存储难度较高、销售情况年际间波动较大等问题，应酌情考虑。

表 2-21 不同种植模式经济效益比较

模式	农业生产支出（元/hm²）							产出（元/hm²）	经济效益（元/hm²）
	种子	肥料	农药	机械	人工	水电	地膜		
粳稻—马铃薯	6 075	6 030	2 100	2 400	10 625	900	3 000	65 856	34 726
粳稻—绿肥	4 200	1 980	1 800	2 400	2 975	900	—	26 160	11 905
粳稻—油菜	5 000	4 020	2 385	2 400	8 825	900	—	41 040	18 730
粳稻—小麦	4 080	3 672	2 550	3 300	3 425	900	—	40 280	22 353
籼稻—冬闲	2 625	1 980	1 650	1 650	2 825	900	—	26 880	15 250
籼稻—油菜	4 025	4 020	2 385	2 400	8 825	900	—	40 800	19 465
籼稻—小麦	3 105	3 672	2 550	3 300	3 425	900	—	40 440	23 488

第二节 水稻精确定量栽培

水稻高产栽培是一项系统工程，其技术的精确化必须遵循以下总思路：一是各项技术都要为构建抽穗至成熟期的高光效群体服务，调控群体前期、中期的适宜数量，提高后期的群体质量；二是以高产群体生育各阶段的形态、生理发育指标为依据，定量地应用调控技术，对各部分的生长作定向、定量调控；三是以有利于提高群体的茎蘖成穗率和粒叶比为标准，判断促控技术是否适时适量；四是各项技术的定量，遵循以最经济的投入，获得最大的经济和生态效益的原则。

一、水稻适宜播栽期的确定

一个地区适宜的播栽期取决于其最佳抽穗结实期和早限播种期。抽穗至成熟期的群体光合生产力决定了水稻的产量，因此，必须把抽穗结实期安排在最佳的气候条件下，称最佳抽穗结实期。

笔者课题组对湖北省主要水稻产区的气候（温度）条件、水稻在不同播期条件下抽穗结实期的变化情况和产量表现做了调研（表 2－22 至表 2－24），以此为依据，结合适宜播栽期确定的基本原则，对湖北省不同水稻生产区域适宜播栽期进行了分析。

表 2－22　湖北省水稻生育期内不同生态区月平均温度

试验点	月平均温度（℃）						
	4 月	5 月	6 月	7 月	8 月	9 月	10 月
襄州	15.7	21.8	23.2	26.2	26.6	22.5	18.4
随县	15.0	21.8	23.8	25.9	26.3	23.2	17.3
沙洋	16.1	22.1	23.5	26.3	26.9	23.5	19.5
公安	16.9	22.7	24.9	27.3	28.1	24.5	20.0
武穴	16.9	23.0	25.4	26.6	27.1	23.5	18.2

水稻最佳抽穗结实期的生态条件，首要是开花结实期的环境温度。一般认为抽穗期日平均温度 25 ℃，整个结实期日平均温度 21 ℃常年出现的日期，定为湖北省各地粳稻的最佳抽穗结实期。就全省而言，为 8 月 27 日至 10 月 27 日，湖北北部偏早一些，湖北南部偏晚一些。籼稻的最佳抽穗结实期的适宜温度一般比粳稻约高 2 ℃，整个结实期日平均温度 23 ℃常年出现的日期，定为湖北省各地籼稻的最佳抽穗结实期。就全省而言，为 8 月 21 日至 10 月 21 日，湖北北部偏早一些，湖北南部偏晚一些。

春后日平均温度稳定在 10 ℃以上，是粳稻的早限播种期，湖北省一般在 4 月 8～16 日，南部偏早，北部偏迟；日平均温度稳定在 12 ℃以上，是籼稻的早限播种期，湖北省一般在 4 月 11～18 日，亦是南早北迟。

分蘖和次生根发生的最低温度为 15 ℃，日平均温度稳定在 15 ℃以上时，才是安全移栽期（5 月中下旬），过早移栽会造成僵苗。因此，覆膜保温育秧必须考虑安全移栽期，合理掌握秧龄和播期。

湖北省各生态区于水稻整个生育期内，日平均温度均在 10～35 ℃，且在水稻生长期内，生态区日平均温度均呈现出相似的规律：从 4 月初至 8 月初，日均温逐渐升高，8 月 1 日前后日均温达到最高，8～10 月，日均温逐渐下降。日平均温度整体变化趋势相同，都先升后降，在 8 月上旬和 9 月中旬有两次比较明显的降温，这 2 个月内，温度波动比较大。

表 2-23 各生态区不同播期条件下籼粳主要生育阶段的生育天数的变化

试验点	品种类型	品种	播期（月/日）	拔节期（月/日）	抽穗期（月/日）	成熟期（月/日）	播种—拔节期（d）	拔节—抽穗期（d）	抽穗—成熟期（d）	全生育期（d）
襄州	粳稻	甬优4949	4/15	6/15	7/19	8/25	62	34	37	133
			4/25	6/20	7/24	8/30	57	34	37	128
			5/5	6/30	8/1	9/10	57	32	40	129
			5/15	7/10	8/8	9/15	57	29	38	124
			5/25	7/16	8/15	9/25	53	30	41	124
			6/4	7/27	8/29	9/28	54	33	30	117
		南粳9108	4/15	6/20	8/3	9/9	67	44	37	148
			4/25	6/25	8/5	9/13	62	41	39	142
			5/5	7/4	8/10	9/20	61	37	41	139
			5/15	7/15	8/18	9/25	62	34	38	134
			5/25	7/19	8/21	9/30	56	33	40	129
			6/4	7/26	8/24	10/9	53	29	46	128
	籼稻	扬两优6号	4/15	6/18	8/1	9/4	65	44	34	143
			4/25	6/23	8/3	9/8	60	41	36	137
			5/5	7/2	8/13	9/18	59	42	36	137
			5/15	7/13	8/24	9/25	60	42	32	134
			5/25	7/20	9/2	10/7	57	44	35	136
			6/4	7/31	8/30	10/10	58	30	41	129
		黄华占	4/15	6/15	7/22	8/25	62	37	34	133
			4/25	6/20	7/26	8/27	57	36	32	125
			5/5	6/30	8/4	9/8	57	35	35	127
			5/15	7/10	8/12	9/15	57	33	34	124
			5/25	7/16	8/20	9/25	53	35	36	124
			6/4	7/29	8/30	9/25	56	32	26	114
随县	粳稻	甬优4949	4/15	6/23	7/25	9/19	70	32	56	158
			4/25	6/27	7/31	9/19	64	34	50	148
			5/5	7/4	7/31	9/19	61	27	50	138
			5/15	7/6	8/5	10/1	53	30	57	140
			5/25	7/16	8/15	10/14	53	30	60	143
			6/4	7/26	8/23	10/19	53	28	57	138
		南粳9108	4/15	6/28	7/30	9/29	75	32	61	168
			4/25	7/6	8/2	10/1	73	27	60	160
			5/5	7/10	8/6	10/11	67	27	66	160
			5/15	7/14	8/12	10/14	61	29	63	153
			5/25	7/22	8/17	10/22	59	26	66	151
			6/4	8/1	8/26	10/21	59	25	56	140

（续）

试验点	品种类型	品种	播期（月/日）	拔节期（月/日）	抽穗期（月/日）	成熟期（月/日）	播种—拔节期（d）	拔节—抽穗期（d）	抽穗—成熟期（d）	全生育期（d）
随县	籼稻	扬两优6号	4/15	6/29	8/7	9/19	76	39	43	158
			4/25	7/10	8/9	9/20	77	30	42	149
			5/5	7/14	8/12	10/3	71	29	52	152
			5/15	7/22	8/23	10/14	69	32	52	153
			5/25	7/24	8/31	10/22	61	38	52	151
			6/4	8/1	9/6	10/29	59	36	53	148
		黄华占	4/15	6/22	7/26	8/31	69	34	36	139
			4/25	6/26	7/29	9/4	63	33	37	133
			5/5	7/5	7/30	9/7	62	25	39	126
			5/15	7/10	8/4	9/19	57	25	46	128
			5/25	7/16	8/24	10/3	53	39	40	132
			6/4	7/29	9/3	10/19	56	36	46	138
沙洋	粳稻	甬优4949	4/15	6/20	7/26	9/14	67	36	50	153
			4/25	6/23	7/29	9/18	60	36	51	147
			5/5	7/1	8/2	9/23	58	32	52	142
			5/15	7/16	8/9	9/29	63	24	51	138
			5/25	7/20	8/13	10/8	57	24	56	137
			6/4	8/1	8/24	10/12	59	23	49	131
		南粳9108	4/15	6/22	8/1	9/16	69	40	46	155
			4/25	6/25	8/3	9/21	62	39	49	150
			5/5	7/2	8/10	9/25	59	39	46	144
			5/15	7/18	8/15	10/5	65	28	51	144
			5/25	7/22	8/17	10/10	59	26	54	139
			6/4	8/2	8/27	10/16	60	25	50	135
	籼稻	扬两优6号	4/15	6/25	7/30	9/15	72	35	47	154
			4/25	6/25	8/3	9/19	62	39	47	148
			5/5	7/3	8/16	9/24	60	44	39	143
			5/15	7/21	8/25	10/2	68	35	38	141
			5/25	7/23	8/28	10/13	60	36	46	142
			6/4	8/3	9/8	10/22	61	36	44	141
		黄华占	4/15	6/18	7/22	8/24	65	34	33	132
			4/25	6/21	7/24	8/29	58	33	36	127
			5/5	6/29	7/29	9/8	56	30	41	127
			5/15	7/19	8/11	9/22	66	23	42	131
			5/25	7/20	8/15	10/2	57	26	48	131
			6/4	7/29	8/30	10/11	56	32	42	130

（续）

试验点	品种类型	品种	播期（月/日）	拔节期（月/日）	抽穗期（月/日）	成熟期（月/日）	播种—拔节期（d）	拔节—抽穗期（d）	抽穗—成熟期（d）	全生育期（d）
公安	粳稻	甬优4949	4/15	6/16	7/23	8/27	63	37	35	135
			4/25	6/24	7/28	9/2	61	34	36	131
			5/5	7/3	8/3	9/7	60	31	35	126
			5/15	7/13	8/8	9/12	60	26	35	121
			5/25	7/25	8/16	9/22	62	22	37	121
			6/4	8/2	8/22	10/2	60	20	41	121
		南粳9108	4/15	6/21	7/28	9/1	68	37	35	140
			4/25	6/28	8/3	9/6	65	36	34	135
			5/5	7/4	8/9	9/12	61	36	34	131
			5/15	7/13	8/14	9/19	60	32	36	128
			5/25	7/23	8/20	9/27	60	28	38	126
			6/4	8/2	8/28	10/5	60	26	38	124
	籼稻	扬两优6号	4/15	6/19	8/7	9/10	66	49	34	149
			4/25	6/26	8/10	9/14	63	45	35	143
			5/5	7/5	8/14	9/21	62	40	38	140
			5/15	7/15	8/22	9/27	62	38	36	136
			5/25	7/29	8/29	10/10	66	31	42	139
			6/4	8/10	9/9	10/20	68	30	41	139
		黄华占	4/15	6/15	7/24	8/24	62	39	31	132
			4/25	6/23	8/2	8/29	60	40	27	127
			5/5	7/3	8/7	9/3	60	35	27	122
			5/15	7/13	8/15	9/13	60	33	29	122
			5/25	7/23	8/20	9/22	60	28	33	121
			6/4	8/5	8/29	9/30	63	24	32	119
武穴	粳稻	甬优4949	4/15	6/18	7/20	9/1	65	32	43	140
			4/25	7/2	8/1	9/11	69	30	41	140
			5/5	7/14	8/4	9/18	71	21	45	137
			5/15	7/14	8/7	9/29	61	24	53	138
			5/25	7/18	8/16	10/6	55	29	51	135
			6/4	7/30	8/24	10/10	57	25	47	129
		南粳9108	4/15	6/16	7/23	9/29	63	37	68	168
			4/25	7/1	8/4	10/6	68	34	63	165
			5/5	7/12	8/7	10/11	69	26	65	160
			5/15	7/14	8/11	10/15	61	28	65	154
			5/25	7/20	8/19	10/18	57	30	60	147
			6/4	8/1	8/25	10/21	59	24	57	140

（续）

试验点	品种类型	品种	播期（月/日）	拔节期（月/日）	抽穗期（月/日）	成熟期（月/日）	播种—拔节期（d）	拔节—抽穗期（d）	抽穗—成熟期（d）	全生育期（d）
武穴	籼稻	扬两优6号	4/15	6/20	7/30	9/4	67	40	36	143
			4/25	7/4	8/7	9/16	71	34	40	145
			5/5	7/16	8/9	9/25	73	24	47	144
			5/15	7/18	8/18	9/29	65	31	42	138
			5/25	7/21	8/27	10/7	58	37	41	136
			6/4	8/2	9/3	10/19	60	32	46	138
		黄华占	4/15	6/18	7/19	8/21	65	31	33	129
			4/25	7/2	8/2	8/30	69	31	28	128
			5/5	7/13	8/5	9/11	70	23	37	130
			5/15	7/16	8/9	9/27	63	24	49	136
			5/25	7/20	8/18	10/5	57	29	48	134
			6/4	7/30	8/26	10/10	57	27	45	129

表 2-24　各生态区不同播期条件下籼粳稻的产量表现

试验点	类型	品种	播期（月/日）	每公顷穗数（万）	每穗颖花数	结实率（%）	千粒重（g）	产量（t/hm^2）
襄州	粳稻	甬优4949	4/15	260 a	232 c	93.2 bc	23.3 b	13.1 b
			4/25	222 b	285 ab	94.8 ab	23.7 a	14.2 ab
			5/5	221 b	267 b	95.2 ab	23.6 ab	13.2 b
			5/15	215 b	300 a	95.5 a	23.7 ab	14.6 a
			5/25	229 b	277 ab	93.1 bc	23.5 ab	13.9 ab
			6/4	263 a	231 c	92.3 c	23.8 a	13.3 b
		CV（%）		9.0	10.7	1.4	0.8	4.4
		南粳9108	4/15	419 a	115 b	86.1 a	25.1 b	10.5 ab
			4/25	394 a	141 a	78.6 b	25.0 b	10.9 ab
			5/5	332 b	138 a	85.9 a	25.9 b	10.2 ab
			5/15	315 b	133 ab	85.8 a	27.4 a	9.9 b
			5/25	346 b	144 a	87.3 a	27.7 a	12.1 a
			6/4	327 b	134 a	79.6 b	27.1 a	9.4 b
		CV（%）		11.7	7.6	4.5	4.6	8.8
	籼稻	扬两优6号	4/15	262 a	166 c	90.2 a	32.3 a	12.7 ab
			4/25	262 a	179 bc	93.8 a	31.1 b	13.7 a
			5/5	245 a	175 c	91.2 a	31.3 b	12.2 b
			5/15	270 a	205 a	75.5 b	32.4 a	13.5 ab
			5/25	266 a	212 a	70.7 b	32.4 a	12.9 ab
			6/4	272 a	194 ab	64.7 c	30.8 b	10.5 c
		CV（%）		3.6	9.5	15.2	2.3	9.3

（续）

试验点	类型	品种	播期（月/日）	每公顷穗数（万）	每穗颖花数	结实率（%）	千粒重（g）	产量（t/hm²）
襄州	籼稻	黄华占	4/15	320 b	133 b	93.2 a	24.4 b	9.6 c
			4/25	313 b	143 b	89.8 a	25.1 a	10 c
			5/5	319 b	175 a	92.1 a	23.8 bc	12.2 ab
			5/15	303 b	175 a	90.6 a	22.2 e	10.7 bc
			5/25	358 a	174 a	89.6 a	23.5 cd	13.1 a
			6/4	385 a	146 b	82.8 b	23.0 d	10.8 bc
		CV（%）		9.6	12.2	4.1	4.2	12.1
随县	粳稻	甬优4949	4/15	221 ab	298 b	95.2 a	23.3 c	14.6 a
			4/25	211 b	297 b	95.2 a	23.3 c	13.9 ab
			5/5	219 ab	293 b	95.0 a	24.3 a	14.8 a
			5/15	192 c	346 a	93.9 a	23.4 bc	14.6 a
			5/25	191 c	355 a	93.4 a	23.6 bc	14.9 a
			6/4	226 a	313 b	78.4 b	23.7 b	13.1 b
		CV（%）		7.2	8.5	7.2	1.5	4.8
		南粳9108	4/15	356 a	172 d	73.8 abc	24.6 c	11.1 b
			4/25	347 a	183 bcd	71.1 abc	24.7 c	11.2 b
			5/5	309 b	194 b	70.4 bc	25.8 b	10.9 b
			5/15	285 c	209 a	75.8 ab	26.3 ab	11.9 a
			5/25	276 cd	185 bc	76.1 a	25.8 b	10 c
			6/4	269 d	174 cd	68.6 c	26.7 a	8.6 d
		CV（%）		12.1	7.5	4.2	3.3	11.0
	籼稻	扬两优6号	4/15	268 a	226 bc	78.0 b	30.3 a	14.3 a
			4/25	256 ab	245 a	76.9 b	30.1 a	14.5 a
			5/5	242 bc	221 bc	83.8 ab	30.5 a	13.6 ab
			5/15	226 c	231 b	87.2 a	30.7 a	14.0 a
			5/25	242 bc	217 cd	77.6 b	30.4 a	12.4 b
			6/4	241 bc	207 d	51.7 c	30.7 a	7.9 c
		CV（%）		6.0	5.8	16.5	0.8	19.6
		黄华占	4/15	297 ab	193 cd	90.5 ab	24.7 b	12.9 a
			4/25	284 b	180 d	94.2 a	25.6 a	12.3 a
			5/5	290 b	200 bc	92.0 ab	24.4 b	13 a
			5/15	289 b	228 a	84.5 c	22.9 c	12.7 a
			5/25	317 a	211 b	88.8 b	22.9 c	13.6 a
			6/4	287 b	201 bc	78.1 d	23 c	10.3 b
		CV（%）		4.2	8.0	6.7	4.9	9.0

（续）

试验点	类型	品种	播期（月/日）	每公顷穗数（万）	每穗颖花数	结实率（%）	千粒重（g）	产量（t/hm²）
沙洋	粳稻	甬优4949	4/15	207 bc	247 c	93.9 ab	23.5 cd	11.3 c
			4/25	222 ab	233 c	95.5 a	24.2 a	11.9 bc
			5/5	234 a	256 bc	94.5 ab	23.3 d	13.2 ab
			5/15	204 c	283 ab	92.4 b	23.7 bcd	12.6 abc
			5/25	194 c	276 ab	94.0 ab	24.1 ab	12.0 bc
			6/4	223 ab	289 a	87.4 c	23.9 abc	13.4 a
		CV（%）		6.9	8.4	3.1	1.5	6.6
		南粳9108	4/15	271 bc	189 a	76.8 c	25.5 cd	10.0 a
			4/25	264 c	169 bc	80.2 bc	26.2 b	9.4 ab
			5/5	281 b	157 c	88.1 a	26.1 bc	10.1 a
			5/15	238 d	175 ab	84.3 ab	25.1 d	8.8 b
			5/25	297 a	156 c	79.4 c	25.9 bc	9.5 ab
			6/4	262 c	158 bc	78.8 c	27.3 a	8.9 b
		CV（%）		7.3	7.8	5.1	2.9	5.9
	籼稻	扬两优6号	4/15	199 c	197 b	93.3 a	32.3 a	11.8 a
			4/25	211 bc	171 c	87.1 b	31.8 a	10.0 b
			5/5	271 a	178 c	83.3 bc	30.6 b	12.3 a
			5/15	213 bc	178 c	83.3 bc	30.6 b	9.7 b
			5/25	231 b	196 b	80.4 c	32.0 a	11.7 a
			6/4	234 b	234 a	52.5 d	29.0 c	8.3 c
		CV（%）		11.2	12.0	17.7	4.0	14.6
		黄华占	4/15	266 b	174 c	90.4 abc	23.8 c	10.0 a
			4/25	302 a	146 d	91.9 ab	24.6 a	9.9 a
			5/5	319 a	140 d	93.4 a	24.4 ab	10.2 a
			5/15	252 b	199 a	88.9 bc	22.9 d	10.2 a
			5/25	271 b	187 b	88.3 c	23.9 bc	10.7 a
			6/4	325 a	183 bc	79.3 d	23.4 cd	11.1 a
		CV（%）		10.4	13.8	5.6	2.6	4.3

（续）

试验点	类型	品种	播期（月/日）	每公顷穗数（万）	每穗颖花数	结实率（%）	千粒重（g）	产量（t/hm²）
公安	粳稻	甬优4949	4/15	195 b	258 a	93.5 a	23.4 bc	11.0 b
			4/25	181 c	263 a	92.3 a	23.8 ab	10.4 bc
			5/5	186 bc	245 ab	91.2 a	23.8 a	9.9 c
			5/15	228 a	253 ab	92.4 a	23.2 c	12.4 a
			5/25	227 a	258 a	92.0 a	23.8 ab	12.8 a
			6/4	235 a	236 b	91.7 a	23.5 abc	11.9 a
		CV（%）		11.6	3.9	0.8	1.1	10.1
		南粳9108	4/15	277 c	161 a	74.6 c	25.0 b	8.3 bc
			4/25	290 bc	165 a	74.7 c	25.2 ab	9.0 bc
			5/5	295 b	138 b	78.6 b	25.4 ab	8.1 c
			5/15	317 a	162 a	84.4 a	25.2 ab	10.9 a
			5/25	301 ab	139 b	82.9 a	25.8 a	9.0 bc
			6/4	274 c	159 a	84.1 a	25.5 ab	9.3 b
		CV（%）		5.4	7.9	5.7	1.1	10.9
	籼稻	扬两优6号	4/15	246 a	172 b	85.8 b	30.3 d	11.0 a
			4/25	202 b	192 a	88.7 ab	31.3 c	10.7 a
			5/5	199 b	178 b	90.6 a	32.5 a	10.5 a
			5/15	239 a	176 b	85.9 b	31.3 c	11.3 a
			5/25	241 a	168 bc	67.2 c	32.1 ab	8.7 b
			6/4	243 a	161 c	66.3 c	31.6 bc	8.2 b
		CV（%）		9.5	6.0	13.6	2.5	13.0
		黄华占	4/15	298 bc	154 b	91.4 a	24.5 a	10.3 abc
			4/25	254 d	144 b	89.5 a	24.1 a	7.9 d
			5/5	286 c	158 b	82.5 b	23 bc	8.6 cd
			5/15	308 ab	184 a	89 ab	23.4 b	11.8 a
			5/25	316 a	161 b	89.5 a	23.2 bc	10.6 ab
			6/4	301 bc	158 b	90.0 a	22.8 c	9.7 bc
		CV（%）		7.5	8.3	3.5	2.9	14.4

（续）

试验点	类型	品种	播期（月/日）	每公顷穗数（万）	每穗颖花数	结实率（%）	千粒重（g）	产量（t/hm²）
武穴	粳稻	甬优4949	4/15	213 ab	227 cd	92.6 bc	23.6 c	10.6 c
			4/25	205 ab	257 ab	92.0 c	24.8 a	12.0 ab
			5/5	198 b	240 abc	92.0 c	24.3 b	10.6 bc
			5/15	199 b	238 bc	94.3 ab	24.3 b	10.9 bc
			5/25	217 a	261 a	94.8 a	23.8 c	12.8 a
			6/4	216 a	209 d	92.2 c	25.0 a	10.4 c
		CV（%）		4.1	8.2	1.3	2.2	8.7
		南粳9108	4/15	275 b	134 a	83.8 ab	25.5 d	7.8 bc
			4/25	283 b	127 a	80.7 ab	26.8 ab	7.7 c
			5/5	336 a	127 a	82.3 ab	26.3 bc	9.2 ab
			5/15	327 a	132 a	86.7 a	26.2 bc	9.7 a
			5/25	308 ab	120 a	78.6 ab	26.1 cd	7.6 c
			6/4	329 a	123 a	75.7 b	27.4 a	8.5 abc
		CV（%）		8.3	4.0	4.8	2.4	10.5
	籼稻	扬两优6号	4/15	212 bc	149 ab	90.0 a	33.5 c	9.5 a
			4/25	203 cd	147 ab	92.1 a	34.3 b	9.4 a
			5/5	195 d	152 a	90.7 a	33.7 bc	9.1 ab
			5/15	221 b	142 ab	89.9 a	32.0 d	9.1 ab
			5/25	243 a	135 ab	83.9 b	34.2 b	9.4 a
			6/4	217 b	134 b	79.0 c	35.1 a	8.1 b
		CV（%）		7.7	5.2	5.8	3.1	6.0
		黄华占	4/15	219 c	168 a	87.4 ab	23.6 d	7.6 ab
			4/25	247 b	131 bc	84.6 b	25.1 b	6.8 b
			5/5	250 b	143 b	87.3 ab	24.4 c	7.6 ab
			5/15	309 a	134 b	84.9 b	23.8 d	8.4 a
			5/25	309 a	122 cd	90.7 a	23.8 d	8.1 a
			6/4	314 a	117 d	86.6 ab	25.6 a	8.1 a
		CV（%）		14.9	13.4	2.5	3.3	7.2

随播期的推迟，产量呈现先增后减的趋势，最高产量出现在 5 月 15 日和 5 月 25 日，平均为 11.35 t/hm^2，产量的变化主要受每穗粒数和结实率的影响。随县点（湖北北部）的平均产量为 12.05 t/hm^2，显著高于其他各点；甬优 4949 的平均产量为 12.1 t/hm^2，显著高于其他各品种。随县点甬优 4949 于 5 月 5 日播种的产量最高，为 14.9 t/hm^2。

二、水稻育秧技术要点

（一）湖北水稻育秧以机插小苗和人工移栽中大苗为主

水稻育秧的秧龄就全国而言，分小苗（3～4 叶期）、中苗（4～5 叶期）、大苗（6～7 叶期）和二段（超）大苗（8～9 叶期），而湖北以机插小苗和人工移栽大苗为主。湖北的机插小苗育秧始于 20 世纪 80 年代后期，近 10 余年已经发展成为湖北省重要的育秧方式之一，近些年湖北省推行水稻工厂化集中育秧（图 2－1），其技术内涵极为丰富。就载体而言，有双膜育秧、软盘育秧、硬盘育秧和穴钵盘育秧；就床土和基质的种类而言，有泥浆和筛土，以及商供水稻育苗基质；就床土水分状况和补水方式而言，有旱育秧和湿润育秧，补水方式有沟灌、喷灌、雾灌和滴灌等。此外，因育秧场所不同，又有全露地、小棚、覆膜无纺布覆盖和室内等多种。人工移栽大苗则发展了水育秧、旱育秧、两段育秧等多项技术（图 2－2、图 2－3）。多年多点的实践表明，无论上述任何一种育秧方式方法，只要技术得当都能培育出适合机插的壮秧；无论应用哪种方式方法育秧，壮秧的基本要求都是一致的，关键技术要求也是共通的。

营养土准备

精量播种

精准化管理

壮秧长势

图 2－1 机插小苗育秧

苗床准备

精量播种

壮秧长势

图 2－2 人工移栽水育秧

精量播种(拌种)

壮秧长势

图 2-3　人工移栽旱育秧

（二）适龄壮秧的指标

湖北省目前的机插小苗秧龄大多为 3 叶 1 心，其形态指标为：一是秧苗的叶龄不超过 3 叶 1 心。如大田平整度好，田土细软，用高达 11 cm 的 2 叶 1 心苗移栽，则更有利于早分蘖。二是苗高在 12～17 cm。苗高不足 11 cm 的是弱苗，不利于及早活棵分蘖；苗高大于 20 cm 的是徒长苗或超秧龄苗，也不利于活棵早发。三是苗基粗度（直径）大于等于 2.5 mm。小于 2.2 mm 的是密播弱苗或严重缺肥的瘦苗。四是不定根数大于 11 条，这样的苗才有较强的发根力。五是叶片的长度大于叶鞘的长度，若叶鞘的长度大于叶片长度则为徒长苗。六是叶色鲜绿，无黄叶，秧苗的生理活性强。七是无病虫害。湖北省目前的手工移栽中苗秧龄大多为 5 叶 1 心，其形态指标：秧苗高 20 cm 左右，根数 18～20 条，100 株地上部分干重 5～6 g，带 1～2 个分蘖，叶色鲜绿，无黄叶，富有弹性。表 2-25 为不同壮秧秧苗形态指标，图 2-4 为小苗和中大苗壮秧形态图。

表 2-25　不同秧龄壮秧指标

品种	秧龄	叶龄	苗高（cm）	假茎宽（cm）	带蘖数	单株干重（g）
甬优 4949	小苗	4.22	12.1 b	0.29 a	0.51 c	0.02 c
	中苗	5.98	29.0 a	0.40 a	1.18 b	0.15 b
	大苗	7.88	36.8 a	0.58 a	2.45 a	0.41 a
扬两优 6 号	小苗	4.27	12.3 b	0.37 a	0.61 c	0.03 c
	中苗	6.21	30.3 a	0.48 a	1.73 b	0.26 b
	大苗	8.45	39.1 a	0.78 a	3.76 a	0.59 a

从表 2-26 可知，甬优 4949 小苗移栽后期有效穗数显著大于中苗和大苗移栽，分别高出 6.9%、9.7%；每穗总粒数之间的差异不显著；小苗、中苗秧龄的群体颖花量、结实率显著高于大苗，而千粒重有随秧龄增大的趋势，结果是小苗、中苗的产量显著大于大苗，小苗、中苗的产量分别为 12.8 t/hm^2、12.4 t/hm^2，分别高出大苗 16.4%、12.7%。甬优 4949 在小苗、中苗秧龄移栽，群体颖花量、结实率、千粒重差异不显著，最终产量

小苗

中大苗

图 2-4　小苗与中大苗壮秧形态

变化也无显著差异。扬两优 6 号随着移栽秧龄的增大，产量显著降低，小苗、中苗秧龄处理下产量比大苗秧龄处理下产量分别高 15.2%、11.1%，主要是因为大苗有效穗数显著减小，小苗、中苗秧龄处理下的有效穗数比大苗秧龄处理的分别高 6.1%、4.3%，而每穗总粒数差异不大；同时，随秧龄的增大，群体总颖花量显著减小，结实率亦显著减小，小苗、中苗秧龄处理下的结实率比大苗秧龄处理下的结实率分别高 5.9%、2.7%。

表 2-26　不同秧龄的产量表现

品种	秧龄	有效穗数（$\times10^4$/hm^2）	每穗总粒数	总颖花量（$\times10^4$/m^2）	结实率（%）	千粒重（g）	库容量（t/hm^2）	实产（t/hm^2）
甬优 4949	小苗	200a	315a	6.3a	89.9a	23.4b	14.7a	12.8a
	中苗	187b	324a	6.0ab	89.7a	23.5ab	14.1a	12.4a
	大苗	182b	321a	5.8b	83.7b	23.6a	13.7a	11.0b
扬两优 6 号	小苗	211a	256a	5.4a	68.3a	26.8a	14.4a	11.4a
	中苗	207a	257a	5.2b	67.2ab	27.0a	14.1a	11.0a
	大苗	199b	251a	5.0c	64.5b	26.9a	13.4b	9.9b

三、水稻基本苗的确定

基本苗是群体的起点，确定合理基本苗数是建立高光效群体的一个极为重要的环节。确定合理基本苗的指导思想是走“小、壮、高”的栽培途径，用较少的基本苗数，通过充分发育壮大个体，尽可能多地利用分蘖去完成群体适宜穗数，提高成穗率和攻取大穗，以提高群体的总颖花量和后期高光合生产积累能力，获取高产。

合理基本苗确立的核心是要确保群体恰好于有效分蘖叶龄期（$N-n$ 或 $N-n+1$）达到适宜穗数的总茎蘖数。

合理基本苗数（X）应是单位面积适宜穗数（Y）除以每个单株的成穗数（ES）。理论公式为：

$$X=Y/ES$$

在任何地区，每个品种在某种栽培制度下，其高产的单位面积适宜穗数（Y）是比较稳定的，可以通过较多的高产田穗数测定获取，它往往是一个已知数。

单株成穗数（ES）取决于3个因子：一是从移栽后至有效分蘖临界叶龄期（$N-n$）有几个有效分蘖叶龄数；二是有效分蘖叶龄期能产生的有效分蘖理论值；三是分蘖实际发生率（r）。

用公式计算确定的基本苗数，可以确保在$N-n$叶龄之初够苗，确保穗数，提高成穗率和群体质量。

表2-27　不同基本苗数处理的产量表现

品种	秧龄	基本苗数	有效穗数（$\times10^4$/hm²）	每穗总粒数	总颖花量（$\times10^4$/m²）	结实率（%）	千粒重（g）	库容量（t/hm²）	实产（t/hm²）
甬优4949	小苗	CK1	174b	351a	6.1a	90.2a	23.4a	14.2a	12.3b
		X1	222a	301b	6.7a	88.3a	23.4a	15.6a	13.5a
	中苗	CK2	173b	321a	5.5b	92.4	23.6a	13.1b	11.9b
		X2	195a	317a	6.2a	91.3	23.5a	14.5a	12.9a
	大苗	CK3	171b	341a	5.8b	84.0a	23.9a	13.9a	10.8a
		X3	202a	305b	6.1a	80.8a	23.5a	14.4a	11.2a
扬两优6号	小苗	CK4	219b	251b	5.5b	67.6a	26.5a	14.5b	11.4b
		X4	236a	246a	5.8a	66.6a	26.8a	15.6a	12.1a
	中苗	CK5	200b	250a	5.0b	69.8a	26.9a	13.4b	10.8b
		X5	225a	245a	5.5a	64.0b	26.8a	14.7a	11.4a
	大苗	CK6	191b	253a	4.8a	65.8a	27.0a	13.1a	9.8a
		X6	210a	244a	5.1a	63.8b	26.6a	13.6a	10.2a

注：CK1～CK6分别对应传统的基本苗数，X1～X6分别对应通过基本苗公式求得的基本苗数。

如表2-27所示，通过对粳稻（甬优4949）和籼稻（扬两优6号）不同秧龄的适宜基本苗进行计算，并比照湖北省当地惯用的基本苗数，对其产量表现进行考察，结果表明采用精确定量计算基本苗数条件下，不论粳稻（甬优4949）还是籼稻（扬两优6号）品种，最终都有较好的产量表现，并主要体现在有效穗数的增加。

四、水稻施肥的精确定量

（一）高产水稻的氮磷钾吸收比例

水稻对氮、磷、钾三要素的吸收必须平衡协调，才能取得最大肥效和最高产量。高产水稻对氮（N）、磷（P_2O_5）、钾（K_2O）的吸收比例为1∶0.45∶1.2，这是反映三要素营养平衡协调的生理指标，但田间施肥应根据土壤特性、肥力和三要素的含量，通过测土配方施肥试验来确定。各地均可查得合理配方施肥的氮、磷、钾比例和用量。

（二）氮肥的精确定量

氮肥是高产所必需的，且十分活跃，施多施少都不利于高产，是生产上难以掌握的调控因子。因此，这里重点讲述氮肥的精确定量及其施用，在氮肥精确定量后，磷、钾肥可按推荐的测定配方确定施用量。

氮肥的精确定量要解决氮总量的确定，基肥、分蘖肥与穗肥比例的确定，以及根据苗情对穗肥施用合理调节等 3 个问题。

1. 氮肥适宜施用总量的精确定量 氮肥施用总量的精确定量，可用斯坦福（Stanford）的差值法求取，其基本公式为：

$$\text{达到目标产量的施氮总量}(\text{kg/hm}^2)=\frac{\text{目标产量的需氮量}(\text{kg/hm}^2)-\text{土壤的供氮量}(\text{kg/hm}^2)}{\text{氮肥的当季利用率}(\%)}$$

阶段施肥量（基蘖肥和穗肥）计算公式为：

$$\text{达到目标产量的阶段施氮量}(\text{kg/hm}^2)=\frac{\text{达到目标产量的阶段吸氮量}(\text{kg/hm}^2)-\text{土壤的阶段供氮量}(\text{kg/hm}^2)}{\text{氮肥的阶段利用率}(\%)}$$

根据公式确定施氮总量，首先要明确目标产量需氮量、土壤供氮量及氮肥当季利用率 3 个参数，然后合理确定基蘖肥与穗肥的分配比例和施用时间。

3 个参数值的求取是十分复杂、困难的：求取 3 个参数值时必须设定：在一定地区范围内；按品种类型；按土壤肥力等级（包括前茬）；以化肥加秸秆还田为肥源；以高产田的测定资料为主要依据。配合相关的专题试验的测定，对上述 5 方面的条件进行设定，就能求出可供一个地区范围内应用的精确定量施氮的 3 个参数。

（1）目标产量需氮量 目标产量需氮量＝目标产量×100 kg 稻谷需氮量/100。

根据多年多点试验的结果，湖北省现有的中粳稻和籼粳杂交稻高产田每生产 100 kg 稻谷的需氮量平均为 1.7 kg（表 2－28）。

（2）土壤供氮量 根据笔者团队的实验结果，湖北省高产田土壤供氮量参考值为 73.91 kg/hm^2（表 2－28）。

表 2－28 不同氮肥用量下的氮肥利用效率

施氮（N）量（kg/hm^2）	产量（t/hm^2）	100 kg 籽粒需氮量（kg）	土壤供氮量（kg/hm^2）
0	8.9	0.83	73.91
189	13.2	1.32	73.91
230	13.5	1.48	73.91
270	13.8	1.65	73.91
311	14.2	1.81	73.91
351	14.6	1.78	73.91

（3）氮肥当季利用率 多年研究探索表明，湖北省中粳稻的氮素肥料（无机速效肥为主）的当季利用率在 45％～51％之间（表 2－29）。

在明确了斯坦福（Stanford）公式中目标产量需氮量、土壤供氮量、氮肥当季利用率 3 个参数后，对水稻品种甬优 4949 的目标产量施氮（N）量进行了计算，约为 270 kg/hm^2。对在此施氮量，以及在此施氮量分别增、减的条件下甬优 4949 的产量进行了比较，发现在精确定量施氮量条件下，甬优 4949 可以达到目标产量（表 2－30）。

表 2-29　不同氮肥用量下的氮肥利用效率

施氮（N）量（kg/hm²）	氮肥农学利用率（kg/kg）	氮肥吸收利用效率（%）	氮素生理利用效率（%）	氮肥偏生产力（kg/kg）	氮收获指数（%）
0	—	—	—	—	（72.4±2.5）a
189	（22.7±1.3）a	（45.9±0.5）b	（60.0±2.8）a	（70.0±3.9）a	（70.2±0.8）ab
230	（19.8±1.2）b	（50.0±2.8）ab	（44.2±4.2）b	（58.8±1.2）b	（69.3±1.3）b
270	（17.8±0.3）bc	（51.2±2.9）a	（39.2±3.0）bc	（51.0±0.3）c	（64.2±0.3）c
311	（16.9±1.5）c	（50.9±3.6）a	（36.2±2.8）c	（45.7±1.5）d	（61.9±1.6）cd
351	（16.1±0.8）c	（48.5±0.9）ab	（35.2±1.3）c	（41.6±0.8）e	（60.6±1.4）d

表 2-30　不同氮肥施用量对水稻产量的影响

处理	施氮（N）量（kg/hm²）	产量（t/hm²）
N0	0	（8.46±0.29）d
N－30%	189	（13.24±0.55）c
N－15%	230	（13.50±0.28）bc
N	270	（13.77±0.07）ab
N＋15%	311	（14.19±0.46）ab
N＋30%	351	（14.60±0.29）a

注：N 为精确定量公式计算的施肥量。

2. 氮素基蘖肥和穗肥的精量调节　基蘖肥和穗肥的合理比例及前氮后移在提高成穗率和优化群体质量中起着至关重要的作用，是精确定量施氮的重要创新。

5 个以上伸长节间品种，高产田吸氮拔节前一般只占一生的 30%左右，拔节至抽穗期占一生的 50%左右。基蘖肥主要供有效分蘖的需氮，适当降低基蘖肥供氮（N）比例（占 50%～60%），可保证有效分蘖叶龄期够苗后土壤供氮减弱，保证无效分蘖期“落黄”，推迟封行，并提高碳氮比，为长穗期增施穗肥（占 40%～50%）、攻取大穗和提高成穗率创造良好条件，故能提高氮肥利用率，夺取高产。4 个伸长节间品种拔节前吸氮量稍高（40%～50%），故前期比例应调至 60%～70%。

依照以上原理，对水稻品种甬优 4949 的目标产量施氮比例进行了精确调控，发现甬优 4949 在湖北省各产区按基蘖肥：穗肥为 6：4 或 5：5 更容易实现高产（表 2-31）。

表 2-31　不同氮肥分配比例对产量的影响

处理	基蘖肥：穗肥	施氮量（kg/hm²）	产量（t/hm²）
P1	10：0	270	（12.2±0.69）c
P2	7：3	270	（13.4±0.26）b
P3	6：4	270	（14.1±0.31）a
P4	5：5	270	（13.8±0.07）ab
P5	4：6	270	（13.7±0.32）ab
P6	3：7	270	（13.5±0.08）b

注：P3、P4 为依照基蘖肥和穗肥的精量调节原则确定的施肥比例。

五、水稻精确灌溉技术

（一）控制无效分蘖的精确搁田技术

适时适度精确搁田，一是可有效控制无效分蘖；二是利于土壤板实，不陷脚，复水后不回软；三是提高抗逆性，特别是防止倒伏。水稻分蘖期的精确搁田效果如图 2－5 所示。

无论是籼稻还是粳稻，在 N 叶抽出时搁田，水分胁迫对 $N-2$ 叶的分蘖芽的生长影响最大，其次为 $N-1$ 的分蘖芽，对 $N-3$ 叶的分蘖芽生长无显著影响。说明当 N 叶抽出时，$N-2$ 叶叶腋内的分蘖芽处于较敏感期，$N-3$ 叶叶腋内的分蘖芽（正在抽出）处于不敏感期。

因此，欲控制 $N-n+1$ 叶龄期产生的无效分蘖，适宜的搁田时间应提前在 $N-n-1$ 叶龄期，即提前 2 个叶龄期控制。例如，主茎总叶数为 17 叶，伸长节间数 5 的品种，希望在 12 叶期茎蘖数达到预期穗数后，于 13 叶期就抑制无效分蘖的发生，搁田必须提前至 11 叶期，即当全田茎蘖数达到最终穗数的 70%～90%时开始。这样，当 12 叶抽出期土壤对稻株产生干旱胁迫时，对正在长出的第 9 叶叶腋的分蘖芽（$N-3$）并不产生控制作用，可以继续生长，完成穗数苗；而此时的 $N-2$ 叶（第 10 叶）叶腋内的分蘖芽被有效控制。当第 13 叶抽出时，第 10 叶叶腋内的无效分蘖（$N-3$）就难以发生。如搁田期（水分胁迫期）持续延长 1 个叶龄期，则 $N-1$ 叶（第 11 叶）叶腋内的分蘖芽也将被有效控制。

厢沟灌溉

干湿交替灌溉

晒田后长势

图 2－5　水稻分蘖期灌溉的精确调控

以往在水稻灌溉和搁田的土壤水分状况的判断上，有用水稻和土壤的外观形态作指标的，但难以精确定量；也有用土壤含水百分率等指导灌溉的，但不同土壤在相同的土壤含水量时，对水稻产生的生理效应是不同的。为了克服上述缺点，研究人员将土壤水分能量概念——土壤水势应用于水稻精确灌溉技术中。用土壤水分张力计插入稻田，随时反映土壤水势值，其测定值所反映的对植株的水分生理效应不受土壤质地的影响。不同土壤类型间含水量有较大的差异，但反映在植株叶片水势上，却是十分相近的。因而用土壤水势作为灌溉指标，可克服因土壤类型不同带来含水量不同的局限性，具有普遍指导意义。

（二）长穗期精确灌溉技术

水稻拔节长穗期（枝梗分化至抽穗期）是营养生长和生殖生长两旺的时期，群体的蒸腾量猛增，是生理需水量最旺盛的时期。此期稻田蒸发量达到峰值，进入稻田耗水量最大期，需要有足够的水分保证。

水稻长穗期的另一个重要的生理特征是上层根开始大量发生，整个根群向深、广两个方向发展，是水稻一生中根群发育的高峰期，至抽穗期达到最大值。长穗期促进根系生长的重要条件之一是协调土壤的水气矛盾。在土壤通透良好的条件下，土壤的理化性质和环境条件得到改善，对促进穗分化和籽粒结实，以及防止生育后期叶片的早衰起重要作用。因此，长穗期应采用浅水层和湿润交替的灌溉方式。

（三）结实期精确灌溉技术

结实期（抽穗至成熟）的灌溉仍宜浅湿交替，且结实期无水层期土壤水势的低限值较长穗期低。获得高产、优质的结实期灌溉的低限土壤水势指标值为－15～－10 kPa，具体的灌水管理同长穗期。

据湖北省各地多点试验结果，按上述灌溉技术进行稻田水分管理，产量较习惯灌溉法增加 2.5%～9.2%，节水 19%～31%，灌溉水利用率（每立方米灌溉水生产的稻谷重量）提高 32%～40%（表 2－32）。

表 2－32 不同灌溉模式对产量的影响

灌溉模式	每平方米穗数	穗粒数	结实率（%）	千粒重（g）	产量（t/hm²）	较对照节水（%）	较对照灌溉水利用率（%）
传统灌溉	183b	225a	75.9a	26.8	7.47b	—	—
精确灌溉：干湿交替	196ab	220a	76.2a	26.8	7.65ab	19.1	31.8
精确灌溉：厢沟灌溉	207a	224a	76.4a	26.9	8.15a	31.2	39.7

（四）精确灌溉的土壤实用诊断指标

田土的外观形态随土壤水势的变化而相应变化，这种相应的变化因土壤质地不同而不同。据观察，土壤水势同为－10 kPa 时，黏土田表土湿润，粘手；壤土田表土湿润不粘手；沙土田表土手按有手印。当土壤水势进一步下降时，黏土田最先起裂缝，而后是壤土田，再后是沙土田。当土壤水势同为－20 kPa 时，黏土田从田边起产生大量裂缝，缝宽可达 5～10 mm；壤土田也开始有裂缝，缝宽为 5 mm 左右；沙土田田边局部有细裂缝，缝宽 3 mm 左右，田边开始干白。这样的土壤水势与田土外观形态的对应关系，使用目测进行田土水分诊断成为可能。

华中农业大学在研究和实践水分高效利用和精确定量栽培技术时，主要采取地下水位实时实地监测的方式，具体方法是在田块中放置直径 15 cm，深 60 cm 的 PVC 管（管身上打孔），观测关键生育期各田块地下水位，当土壤地下水位低于 15 cm 时即开始灌溉。将此方法推广应用，既有科学依据，又便于普及，取得了很好的节水高产效果。

六、技术应用与效应分析

通过运用精确定量栽培理论与技术方法，研发了适应湖北精确定量的栽培技术参数，创新集成了精确定量栽培技术模式，并在大面积上示范应用，取得显著的社会、经济、生态效益。

在试验示范区，实施百亩连片攻关与试验示范，百亩连片每公顷产量达 12 t 以上，试验示范每公顷产量增加了 15%以上，肥、水利用效率提高了 15%以上，节工 10%～20%，效益增加 20%～25%。累计辐射推广 33.3 万 hm^2，按平均每公顷增产 0.6 t，增效 1 500 元计，累计增产稻谷 2 亿 kg，增效 5 亿元（表 2-33 至表 2-35）。

表 2-33　水稻精确定量栽培技术核心试验示范区经济效益分析

示范地点	面积（hm^2）	品种	栽培方式	生育期（d）	每公顷产量（t）	对照每公顷产量（t）	比对照增产（%）	比对照每公顷节本（元）	比对照每公顷增收（元）	比对照每公顷增效益（元）
枣阳市吴店镇	333	甬优4949		139	10.8	9.96	8.74	3 600（29.1）	2 175（8.74）	5 775（46.11）
谷城县经济开发区	66.7	甬优4149		134	9.9	9.08	8.95	1 586（17.1）	2 142（8.95）	3 728（29.8）
	100	甬优4949		135	9.5	9.51	0.55	1 586（17.1）	126（0.55）	1 712（12.6）
	100	甬优1540	机插	147	9.9	9.43	5.89	1 586（17.1）	1 332（5.89）	2 918（21.8）
掇刀区团林铺镇	200	甬优4949		135	10.8	9.15	18.6	825（5.20）	4 691（18.6）	5 516（21.8）
随县安居镇	333	甬优4949		147	9.48	7.34	29.1	2 220（36.0）	5 677（29.7）	7 597（39.7）
襄州区张家集镇	200	甬优4949		145	11.2	10.7	4.90	1 575（13.8）	2 640（4.90）	4 215（10.1）

注：括号中数据为与对照相比增减百分率。下同。

表 2-34　水稻精确定量栽培技术核心试验示范区增产节肥效益分析

主茎总叶片数	伸长节间数	产量结构比对照增减				每公顷施氮肥量（kg）	对照田每公顷施氮肥量（kg）	比对照节氮（%）
		每公顷穗数（$\times 10^4$）	每穗总粒数	结实率（%）	千粒重（g）			
15	6	264.0（11.2）	215.2（18.9）	81.9（2.5）	24.5（2.2）	187.5	202.5	7.4
15	6	255.0（5.5）	229.8（1.6）	81.4（6.1）	26.7（0）	202.5	225.0	10.0
15	6	298.3（53.9）	168.7（16.9）	89.6（5.2）	26.1（0）	202.5	225.0	10.0
15	6	303.0（7.4）	205.2（1.7）	78.3（6.4）	26.3（0）	202.5	225.0	10.0
16	6	235.5（4.8）	339.8（48.5）	88.6　2.9	22.5（3.1）	195.0	225.0	20.0
16	6	19.5（9.1）	230.7（7.3）	1.6　2.0	0.42（1.8）	240.0	270.0	11.1

表 2－35　水稻精确定量栽培技术辐射推广区增产节肥与经济效益分析

示范推广区域	面积（hm^2）	品种	栽培方式	公顷产量（t）	对照公顷产量（t）	比对照增产（%）	公顷施氮肥量（kg）	对照田公顷施氮肥量（kg）	比对照节氮（%）	比对照每公顷节工省本		比对照每公顷增产增收		比对照每公顷增加的纯效益	
										（元）	（%）	（元）	（%）	（元）	（%）
枣阳市	2 000	甬优 4949	机插	10.48	9.96	5.2	187.5	202.5	7.4	240.0	29.1	1 293.8	5.2	4 893.8	39.1
谷城县	1 300	甬优 4949		9.29	8.60	8.0	202.5	225.0	10.0	105.7	17.0	1 656.0	8.0	3 241.5	28.5
荆门市	1 300	甬优 4949		10.80	9.76	10.6	195.0	225.0	20.0	205.3	18.6	1 882.5	9.0	4 962.0	32.2
随县	3 300	甬优 4949		10.33	10.06	2.6	270.0	270.0	0.0	74.0	52.1	712.5	2.6	397.5	1.5
	3 300	甬优 4149		9.19	9.14	0.5	270.0	270.0	0.0	74.0	52.1	123.5	0.5	986.6	4.0
	3 003	甬优 1540		11.48	11.25	1.99	270.0	270.0	0.0	74.0	52.1	605.6	2.0	504.5	1.7
襄州区	2 000	甬优 1540		10.33	10.15	1.75	270.0	270.0	0.0	74.0	52.1	480.5	1.75	629.6	2.3
	2 000	甬优 4949		10.31	10.04	2.7	216.0	250.5	13.8	95.0	12.5	1 335.0	3.6	2 760.0	7.2

第三节　“稀、控、重”高产模式

杂交水稻推广以来，我国水稻生产取得了突破性进展。但是，近年来由于我国水稻大面积生产肥料施用不合理，肥料利用效率偏低，致使杂交稻生产潜力未充分发挥，单产徘徊不前。为此，根据杂交稻生长发育特性及其生理活动规律，结合湖北省的具体生态条件，在湖北省以施肥为重点，连续 7 年进行了水稻综合栽培技术研究。并在此基础上，总结出了杂交中稻“稀、控、重”高产、稳产、省肥、省工栽培模式。几年来的试验结果表明，该模式较常规栽培法增产 11%～16%，省肥 1/4 左右（王维金等，1992）。

一、“稀、控、重”模式主要技术特点

本模式主要是利用肥、水等生态因子来调控株型及群体结构。合理的群体结构有利于稻株对光、气、温、肥、水等生态因子的合理利用，从而促进产量因子作用的发挥。这种水稻与诸生态因子之间所形成的良性关系，使杂交稻大穗的优势得到了比较充分的发挥。其主要技术要点如下。

（一）“稀”即稀播、宽行双株插秧

稀播，即每公顷秧田播种 150 kg，争取秧田单株分蘖 3～4 个，两段育秧更符合本模式培育带蘖壮秧的要求，充分发挥秧田分蘖的优势，以减少大田分蘖的压力。具有早蘖、低位蘖的壮秧，更有利于争取大穗。

宽行双株插秧即株行距为（12～13）cm×（30～40）cm，每穴插双株，每公顷插足基本苗 120 万～180 万。稀植是为了使群体在生育中、后期更能充分利用光、气等生态因子，以利于产量构成因子协调发展，并相应地提高稻株的抗逆能力。

（二）“控”即控制底肥用量，不施分蘖肥

底肥氮素用量占总氮肥用量的 40%～60%，化肥作耖口肥施入。底肥的作用主要是保证插秧后 15～20 d 内有效分蘖期间的供肥，以确保有效分蘖数。插秧后的分蘖期不施

分蘖肥。够苗（每公顷有 255 万～270 万苗）时立即排水晒田，通过控肥、控水抑制无效分蘖的大量发生。力争每公顷总茎蘖数不超过 370 万，将成穗率提高到 75%～80%以上，这是重施穗肥的首要前提。

（三）“重”即重施穗肥

重施穗肥是本模式的核心。穗肥氮素用量占总氮肥用量的 40%～60%。穗肥分两次施用：第 1 次为增花肥，在抽穗前 33～38 d 施入，用量占穗肥的 2/3～3/4，以促进枝梗及颖花大量分化，这是促大穗的一次关键肥；第 2 次为保花肥，在前次施肥后约半月，即减数分裂期前将所余肥料施入，以防止颖花退化，并可促进性器官发育，提高结实率。抽穗后叶面喷施磷酸二氢钾 1～2 次壮粒。

关于用肥总量，要因地制宜，一般每公顷用纯氮（N）120～180 kg，可产稻谷 9～10.5 t。掌握肥田少施、前作小麦和瘦田多施的原则，并应根据土壤肥力状况，施足磷、钾肥，特别是当土壤中有效钾含量在 80 mg/kg 以下时，必须增施钾肥。底肥中最好适当施入有机肥料，这不仅可增强土壤肥力，而且还可提高化肥利用率。

二、“稀、控、重”模式的增产机制

（一）提高了氮肥利用率

据研究，大田水稻对氮肥的利用率仅为 20%～40%。土壤中氮素损失的主要途径有三种：一是反硝化作用脱氮；二是氨的挥发，碱性土壤挥发损失大，特别是施入碳酸氢铵和氨水之类的肥料，在高温下容易挥发而大量损失氮；三是流失，一般是随水渗漏和流失。氮肥在土壤中存留的时间越长，其损失量越大，利用效率则越低。用^{15}N标记尿素进行不同时期施肥效果的试验，结果表明：基肥氮的利用率为 27.6%，分蘖肥为 35.2%，而穗肥中的增花肥为 54.9%，保花肥为 48.5%，同时基肥和分蘖肥的氮素多被稻株的中、下部叶片和无效分蘖所吸收，后随枯死茎叶而部分带出稻体外。进一步追踪标记^{15}N被稻株吸收后的分配方向发现：基肥氮被转运到穗部的只占施入氮量的 13.7%，分蘖肥占 18.1%，而增花肥和保花肥分别占 29.6%和 30.7%。因此，穗肥的利用率较基肥和分蘖肥平均提高 20%左右，且多转运至穗部参与干物质的合成。

（二）降低了无效分蘖数，提高了成穗率

由于本模式栽培法仅以部分基肥来保证基本有效分蘖，在分蘖期不施追肥，并及时晒田控苗，致使无效分蘖数明显减少。汕优 63 采用常规栽培法的最高茎蘖数可达 450 万～525 万/hm^2，成穗率仅为 50%～60%；而本模式栽培法的最高茎蘖数仅为 330 万～370 万/hm^2，成穗率高达 75%～80%。这样大大节省了无效分蘖所消耗的养分，并且改善了群体通风透光条件，加上与宽行栽植相配合，适当延长了封行期，使稻株对光、二氧化碳、肥、水等生态因子更为充分合理的利用，同时减少了纹枯病的发生。

（三）增加了颖花数和上部功能叶的叶面积

国内外研究表明，同一品种（组合）单位面积上的颖花数与产量呈显著正相关。鲍隆清（1984）在京山县调查结果为：每公顷总颖花数 2.655×10^8 左右，结实率为 86.2%，每公顷产稻谷 6.00～7.50 t；每公顷总颖花数 3.131×10^8 左右，结实率为 87.1%，每公顷产稻谷 7.52～8.25 t；每公顷总颖花数为 2.302×10^8 左右，结实率为 87.0%，每公顷

产稻谷 8.27～9.00 t；每公顷总颖花数上升到 3.623×10^8 左右，结实率 87.8%，每公顷产稻谷 9.02～9.75 t。这一调查结果说明，提高单位面积上的总颖花数，并不一定会影响其结实率。笔者团队 1986—1990 年 5 年试验结果表明，重施增花肥法较常规施肥法平均每公顷总颖花数增加 4.50×10^7 个左右，平均每公顷实粒数增加 3.75×10^7 粒左右。本模式栽培法不仅提高了单位面积的“库容量”，而且明显扩大了上部功能叶叶面积，增加了“供给源”。据研究，重施增花肥与常规施肥比较，剑叶和倒二叶叶面积分别增加 10 cm^2 和 12 cm^2，使抽穗期和灌浆期的叶面积指数也相应提高 1.0～1.5。据松岛（1975）研究，剑叶和倒二叶的光合比率大，在颖花分化期和乳熟期，该两叶光合量合计，分别占当时光合总量的 66.8%和 74.0%。上层叶面积增加，并未影响群体的吸光率。据笔者团队 1987 年在抽穗期的测定，重施穗肥的群体消光系数较小（0.4），而常规施肥法则较大（0.7）。说明前者当光线通过叶层时消减率小，吸收率高；而后者，当光线通过叶层时消减率大，而吸收率低。这证明本模式栽培，顶叶叶面积虽大，但生长挺直而不披，群体受光态势良好。

（四）上部功能叶含氮率高，光合能力强

水稻产量的 2/3 来源于上部功能叶的光合产物，本模式栽培由于重施穗肥，使上部功能叶含氮率提高。据孕穗期至抽穗期测定，平均含氮率达 3.7%，而常规栽培只为 3.3%。叶片含氮率一般与光合强度呈正相关，本模式栽培单叶光合强度为 34.9（CO_2）mg/(dm^2・h)，而常规栽培仅为 29.8（CO_2）mg/(dm^2・h)，前者较后者提高 17.1%。由于上部功能叶叶面积增大使光合强度提高，因此后期干物质产量显著增加。多年研究结果表明，抽穗后 30 d，本模式栽培较常规栽培每公顷干物质产量增加 1.5 t 以上，这为高产奠定了坚实的物质基础。

“稀、控、重”栽培模式是高产、稳产、省肥、省工的栽培方法，也是进一步挖掘杂交稻生产潜力的有效途径。本模式中的关键技术简单易行，便于群众掌握，而且保险系数高。因此，适宜大面积示范、推广。在示范推广中，应结合当地的生态条件，逐步提高本模式的效益。

第四节　“壮、足、大”高产模式

1995 年湖北省随州市殷店镇曾创下每公顷产 15 t 中稻的高产纪录，但至今仍难以重复，更缺乏大面积超高产栽培的技术支撑。笔者课题组在探明中稻秧苗素质与产量及其构成因子关系的基础上，建立了中稻高产栽培中确保足穗、大穗对秧苗素质的要求指标；在阐明秧龄、栽插基本苗和穗数三者之间关系的基础上，提出了确保高产所需足够穗数对秧龄和相应栽插基本苗数的指标要求；在研究中稻高产栽培中不同施肥和水分管理模式对氮素吸收利用、群体叶面积和干物质积累影响的基础上，分析上述规律与大田分蘖成穗率、穗总粒数、结实率和千粒重之间的关系，提出了确保大穗大粒的水肥管理模式。

一、“壮苗”高产的原理

秧苗素质对每公顷有效穗数及产量的影响显著。“秧好一半谷”充分反映了秧苗素质

对水稻产量的影响。一般条件下，秧苗的单株带蘖数与秧苗素质呈正相关，即单株带蘖数愈多，秧苗也就愈“壮”。“壮苗”（带4～6蘖的秧苗）产量显著高于“弱苗”（带2～3蘖的秧苗）产量。壮苗可保证单位面积穗数及每穗总粒数、实粒数，最终形成“足穗”及“大穗”。秧苗素质主要对群体高峰苗、成穗率及干物质积累产生影响，秧苗越“壮”，单位面积有效穗数越多，最终成穗率也就越高，在生长后期，秧苗素质越好，干物质积累越快，干物质积累量就越多，从而为干物质向籽粒的大量转移提供了必备的条件。

二、“足穗”高产的理论依据

在水稻生产实践中，“足穗”永远是保证一定产量水平的关键因子，也是生产过程中变化较大且不易掌握的因子。但是，不同栽培模式对“足穗”所赋予的含义存在明显差异，对产量的贡献权重有所不同，穗粒自我调节空间不一样，所要求的相关技术措施亦有明显不同。针对大面积生产实践中由于穗数不足而导致的产量较低或产量高而不稳这一现实问题，笔者课题组研究论证了高产所需的秧苗素质、栽插秧龄、栽插密度（基本苗）、施肥水平和氮肥运筹方式及大田水分管理的综合要求，提出“足穗”在提高单产、确保稳产栽培中的重要作用，赋予了“足穗”含义及实际生产技术方案。

（一）栽插密度对水稻“足穗”及产量的影响

栽插密度对水稻产量及其构成因子产生重要影响，但由于栽插秧龄的不同，栽插密度对水稻产量的影响却完全不同。长秧龄，由于分蘖力差，可以通过高密度获得高产，短秧龄相对密度可低一些，主要是要协调足穗和大穗的关系。3年试验结果表明，在秧龄较长时（超过50 d），高密度处理（30万元/hm^2）收获产量显著高于低密度（18万元/hm^2）和中密度（24万元/hm^2），产量达到12.94 t/hm^2。高密度之所以高产，主要是因为该栽插密度保证了“足穗”。在秧龄较短时（小于45 d），中密度收获产量均显著高于低密度和高密度，这主要是因为中密度协调了足穗和大粒的关系。说明了秧龄较大的秧苗栽插，其最终产量主要还是依靠主茎穗取得的。相关分析结果表明，收获产量与每公顷总穗数呈显著正相关关系，与每穗实粒数和千粒重也呈正相关关系，但没有达到显著水平。因此，为了夺取中稻的高产，确定合理的栽插密度时，还需要考虑秧龄的大小。此外，栽插密度和秧龄对水稻叶面积指数（LAI）、水稻生物量积累、群体环境及水稻冠层透光率的影响证明了相应的结论。

（二）不同灌溉方式对水稻“足穗”及其产量的影响

试验研究了淹水灌溉栽培（对照）、间歇灌溉栽培、半干旱栽培和雨养栽培对不同品种产量的影响。结果表明水稻产量是间歇灌溉栽培>淹水灌溉栽培>半干旱栽培>雨养栽培。与淹水灌溉相比，间歇灌溉处理的单株有效穗数显著提高，从而增加单位面积的穗数；间歇灌溉栽培与雨养栽培相比，每株有效穗数、每穗实粒数和每穗颖花数显著或极显著提高。间歇灌溉有利于形成足穗（增加单株有效穗数、单位面积总穗数），从而获得高产；而且，间歇灌溉增加了水稻穗长与一次枝梗数；而雨养栽培水稻穗长和一次枝梗数均有不同程度的下降。同时，间歇灌溉对增加群体叶面积有益，生育后期间歇灌溉和半干旱栽培有利于保持较高的叶面积指数；雨养栽培叶面积指数下降速度较快，主要是由于干旱胁迫造成水稻生育后期叶片早衰。

三、建成大穗、大粒的理论依据

大穗是秧苗素质（影响稻穗一次枝梗数目）、促花肥的施用量和施用时期（准确施用时期在拔节前后的3～5 d，用量依据当时植株的生长势确定）、分蘖成穗率、水分运筹质量（影响颖花分化和退化）的综合反映。本模式是基于以下研究结果形成大穗、大粒技术方案的。

（一）氮肥水平及其运筹对水稻“大穗、大粒”及其产量的影响

试验比较了传统施肥（A：基肥∶蘖肥∶穗粒肥＝40∶30∶30）和改进施肥（B：基肥∶蘖肥∶穗粒肥＝30∶20∶50）对水稻产量的影响。结果表明，氮肥施用量及不同施用方案对稻穗大小及产量均有显著影响，不施肥处理的单产仅为7.2 t/hm^2；高肥处理（N16）为10.0 t/hm^2，分别比N0、N10处理增产39.6%和26.4%。在相同氮肥水平下，改进施肥方式水稻产量显著高于传统施肥。提高氮肥水平能显著增加单位面积有效穗数、每穗总粒数和实粒数；在相同氮肥水平下，改进施肥显著地增加了每穗总粒数、结实率和千粒重，从而确保了“足穗”和“大穗”的形成。改进施肥的效果可以从其对齐穗期叶片特征的影响和提高氮肥吸收利用率得到证明。

（二）水肥耦合对水稻“足穗”及其产量的影响

灌溉模式对实际产量及每平方米有效穗数产生显著或极显著影响，对穗长、一次枝梗数、每穗总粒数、实粒数、结实率、千粒重没有显著影响；氮肥对实际产量、有效穗数、穗长、一次枝梗数、每穗总粒数、每穗实粒数、结实率的影响都达到显著或极显著水平，而对千粒重的影响不显著。超高产水稻需水主要是孕穗期，间歇灌溉有利于光合物质大量积累，提高水稻产量，显著增加水稻氮素积累总量。土壤轻微干旱条件下，增施氮肥可以减轻土壤水分不足而造成对产量的不利影响；土壤水分充足时，水稻产量表现为中氮＞高氮＞低氮。

四、技术关键环节

“壮、足、大”高产模式克服了以往各类水稻高产栽培模式在实际生产应用中存在的完整指标体系不易被普通种植者接受掌握、各个环节的技术指标变数大难以控制的难题，建立了实现中稻高产稳产简便易行的分段实施方案，即确保壮秧的简易培育法，确保足够穗数所要求的秧龄与栽插基本苗固定关系式，确保“足穗、大穗、大粒”所要求的简明且可操作性强的节水节肥管理模式。

培育壮秧：根据中稻普遍存在的秧龄较长的特点，提出了相应壮秧方案。即：采用“催芽＋旱育保姆包衣＋沙床”培育幼苗，实施幼苗“抛寄水育＋化学调控”，培育多蘖矮壮秧苗。此过程也实现了分段管理，且简单易行。

插足基本苗，确保高产所需的足够穗数：基本苗数$=n/i\times 10A\times a$（n：为品种全生育期，$n>150$ d，$i=1$；$n=140\sim150$ d，$i=0.9$；$n=130\sim140$ d，$i=0.8$。A：代表秧龄，$A=30\sim35$ d，$a=1$；$A=36\sim45$ d，$a=4/3$；$A=46\sim55$ d，$a=5/4$；$A>55$ d，$a=6/5$）。同时，在栽插密度和栽插方式上按21.0万～30.0万穴/hm^2、宽行窄株（最好宽窄行）的方案执行。

科学施肥灌水，保证足穗和促进大穗大粒：总施氮量为195～240 kg/hm²（土壤肥力低者多施，肥力高者少施），基肥：分蘖肥：穗粒肥=30：20：50；N：P_2O_5：K_2O=1：(0.4～0.5)：0.8。在水分管理模式上实行适宜水深返青（3～5 cm，返青后蘖肥混合除草剂施用）、浅水落干分蘖（开始3 cm左右，后任其自然落干）、适时适度搁田（一般不需要刻意晒田，少数田块出现分蘖速度过快、预期茎蘖过多时提早排水分次搁田，以出现丝裂缝为度）、换气模式长穗（在拔节至孕穗期间，灌1次水后，任期自然落干换气或遇雨排水换气）、深水孕穗抽穗（5～8 cm）、干湿交替灌浆成熟。

五、技术应用效果

在水稻生产实践中，通过不同农艺措施协调各产量构成因子之间的关系是取得高产稳产的关键。如表2-36所示，在2007年阴雨连绵的年份，2个水稻品种单产均达到11.25 t/hm²以上，比一般农户田块增产30%以上。2008年，3个水稻品种都能够取得12 t/hm²以上的单产。2009年，4个品种实际收割单产均超过12 t/hm²以上，而且大面积示范片（6.67 hm²）扬两优6号单产达到13.62 t/hm²。连续3年多个品种均能够取得高产，关键在于足穗、大穗和大粒的取得，即每公顷穗数足（244.7万～292.5万），每穗总粒数较多（174～230粒），结实率较高（大多超过90.0%）和千粒重较大（29.1～31.0 g）。

表2-36 “壮、足、大”超高产栽培产量表现

时间	品 种	总穗数（万/hm²）	每穗粒数	结实率（%）	千粒重（g）	实际产量（t/hm²）
2007	P88S/747	268	220	71.7	31.9	12.0
	培两优3076	252	230	77.9	26.3	11.5
2008	P88S/747	256	186	92.2	31.0	13.2
	扬两优6号	245	193	92.3	29.5	12.5
	珞优8号	273	174	92.2	29.1	12.5
2009	扬两优6号	280	210	90.0	29.0	13.6
	珞优8号	293	178	89.8	29.0	12.8
	天两优2号	257	197	88.2	29.0	12.2
	两优234	267	186	91.7	29.0	12.4

建立了随州市中稻“壮、足、大”超高产栽培技术试验示范基地。连续2年采取田间随机抽样的测产验收方法，2008年均川镇3个杂交中稻品种平均每公顷产量达到12.74 t（含水量13.5%），比农户田块增产30%～50%；2009年百亩示范片杂交中稻平均每公顷产量达到13.62 t（含水量13.5%），比农户田块增产40%～65%。中稻超高产栽培模式2007—2009年分别在粮食丰产工程实施县随州、武穴、京山、谷城、钟祥、应城、安陆、十堰、沙洋、咸安、监利、浠水、天门共13个县市推广，平均单产为9.9 t/hm²，推广总面积8.55万hm²，共增加产量8017万kg，新增纯收入14478万元（表2-37）。

表 2-37　"壮、足、大"超高产栽培模式推广应用情况

年度	示范县	面积（万 hm^2）	水稻单产（t/hm^2）	总产增加（万 kg）	新增纯收入（万元）
2007	监利县	0.21	9.8	197	337
	宜城县	0.21	10.1	175	316
	武穴市	0.17	9.6	130	238
	随州市	0.19	10.0	258	465
	谷城县	0.04	10.1	43	77
	京山县	0.09	7.5	72	129
	钟祥县	0.08	9.6	121	218
	安陆县	0.15	9.1	144	260
2008	监利县	0.57	10.0	497	895
	宜城县	0.82	10.2	674	1 213
	武穴市	0.27	10.0	302	564
	随州市	0.57	10.3	526	946
	谷城县	0.07	10.5	68	123
	京山县	0.18	8.3	182	328
	钟祥县	0.21	10.2	208	374
	安陆县	0.39	9.7	320	575
2009	监利县	0.69	10.1	598	1 085
	宜城县	1.03	10.3	849	1 528
	武穴市	0.50	10.1	608	1 124
	随州市	0.78	10.8	924	1 664
	谷城县	0.15	10.8	107	192
	京山县	0.25	9.4	228	410
	钟祥县	0.34	10.8	333	599
	安陆县	0.59	10.0	455	819
合计/平均		8.55	9.9	8 017	14 478

参考文献

卜容燕，2017. 稻油和棉油轮作模式下油菜季土壤氮素供应差异及其机制研究 [D]. 武汉：华中农业大学.

柴凯斌，2018. 秸秆还田对稻麦系统作物产量及温室气体排放的影响 [D]. 武汉：华中农业大学.

陈畅，2014. 水稻生殖生长期不同时段高温对产量和稻米品质影响的研究 [D]. 武汉：华中农业大学.

陈刚，吴文革，胡鹏，等，2013. 不同类型粳稻品种产量及其相关因素综合分析 [J]. 中国稻米，19（4）：39-43.

陈尚洪，陈红琳，沈学善，等，2013. 地震灾区稻田水改旱种植模式对农产品服务价值及土壤肥力的影

响 [J]. 中国农学通报，29 (9)：89 - 93.

陈尚洪，朱钟麟，吴婕，等，2006. 紫色土丘陵区秸秆还田的腐解特征及对土壤肥力的影响 [J]. 水土保持学报 (6)：141 - 144.

陈勇，2016. 稻田水旱轮作系统不同轮作模式的土壤磷钾养分特征研究 [C]//中国农学会耕作制度分会. 中国农学会耕作制度分会 2016 年学术年会论文摘要集. 扬州：中国农学会耕作制度分会.

邓丽萍，2017. 稻田复种轮作对作物产量、土壤肥力及农田温室气体排放的影响 [D]. 南昌：江西农业大学.

董明辉，张洪程，戴其根，等，2002. 不同粳稻品种氮素吸收利用特点的研究 [J]. 扬州大学学报 (4)：43 - 46，65.

龚金龙，张洪程，胡雅杰，等，2013. 灌浆结实期温度对水稻产量和品质形成的影响 [J]. 生态学杂志，32 (2)：482 - 491.

黄国勤，2016. 中国南方稻田耕作制度的发展 [J]. 耕作与栽培 (3)：1 - 5，28.

黄山，何虎，张卫星，等，2013. 不同粳稻品种在江西不同生态区的农学表现 [J]. 江西农业大学学报 35 (1)：25 - 32.

霍中洋，姚义，张洪程，等，2012. 不同生育期温光条件对直播稻产量的影响 [J]. 核农学报，26 (7)：1043 - 1052.

金寿林，王石华，张忠林，等，2009. 海拔及栽培措施与杂交粳稻品种互作对产量性状的效应 [J]. 西南农业学报，22 (5)：1279 - 1286.

李会忠，2006. 中国主要农作物省级区域比较优势实证分析 [D]. 北京：清华大学.

李杰，张洪程，常勇，等，2011. 不同种植方式水稻高产栽培条件下的光合物质生产特征研究 [J]. 作物学报，37 (7)：1235 - 1248.

李进前，2010. 不同穗重类型常规粳稻品种的基本特点 [D]. 扬州：扬州大学.

李淑娅，田少阳，袁国印，等，2015. 长江中游不同玉稻种植模式产量及资源利用效率的比较研究 [J]. 作物学报，41 (10)：1537 - 1547.

李小勇，2011. 南方稻田春玉米—晚稻种植模式资源利用效率及生产力优势研究 [D]. 长沙：湖南农业大学.

李秀芬，贾燕，黄元才，等，2004. 播栽期对水稻产量和产量构成因素及生育期的影响 [J]. 生态学杂志 (5)：98 - 100.

凌启鸿，2007. 水稻精确定量栽培理论与技术 [M]. 北京：中国农业出版社.

刘敏，刘安国，邓爱娟，等，2011. 湖北省水稻生长季热量资源变化特征及其对水稻生产的影响 [J]. 华中农业大学学报，30 (6)：746 - 752.

刘英，王允青，张祥明，等，2007. 种植紫云英对土壤肥力和水稻产量的影响 [J]. 安徽农学通报 (1)：98 - 99，189.

卢向阳，匡逢春，李献坤，等，1992. 两系亚种间杂交水稻高空秕率的生理原因探讨 [J]. 湖南农学院学报 (3)：509 - 515.

马艳芹，黄国勤，2019. 紫云英还田配施氮肥对稻田土壤碳库的影响 [J]. 生态学杂志 38 (1)：129 - 135.

潘晓华，吴罗发，严香凤，1997. 提高早稻稻米品质及效益的途径 [J]. 中国稻米 (6)：3 - 5.

庞力豪，邵蕾，张羽飞，等，2018. 山东省主要农作物比较优势分析及其发展提升建议 [J]. 山东农业科学，50 (11)：168 - 172.

秦阳，蒋文春，张城，等，2004. 不同水稻品种播期与品质的关系 [J]. 沈阳农业大学学报 (4)：328 - 331.

孙丹平，2016. 稻田水旱复种轮作对作物生长、资源利用及土壤生态环境的影响 [D]. 南昌：江西农业大学.

孙建军，张洪程，尹海庆，等，2015. 不同生态区播期对机插水稻产量、生育期及温光利用的影响 [J]. 农业工程学报，31 (6)：113－121.

孙圳，2013. 里下河地区水稻品种合理利用的研究 [D]. 扬州：扬州大学.

陶小军，2002. 江苏不同类型品种水稻生产的温光反应特性研究 [D]. 扬州：扬州大学.

万素琴，陈晨，刘志雄，等，2009. 气候变化背景下湖北省水稻高温热害时空分布 [J]. 中国农业气象，30 (S2)：316－319.

万素琴，秦鹏程，邓环，等，2016. 湖北省一季中稻籼改粳气象条件利弊分析 [J]. 气象，42 (5)：628－636.

汪伟，2017. 播期对软米水稻产量、生育期及温光资源与氮素吸收的影响 [D]. 扬州：扬州大学.

王维金，鲍隆清，徐竹生，1992. 杂交中稻“稀、控、重”栽培模式的特点与增产机理 [J]. 湖北农业科学 (3)：6－8.

韦克苏，2012. 花后高温对水稻胚乳淀粉合成与蛋白积累的影响机理 [D]. 杭州：浙江大学.

徐虹，陈雷明，2002. 北方优质粳稻栽培技术 [J]. 中国稻米 (6)：33.

许轲，孙圳，霍中洋，等，2013. 播期、品种类型对水稻产量、生育期及温光利用的影响 [J]. 中国农业科学，46 (20)：4222－4233.

杨滨娟，黄国勤，王超，等，2013. 稻田冬种绿肥对水稻产量和土壤肥力的影响 [J]. 中国生态农业学报，21 (10)：1209－1216.

杨滨娟，孙丹平，张颖睿，等，2018. 长江中游地区水旱复种轮作模式资源利用率比较研究 [J]. 中国生态农业学报，26 (8)：1197－1205.

杨建昌，杜永，吴长付，等，2006. 超高产粳型水稻生长发育特性的研究 [J]. 中国农业科学 (7)：1336－1345.

杨旭燕，何玲，何文寿，2019. 绿肥油菜翻压还田对土壤肥力及玉米产量的影响试验 [J]. 吉林农业 (3)：56－57.

姚义，霍中洋，张洪程，等，2012. 不同生态区播期对直播稻生育期及温光利用的影响 [J]. 中国农业科学，45 (4)：633－647.

姚义，2012. 江淮下游地区直播稻播期与品种综合生产力及其利用的研究 [D]. 扬州：扬州大学.

殷春渊，魏海燕，张庆，等，2009. 不同氮肥水平下中熟籼稻和粳稻产量、氮素吸收利用差异及相互关系 [J]. 作物学报，35 (2)：348－355.

余泓，2010. 冬闲田种植马铃薯对后作土壤环境和水稻生长的影响 [D]. 长沙：湖南农业大学.

袁隆平，1990. 两系法杂交水稻研究的进展 [J]. 中国农业科学 (3)：1－6.

展茗，张胜，李建鸽，等，2013. 湖北省不同时期玉米区域生产比较优势分析 [J]. 中国农学通报，29 (3)：63－68.

展茗，2015. 长江中游玉米多熟制模式创新及效应分析 [C]//中国作物学会. 作物多熟种植与国家粮油安全高峰论坛论文集. 北京：中国作物学会.

张洪程，戴其根，霍中洋，等，2012. 水稻超高产栽培研究与探讨 [J]. 中国稻米，18 (1)：1－14.

张洪程，张军，龚金龙，等，2013. “籼改粳”的生产优势及其形成机理 [J]. 中国农业科学，46 (4)：686－704.

张洪程，张军，龚金龙，等，2013. “籼改粳”的生产优势及其形成机理 [J]. 中国农业科学，46 (4)：686－704.

张军，张洪程，霍中洋，等，2013. 不同栽培方式对双季晚粳稻产量及温光利用的影响 [J]. 中国农业科学，46 (10)：2130－2141.

赵庆勇，朱镇，张亚东，等，2013. 播期和地点对不同生态类型粳稻稻米品质性状的影响 [J]. 中国水稻科学，27 (3)：297－304.

朱大伟，郭保卫，张洪程，等，2014. 播期对优质米“南粳9108”生长特性及积温光照利用的影响［J］. 生态学杂志，33（11）：3010-3017.

朱大伟，郭保卫，张洪程，等，2015. 优质稻南粳9108机插高产栽培区域生态适应性分析［J］. 中国水稻科学，29（2）：191-199.

朱镇，赵庆勇，张亚东，等，2013. 播期和地点对南粳44稻米品质的影响［J］. 西南农业学报，26（05）：1747-1752.

第三章　湖北省稻麦两熟制的小麦丰产技术

第一节　品种筛选及适应性

一、品种选育

（一）湖北省近十几年来审定小麦品种的表现及变化

籽粒产量是小麦生产的终极目标，国内外小麦研究的热点多数是围绕籽粒产量展开的。如表 3-1 所示，2004—2017 年（2001—2016 年参加区域试验）湖北省审定小麦品种 27 个，其中 2004 年审定的 6 个小麦品种是以鄂恩 1 号为对照（即参加 2001—2003 年的 A 组区域试验，增产率与 B 组对照郑麦 9023 相比），其后 21 个均以郑麦 9023 作为对照。与郑麦 9023 相比，27 个小麦新品种的增产率为 2.02%～9.16%，平均增产率 4.68%；增产率超过 5%的品种有 11 个，占审定品种的 40.74%，其中漯麦 6010 的增产率最高。同时，小麦产量是复杂的数量性状，受环境和基因型的共同影响，如表 3-2 所示，产量的变异系数最大，且郑麦 9023 的变异系数大于审定品种，说明产量在近十几年的湖北区域试验中受环境影响更大。另外，审定品种的有效穗数和千粒重平均值低于郑麦 9023，审定品种有效穗数的最大值也不及郑麦 9023 的最大值，且审定品种有效穗数的变异系数也远大于郑麦 9023，由此可以推断，有效穗数主要受基因型控制且是当前限制湖北省小麦产量的主要因素。近十几年来的气候条件和栽培措施，以及育种选择共同促进了一些小麦性状向目标性状方向发展。如审定品种和郑麦 9023 的产量、有效穗数和千粒重均呈递增趋势，穗粒数和株高均呈递减趋势，全生育期审定品种呈递增趋势，而郑麦 9023 呈递减趋势。除去郑麦 9023 的变化趋势（环境影响部分），审定品种性状基因型选择的方向是产量增加、有效穗数增加、全生育期延长、穗粒数减少、千粒重降低和株高降低。因此，近十几年来湖北省小麦产量的增加主要得益于有效穗数的增加。

表 3-1　湖北省近十几年来小麦审定品种与对照郑麦 9023 的产量比较

（佟汉文等，2018）

审定品种	审定年份	系谱	增产率（%）
鄂麦 23	2004	2078/川农 8539//百农 64	1.67
鄂麦 24	2004	苏 9356 变异株	0.17
鄂麦 25	2004	504/90-309	2.38
华麦 13	2004	华 8878/华 8827	8.00

（续）

审定品种	审定年份	系谱	增产率（%）
豫麦 51	2004	周 8425B/豫麦 17	5.40
宛麦 369	2004	（Tai182/WK43）F_3/（Tai7107/内乡 182）F_4	8.97
鄂麦 352	2008	绵 89-46/72103//华麦 8 号	1.71
华麦 2152	2008	鄂恩 1 号/川农麦 1 号//华 9515/川农 6280	−2.02
襄麦 25	2008	Tai1062/鄂麦 19	4.94
瑞丰 1 号	2008	豫麦 34//百农 3217/冀 5418	4.31
襄麦 55	2009	8811/贵农 24-7//鄂麦 19	4.12
荆麦 103	2009	扬麦 158//鄂恩 1 号/233	4.89
鄂麦 26	2009	鄂麦 25 变异株	7.81
华麦 2668	2009	川农麦 1 号/华矮 01//川农 6280/加引 220	4.12
鄂麦 596	2009	郑麦 9023/鄂麦 12//丰优 7 号	2.14
华麦 2566	2010	鄂恩 1 号/华麦 9528//加引 175/川农 6280	4.01
楚麦 0701	2010	扬麦 11 变异株	5.56
鄂麦 27	2010	扬 00-123/鄂麦 25	7.40
鄂麦 580	2012	Tai/957565	3.62
漯麦 6010	2013	原阳 1 号///（漯 152/82C6）F_1/绵阳 21//绵阳 21	9.16
先麦 8 号	2013	宛麦 369/郑麦 9023	5.52
鄂麦 170	2014	济麦 19/豫麦 47	4.72
襄麦 35	2015	8811/贵农 24-7//鄂麦 19	7.18
华麦 1168	2017	川 8910/华矮 01//周麦 12/鄂麦 12	3.49
鄂麦 006	2017	陕 65/上海保山 279//丰优 7 号	8.23
鄂麦 DH16	2017	鄂 07901/绵麦 42	1.87
襄麦 D31	2017	襄麦 25 变异株	6.91
平均			4.68

表 3-2　湖北省近十年来小麦审定品种和郑麦 9023（CK）产量及主要农艺性状的统计分析

（佟汉文等，2018）

项目	品种	产量（kg/hm^2）	有效穗数（万/hm^2）	穗粒数	千粒重（g）	株高（cm）	全生育期（d）
平均值	审定品种	5 960	457	35.2	42.6	85.8	197
	郑麦 9023（CK）	5 820	498	30.5	44.2	84.7	194
范围	审定品种	3 017～9 225	255～740	19.3～55.7	26.0～57.4	65.2～110	177～223
	郑麦 9023（CK）	3 171～8 212	296～744	19.2～51.1	30.6～55.1	70.0～102	174～215
变异系数（%）	审定品种	20.9	18.1	16.1	11.9	9.3	3.94
	郑麦 9023（CK）	31.2	5.1	7.4	20.8	10.0	0.36

（二）性状间的相关性分析及湖北省小麦育种展望

审定品种性状间的相关分析表明（表 3-3），有效穗数和千粒重是影响产量的主要因素。穗粒数在笔者课题组研究中随年度下降且与产量不相关，与买春艳等（2018）在北部冬麦区研究结论相反，这是由湖北省小麦审定品种本身性状造成的，如笔者课题组研究中审定品种穗粒数平均值为 35.22 粒，高出郑麦 9023 接近 5 粒，这也是审定品种产量高出郑麦 9023 的原因所在。同时，有效穗数和穗粒数呈显著负相关。因此，增加有效穗数和千粒重，解决有效穗数和穗粒数的矛盾是当前湖北省小麦产量提升的主攻方向。

表 3-3　湖北省近十多年来小麦审定品种性状间的相关分析

（佟汉文等，2018）

相关系数	产量	有效穗数	穗粒数	千粒重	株高
有效穗数	0.65**				
每穗粒重	−0.03	−0.54**			
千粒重	0.64**	0.21	−0.29		
株高	−0.06	−0.45*	0.53*	0.05	
全生育期	0.33	0.16	0.14	−0.26	0.16

注：“*”表示相关显著（$P<0.05$）；“**”表示相关极显著（$P<0.01$）。

根据多年的生产实践结合笔者课题组研究发现，审定品种生产推广面积一直没有赶超郑麦 9023 的原因主要是审定品种的广适性不及郑麦 9023。如增产率最高的漯麦 6010 只通过了湖北省审定，而郑麦 9023 通过河南、湖北、安徽和江苏 4 省审定，说明郑麦 9023 的适应性更广。为破解湖北省小麦审定品种适应性差，应对气候变暖、极端和异常天气等对小麦生产的影响（刘新月等，2015；高美玲等 2018），从 2012 年开始，湖北省小麦品种审定已增加赤霉病抗性方面的要求（乐 菊等，2016）。柳娜等（2018）对甘肃春小麦区试品系的研究发现，环境及品系与环境互作对产量的影响大于品系，因此小麦育种还要大联合、大攻关，加大穿梭育种力度，采用多年多点产量试验选拔苗头品系，以选育出高产广适型小麦新品种，满足湖北省小麦生产需求。

二、适宜播期的确定

适时播种对小麦的生育期有重要影响，进而影响到小麦的产量和品质。小麦适期播种不仅可以保证生产安全，还可通过其生长发育习性与当地气候条件优化配合以实现高产、优质和高效。研究表明，在相同的栽培措施下，播种期推迟或提前，对小麦的产量构成、籽粒品质都有不同程度的影响（雷钧杰等，2007；刘艳阳等，2003）。湖北省处于南北气候的过渡地带，地形复杂，各麦区气候条件差异较大，小麦适宜播种期也有明显差异。在品种利用方面，经过几次品种更新换代，以郑麦 9023 为代表的弱春性品种成为了当前湖北省当家品种，这些品种的生长发育特性与历史品种存在一定差别。受全球气候变暖的影响（黄荣辉等，2002；李克南等，2013），小麦生育期间有效积温也发生了明显的变化。上述因素使得依据各地气候条件进行小麦适宜播期的调整显得尤为迫切和重要。

目前，确定小麦适宜播期的常用方法有以下几种：①温度法，即根据小麦分蘖时的适宜温度以及当地气候资料确定小麦分蘖的适宜时间，进而推算出小麦的适宜播期；②日期法，即根据小麦从播种至成壮苗所需要的天数确定适宜播期；③利用活动积温确定播期，根据作物从种子吸水萌动至成熟日连续累加的温度以及当地气候资料，推算出作物的适宜播期；④叶龄积温法（杨选成等，2010），即参照具体品种冬前壮苗标准所要求的叶片数，用小麦每出一片叶所需有效积温与冬前壮苗叶片数的乘积加上出苗所需有效积温，即可得到从播种到形成冬前壮苗时所需的有效积温，进而根据当地气象资料反推出小麦的适宜播期（崔读昌，1984；BOOTSMA 等，1987）。相比其他方法，叶龄积温法具有高效、准确、耗费资源少的特点，解决了多变气候条件下小麦适宜播期难以确定的问题，近年来应用较为广泛（李德等，2012）。

为保证越冬前小麦苗壮而不旺、有足够的分蘖，合适的有效积温是不可缺少的。多数研究表明，小麦叶龄指数和有效积温呈直线相关（黄义德等，2002；毛振强等，2002；Miglietta et al.，1991；Ishag et al.，1998；Jamieson et al.，1995）。因此，根据越冬前小麦叶龄发育的积温需求以及当地的气象数据就可以推算出湖北省小麦的适宜播期。根据对郑麦 9023 主茎叶片发育的积温需求的研究数据，统计得出如表 3－4 所示结果。郑麦 9023 的叶热间距平均值为 99.5 ℃/叶，即平均每生长一片叶需要有效积温 99.5 ℃。实际生产中，密度对其影响较小，可忽略不计。由于播期不同导致的每片叶生长所需有效积温会略有不同。参照小麦冬前壮苗的叶龄指标，可以得出湖北小麦冬前有效积温需求，即鄂北为 646.75 ℃、鄂南为 547.25 ℃。

表 3－4　不同播期、不同密度下的郑麦 9023 叶热间距

（韦宁波等，2014）　　单位：℃/叶

播期	密度 1	密度 2	密度 3	平均
播期 1	106.0	108.0	110.0	108.0
播期 2	98.6	99.6	103.0	101.0
播期 3	95.7	97.1	102.0	98.1
播期 4	90.5	90.1	93.5	91.4
平均	97.7	98.8	102.0	99.5

注：播期（月/日）1、2、3 和 4 分别为 10/18、10/26、11/2 和 11/10，密度 1、2 和 3 分别为每公顷 150 万苗、225 万苗和 330 万苗。

小麦适宜播期以鄂北地区小麦冬前有效积温达到 646.75 ℃、鄂南地区小麦冬前有效积温达到 547.25 ℃的日期而确定。鄂北地区最早能达到 646.75 ℃有效积温的日期为 10 月 16 日（郧西），最迟的为 10 月 23 日（钟祥）；鄂南地区最早能达到 547.25 ℃有效积温的日期为 10 月 30 日（恩施），最迟的为 11 月 2 日（宜昌）。由于日平均气温在年际间有波动，再综合分析前人研究方法，应该将各地所得结果适当放宽 2～3 d，最终整理得出的各地小麦适宜播期如表 3－5。由此可知，各麦区小麦适宜播期如下：鄂中丘陵和鄂北岗地麦区为 10 月 17～27 日，鄂东北丘陵低山麦区为 10 月 19～26 日，鄂西北山地麦区为 10 月 12～19 日，江汉平原麦区为 10 月 27 日至 11 月 3 日，鄂东南丘陵低山麦区为 10 月 28 日至 11 月 4 日，鄂西南丘陵低山麦区为 10 月 27 日至 11 月 6 日。

表 3－5　各地小麦最终确定的适宜播期

（韦宁波等，2014）

地区		适宜播期	播种至越冬有效积温（℃）
鄂北地区	郧西	10 月 12～19 日	592.92～711.66
	老河口	10 月 17～23 日	585.64～693.70
	枣阳	10 月 17～23 日	598.92～709.60

（续）

地　区		适宜播期	播种至越冬有效积温（℃）
鄂北地区	钟祥	10月20～27日	588.94～707.32
	麻城	10月19～26日	585.58～713.10
鄂南地区	恩施	10月27日至11月3日	495.38～597.76
	宜昌	10月30日至11月6日	489.78～600.26
	荆州	10月27日至11月3日	496.56～607.42
	武汉	10月27日至11月3日	496.56～607.42
	黄石	10月28日至11月4日	496.10～606.98

第二节　小麦免耕栽培技术

免耕栽培是保护性耕作的重要组成部分，具有节地、节水、节肥、节药、节能、简化农事活动的作业程序、减轻农民的作业强度等特点，是实现水土资源高效利用的有效途径，是实现农业可持续发展战略的重要举措。随着农业可持续发展战略的实施，小麦免耕在湖北省小麦生产中占据着越来越重要的地位。在各级领导的支持和农技人员努力下，近几年湖北省小麦免耕发展十分迅速。

一、免耕小麦生长特征

（一）产量表现

表3-6表明，免耕小麦比对照增产，每公顷增产225 kg，增产率4.5%。免耕小麦增产的主要原因是有效穗多，比对照每公顷多27万穗，而穗粒数和千粒重则呈减少趋势，穗粒数比对照少0.4粒，千粒重比对照少0.2 g。分析其有效穗多的主要原因是免耕小麦播种在地表，分蘖节位于地上，在水肥气热四要素协调状况下分蘖发生早，低位蘖多，成穗率高。穗粒数和千粒重减少的主要原因是在同等施肥水平和施肥方法下，免耕小麦吸收能力不如对照强，阶段需肥的要求比对照高，尤其在生育的中后期，随着根系吸收功能的衰弱，易出现脱肥早衰，因而影响粒数和粒重。同时，影响粒重的另一个原因就是免耕小麦根系部分暴露地表，对5月中旬高温感应敏感，根系活力减弱，加速了籽粒高温逼熟。

表3-6　小麦免耕栽培与翻耕栽培的主要产量性状比较

（柴婷婷，2009）

处　理	每公顷有效穗数（万）	每穗粒数（粒）	千粒重（g）	理论单产（kg/hm²）	实际单产（kg/hm²）
翻耕栽培（CK）	444	35.6	38.7	6 210	5 610
免耕栽培	471	35.2	38.5	6 390	5 865
免耕比CK	+27	−0.4	−0.2	+270	+255

（二）苗情动态

表3-7表明，免耕小麦与对照相比，冬前生长发育快，分蘖发生早，叶色浓绿，叶

片宽厚，个体较壮，群体较足。越冬期由于温度降低，免耕小麦播种在地表，生长发育较对照缓慢，叶色淡黄，立春时群体较对照少。但最终单株成穗数较对照多，成穗率较高。冬至时调查，免耕小麦每公顷茎蘖苗比对照多 79.5 万苗，单株分蘖较对照多 0.2 个，苗高比对照矮 2 cm，根茎比对照短 1.3 cm，百株鲜重比对照重 32 g；立春时调查，免耕小麦每公顷茎蘖苗比对照少 61.5 万苗，单株分蘖较对照少 0.2 个，苗高比对照矮 5.3 cm，百株鲜重比对照少 19 g；成熟时免耕小麦单株成穗比对照多 0.1 个，成穗率高 10%。

表 3-7　小麦免耕栽培与翻耕栽培的苗情动态

（柴婷婷，2009）

处　理	每公顷基本苗（万）	冬至苗		立春苗		单株成穗数（个）	成穗率（%）
		每公顷茎蘖苗（万）	单株分蘖数（个）	每公顷茎蘖苗（万）	单株分蘖数（个）		
翻耕栽培（CK）	275	789	1.9	981	2.5	1.6	64
免耕栽培	281	869	2.1	920	2.3	1.7	74
免耕比 CK	+7.5	+79.5*	+0.2	−61.5*	−0.2	+0.1	+10*

注：表中数值为 3 个重复的平均值；* 表示 5%显著水平。

（三）生育进程

表 3-8 表明，免耕小麦的全生育期 207 d，比对照长 2 d，在整个生育进程中，以拔节为临界期，此前的营养生长时期发育较快，此后的生殖生长时期发育较缓。

表 3-8　小麦免耕栽培与翻耕栽培下物候期调查情况

（柴婷婷，2009）

处　理	播种期（月/日）	出苗期（月/日）	分蘖期（月/日）	拔节期（月/日）	抽穗期（月/日）	成熟期（月/日）	全生育期（d）
翻耕栽培（CK）	10/23	11/2	11/18	2/28	4/2	5/15	205
免耕栽培	10/23	10/28	11/14	2/29	4/3	5/17	207
免耕比 CK	0	−4*	−4*	−1	+1	+2*	+2*

注：表中数值为 3 个重复的平均值；* 表示 5%显著水平。

（四）综合效益比较

表 3-9 表明，免耕小麦与对照相比，简化了生产工序，减轻了劳动强度，每公顷节

表 3-9　小麦免耕栽培与翻耕栽培的经济效益比较

（柴婷婷，2009）　　单位：元/hm²

处　理	人工费	机耕费	化学除草费	肥料投入费	每公顷产值	纯收入
翻耕栽培（CK）	2 700	900	75	1 050	7 875	3 150
免耕栽培	2 025	0	150	1 200	8 580	5 205
免耕比 CK	−675	−900	+75	+150	+705	+2 055

注：人工费每天 30 元，种子 1.5 元/kg，小麦价格 1.4 元/kg。

省人工费 675 元，节省机耕费 900 元，增产 225 kg，每公顷节本增产增收 2 055 元。同时，免耕小麦采取秸秆覆盖技术，使秸秆直接还田，增加了有机肥，保持了耕层的原有结构，防止了水土流失。

综上所述，小麦免耕栽培大田不需耕整，种子直接撒播在厢面上，避免了翻耕造成的种子深浅不一，有利于一播全苗和齐苗。麦田盖草能增加土壤有机质，培肥地力，植株根系发达，低节位分蘖多，成穗率高，有利于高产。同时在大田生产上，减少了劳力和机械投入，提高了产投比，劳动强度轻，能有效缓解劳动力大量转移后农村劳力紧张的矛盾，推广应用前景广阔。但需要注意的是，免耕小麦基础在抓苗子，关键在防早衰，重点在防草荒，难点在防冷害。免耕小麦播种在地表，有利于一播全苗、齐苗、匀苗，但必须确保足墒，秋播时如遇连续阴雨天气适宜免耕，干旱年景则不宜免耕。在施肥上要改变翻耕小麦“一炮轰”的施肥方法，要采取分次施肥“少吃多餐”的施肥方法，防止中后期因养分不足而早衰。在防草荒的问题上，一方面不要选择恶性杂草多的田块实施免耕，另一方面在化学除草上要突出“早”“小”，即时间要早，杂草要小。在冷害的防治上，一要把握好最佳播期，不要早播；二要把握好盖草标准，厚薄均匀，保温保墒；三要“三沟”配套，排灌方便；四要科学施肥，出现冻害，及时追肥，促进生长；五要化促化控。

二、免耕小麦的关键技术问题

湖北省小麦免耕发展起步较晚，但在各级领导的支持和农技人员努力下，近几年湖北省小麦免耕发展速度十分迅速。据不完全统计，湖北省稻茬田小麦免耕面积达 6.7 万 hm^2，其中小麦主产区枣阳市达 2 000 多 hm^2，曾都区 1 333 多 hm^2，襄阳区 2 000 多 hm^2，老河口市 2 000 多 hm^2，小麦免耕在湖北省小麦生产中占据着越来越重要的地位。但是，由于认识上存在的不明确，宣传落实的到位率存在地域偏差，导致关键技术把握不严，田间管理不到位而造成免耕小麦减产减收。

目前，免耕小麦生产主要存在以下几个方面的技术问题：

一是播种量不精。免耕小麦播种量比翻耕小麦播种量略少，一般控制在每公顷 135～150 kg，最多不得超过 180 kg。如果播种量过大，而遇墒情较好，基本苗过多，出现群体过大，导致麦田中期郁蔽、后期倒伏早衰，从而影响小麦粒重的增加。但是，如果播种量过少，少于每公顷 135 kg，如遇到长期干旱少雨，田间缺墒，会导致出苗率低，同时由于缺墒，幼苗扎根浅而“吊死”，导致减产。

二是覆盖物不均。由于机械收割的稻茬过高，如果播种前没有进行灭茬，播种后盖草不易与地面接触，保墒效果差，影响出苗和苗期生长。有的盖草过厚，导致麦苗不能见阳光，光合作用差，则出现大量黄苗或缺苗的现象。

三是除草不及时。由于免耕种麦在土壤表层保留了较多的杂草种子，田间杂草基数大，杂草不仅与小麦争夺土壤中水分、养分和光照，而且是麦田病菌和害虫的中间寄主，增加了麦田病虫害的繁殖与传播，直接影响小麦产量和品质。如果播种前没有按标准进行化学除草，易造成草荒，瘦弱幼苗多，不能形成壮苗越冬，出苗后，化学除草又不及时，导致草苗共生，进而导致减产。

四是施肥不合理。免耕麦田所形成的土壤耕作层环境和肥料浅施的方法，与常规翻耕麦田肥料深施有较大差别，免耕种麦表土有机质和全氮富集，但较深层的土壤中养分比常规耕翻田有明显下降趋势，加上未能根据少、免耕麦田养分分布特点施肥，仍沿用翻耕麦田的重施底肥方式，结果因肥料不能翻入深层，集中在土壤表层易流失，致使中后期土壤供肥能力下降，影响小麦正常生长和产量、品质的提高。

五是选址不恰当。小麦免耕栽培技术受田块和播种时气候影响较大，应选择在排灌便利、土壤条件较好的田块进行，如果选择在恶性杂草较多的田块或抛荒的田块，或地势低洼、排水不畅的冷浸田进行免耕，则会导致杂草滋生或长期渍水而减产或绝收。

三、免耕小麦综合栽培技术

（一）开沟整厢，确保排灌畅通

稻田多处低洼涝地，排水困难，地下水位高，含水量大，通透性差，影响小麦根系发育和正常生长，因此播前应切实做好排渍防涝工作。播后要适墒开沟整厢，按厢宽3.5 m开沟，及时疏通厢沟，逐级加深腰沟、围沟、公用沟，做到四沟配套，明水能排，暗水能滤，彻底消除渍害，改善土壤条件和田间生态环境。

（二）施足底肥

免耕小麦的基肥以复合肥为主，不宜施碳酸氢铵，但追肥应增加尿素用量。一般基肥每公顷用复合肥 750 kg，或磷肥 450 kg，钾肥 225 kg，尿素 150 kg，将三者混合均匀后田面撒施作基肥。

（三）适量播种

当前高产麦田的播种量有逐渐减少的趋势，精量和半精量播种的面积正在扩大，对种子的均匀度要求更加严格，适量播种是苗匀、苗壮、高产的基础，并且免耕小麦分蘖节位低、分蘖多、成穗率高，播种量应比翻耕用种量减少 10%左右，一般每公顷播种 135～150 kg 为宜，最多不得超过 180 kg。出苗后一旦发现出苗不匀，在 3 叶期应及时疏苗、补苗、间苗，使麦苗分布均匀，同时，要注重推广优良品种，注重推广包衣种或药剂拌种。药剂拌种每千克种子用 15%粉锈宁 2 g 拌种，随拌随播，这样有利于防治病虫害，培育壮苗，切忌“白种”下田。

（四）稻草覆盖

播种后要及时盖草，要求草不成坨，地不露白、不露籽，每公顷盖草 200 kg 左右，盖草时要做到一撒、二匀、三补缺，确保覆盖物均匀。稻草覆盖一是可以增温保墒，还可以增加土壤肥力；二是可以防止鸟类啄食麦种。稻草覆盖后，要用水喷湿，有利于稻草腐烂。出苗后，要加强巡查，对个别稻草过厚或漏盖的地方，要及时匀草或补草。

（五）化学除草

麦田杂草种类很多，据统计有 200 多种。稻茬麦田杂草以双子叶和单子叶杂草为主，主要是看麦娘、猪殃殃等。麦田除草方法较多，化学除草要把握好四要点：一是要选用安全对路的除草剂，确保作物的安全；二是要把握好播种前、苗期和返青期 3 个关键时期的除草防治时机；三是要严格用药剂量，按推荐剂量使用。如果剂量过大，易对小麦造成药害，如剂量过低，防除效果差，达不到防除杂草的目的。防除禾本科杂草：小麦播后苗前每公顷用 75%异丙隆可湿性粉剂 1.2～1.5 kg，兑水 600～750 kg，均匀喷于土表。苗后除草：小麦齐苗至 3 叶期前，麦田杂草 1～2 叶时，每公顷用 75%异丙隆可湿性粉剂 1.2～1.5 kg，或用 6.9%膘马浓乳剂 600～750 mL，兑水 450 kg 喷雾。在 10 ℃以下的低温时，最好不要施用。防除阔叶杂草：每公顷用 75%苯磺隆 15 g，或 20%使它隆乳油 450～600 mL，或 40%快灭灵 75 g，或 20%使它隆 375～525 mL 加 18%二甲四氯 2 250 mL，兑水 600 kg，在杂草基本出齐后施药。对单双子叶杂草混生田块，每公顷用 6.9%膘马浓乳油 750 mL 加 20%使它隆乳油 750 mL 兑水 750 kg 喷防。

（六）病虫防治

免耕小麦由于稻茬没有耕翻入土，田间稻茬赤霉病菌残留的基数较大，侵染麦穗数量较多，发病率往往高于耕翻麦田；加上免耕小麦田早发优势强，郁闭封行早，田间湿度大，有利于中后期各种病害的发生和蔓延。因此，对免耕麦田病虫害的防治要高度重视，及时做好农药准备和测报工作，并注意清除田边杂草，减少中间寄主，适时做好药剂防治工作。

（七）防止中后期早衰

免耕麦田表土有机质和全氮富集，但表土以下较深层的土壤中养分比常规耕翻田有明显下降趋势，加上有些地方未能根据免耕麦田养分分布特点施肥，仍沿用翻耕麦时的重施底肥方式，结果因肥料不能翻入深层，集中在土壤表层而流失，致使中后期土壤供肥能力下降，影响小麦正常生长和产量、品质的提高。田间管理要着重解决好早衰的问题，一般要看苗巧施拔节肥，每公顷施尿素 60～75 kg 或复合肥 75 kg 加 45 kg 钾肥，以利促健生长，防早衰。抽穗扬花期重施叶面肥，结合病虫防治，每公顷用 7.5～15 kg 尿素加 3 kg 磷酸二氢钾兑 600 kg 水喷施 1～2 次，以利提高千粒重和结实率。

第三节　优质小麦生产区划

一、湖北发展优质专用小麦的可行性

抓好湖北省小麦生产，提高小麦品质，增加单产，对粮食安全具有举足轻重的作用。湖北素有“以夏促秋，全年丰收”的说法，其含意是小麦丰收之后，农民有了用粮的安全感，出售商品小麦的收入又可投入到秋粮和棉花上，保证全年农业效益能有所提高。小麦耐寒性强，适应性广，是湖北省分布最广的粮食作物之一，既可与水稻、棉花、玉米、甘薯、芝麻、大豆、花生、烟草等作物轮作，又能与蚕豆、豌豆及绿肥等冬播作物间作、套种和混种，对充分利用土地、季节、光照、水分等各种自然资源，拓展冬季农业，提高复种指数，起着不可替代的作用。

湖北具有种植小麦良好的自然资源优势，北纬 31°以北麦区，属中纬度亚热带气候，四季分明，年均气温 15.1～16.0 ℃，年总降水量 800～1 000 mm，小麦全生育期降水量 500 mm 左右，年平均日照时数 1 900～2 200 h，气候资源优越，非常有利于小麦的生长发育。这片麦区，特别是鄂中丘陵和鄂北岗地麦区，土层深厚，保水保肥能力较强；春季光照充足，雨水调和，幼穗分化时间长，易形成大穗；4～5 月雨水一般不太多，光照充足，昼夜温差较大，有利于小麦开花灌浆，增加粒重，提高品质；加上农民种麦技术水平高，是湖北小麦的主产区、高产区，也是发展优质中筋小麦商品生产的优势区。北纬 31°以南麦区则由于降水相对较多，小麦全生育期降水 700 mm，且大多为沿江冲积平原，土壤为沙壤，有利于生产弱筋小麦。

二、湖北优质专用小麦生态区划

根据湖北的生态环境条件，当前小麦生产现状、今后农业结构调整趋势、商品小麦流通和加工企业分布情况，以及面食消费特点，湖北省优质小麦可划分为两个优质专用小麦优势区，总面积 60 万 hm^2，约占全省小麦种植面积 70%。

（一）鄂中丘陵和鄂北岗地优质中筋小麦优势区

包括枣阳、曾都、广水、宜城、老河口、谷城、丹江口、钟祥、大悟、京山等县、市、区，是湖北小麦的主产区、高产区和重要消费区。这片麦区小麦种植面积 33.3 万 hm^2 左右，约占全省小麦面积 40%，小麦总产量占全省小麦总产量 49%。该区地形以丘陵岗地为主，土壤质地鄂中丘陵以黄棕壤、水稻土为主，鄂北岗地以黄土为主。该区年平均气温 15.1～16.0 ℃，年降水量 900 mm，小麦全生育期降水量 500 mm，总量基本满足小麦生长要求。年平均日照时数 1 900～2 200 h，是湖北省日照时数最多地区之一，尤其是 4～5 月小麦灌浆期日照时数达 320～350 h，且气温日较差 9～10 ℃，高于其他地区 1～2 ℃，有利于小麦的光合作用和干物质积累，常年小麦赤霉病基本无重流行。本区是湖北省发展优质中筋专用小麦优势产区。

（二）江汉平原弱筋专用小麦优势区

包括仙桃、潜江、天门、枝江、沙洋、孝昌、松滋、麻城、罗田、团风等县、市，小麦种植面积 13.3 万 hm^2，约占全省小麦面积的 16%，小麦总产量占全省总产量 26%。该麦区大部分为地势低平的江汉冲积平原，大部分耕地为灰潮土及发育的水稻土，土壤深厚肥沃，东部岗丘区为泥沙土。该区无霜期为 240～270 d，年平均降水量 1 100～1 200 mm，小麦全生育期降水量 700 mm 以上，年均日照时数 1 850～2 100 h。4～5 月日照时数为 300～320 h。宜作为湖北省发展弱筋小麦的生产基地。

参考文献

A Bootsma，Michio Suzuki，李兴普，等，1987. 依据气温确定冬小麦最适播期范围［J］. 麦类作物学报（6）：33－38.

柴婷婷，2009. 湖北省小麦免耕栽培技术推广应用研究［D］. 武汉：华中农业大学 .

崔读昌，1984. 我国秋播小麦适宜播期的确定方法［J］. 农业科技通讯（8）：5.

高美玲，张旭博，孙志刚，等，2018. 中国不同气候区小麦产量及发育期持续时间对田间增温的响应［J］. 中国农业科学，51（2）：386－400.

胡延吉，兰进好，赵檀方，1999. 不同时期 3 个主栽小麦品种干物质积累及分配特性的研究［J］. 山东农业大学学报（4）：404－408.

黄荣辉，周连童，2002. 我国重大气候灾害特征、形成机理和预测研究［J］. 自然灾害学报（1）：1－9.

黄义德，姚维传，2002. 作物栽培学［M］. 北京：中国农业出版社 .

乐菊，彭敏，王江侠，等，2016. 湖北省小麦区域试验回顾［J］. 湖北农业科学，55（1）：28－31.

雷钧杰，宋敏，2007. 播种期与播种密度对小麦产量和品质影响的研究进展［J］. 新疆农业科学（S3）：

138－141.

李德，杨太明，张学贤，2012. 气候变暖背景下宿州冬小麦适播期的确定［J］. 中国农业气象，33（2）：254－258.

李克南，杨晓光，慕臣英，等，2013. 全球气候变暖对中国种植制度可能影响Ⅷ——气候变化对中国冬小麦冬春性品种种植界限的影响［J］. 中国农业科学，46（8）：1583－1594.

李勇，2004. 湖北省优质小麦区划及发展对策研究［D］. 武汉：华中农业大学.

李新举，张志国，2001. 免耕的土壤适应性［J］. 土壤通报（1）：41－43，50.

刘新月，裴磊，卫云宗，等，2015. 气温变化背景下中国黄淮旱地冬小麦农艺性状的变化特征——以山西临汾为例［J］. 中国农业科学，48（10）：1942－1954.

刘艳阳，2003. 不同播期对小麦安全优质高产特性的影响［D］. 扬州：扬州大学.

柳娜，曹东，王世红，等，2018. 基于 GGE 双标图的甘肃春小麦区试品系稳产性和试点代表性分析［J］. 西北农林科技大学学报（自然科学版），46（4）：39－48.

买春艳，李洪杰，刘宏伟，等，2018. 北方冬麦区小麦品种产量相关性状和幼穗分化特点研究［J］. 麦类作物学报，38（7）：773－781.

毛振强，宇振荣，刘洪，2002. 冬小麦及其叶片发育积温需求研究［J］. 中国农业大学学报（5）：14－19.

佟汉文，彭敏，刘易科，等，2018. 2001—2016 年湖北省小麦区域试验审定品种产量性状分析［J］. 湖北农业科学，57（24）：46－50.

韦宁波，刘易科，佟汉文，等，2014. 湖北省小麦适宜播期的叶龄积温法确定［J］. 湖北农业科学，53（19）：4529－4532.

杨选成，张杰，2010. 陕西关中灌区小麦适宜播期的确定方法［J］. 现代农业科技（16）：115.

Ishag H M，Mohamed B A，Ishag K H M，1998. Leaf devel opment of spring wheat cultivars in an irrigated heat－stressed environment［J］. Field Crops Research，58：167－175.

Jamieson P D，Brooking I R，Porter J R，et al，1995. Prediction of leaf appearance in wheat：a question of temperature［J］. Field Crops Research，41：35－44.

Miglietta F，1991. Simulation of wheat ontogenesis Ⅰ. Appearance of mainstem leaves in the field［J］. Climate Research，1：145－150.

Valvop J，Miralles D J，Serrago R A，2018. Genetic progress in Argentine bread wheat varieties released between 1918 and 2011：Changes in physiological and numerical yield components［J］. Field Crops Research，5（221）：314－321.

第四章 湖北稻麦两熟的关键技术创新

第一节 保护性耕作技术研究

一、保护性耕作对作物产量的影响

当前，由于经济社会发展、人口转移造成的劳动力短缺、农业生产成本的增加，以及农民生产积极性下降（朱德峰等，2010），传统的精耕细作已经不再现实；同时传统稻作的高成本、高污染已成为制约我国现代农业可持续发展的因子（彭少兵，2014）。为此，实行低碳高产、环境友好、资源节约的稻作技术势在必行（Huang et al.，2013）。以少、免耕及秸秆覆盖为核心技术的保护性耕作措施具有省时、省工，减少水土流失，增加土壤碳固定与降低温室气体排放，改良土壤理化性质等特点，已成为解决农业与环境协调发展问题的重要措施。当前关于保护性耕作对农田碳效应的研究多集中于农田土壤的微观碳含量、温室气体排放方面，而关于作物碳固定的研究较少。因此，为了正确评价保护性耕作对稻麦系统作物产量与碳储量的影响，有助于进一步推进保护性耕作措施的推广。

Zhang et al.（2015b）报道，免耕和秸秆还田均没有影响作物的产量，这与笔者课题组研究的结果一致（表 4-1、表 4-2）。Bayer et al.（2014）在巴西的研究以及 Li et al.（2013）在同一试验点的研究均表明免耕没有影响作物产量。但是也有研究者认为免耕改善了土壤物理和化学条件（Jiang and Xie，2009），加速了作物的萌发和生长，因此增加了作物产量。与之相反，一些研究者认为免耕减少了水稻有效分蘖（武际等，2013），同时免耕下由于草害的加剧和肥料氮（N）的损失导致作物后期供氮不足，使作物减产（Lie et al.，2004）。秸秆还田导致作物增产与减产均有报道。Zhang et al.（2015a）在长江中下游稻区的试验结果显示，免耕对水稻、小麦的产量没有影响，但是秸秆还田显著地增加了作物产量。Hobbs et al.（2008）的研究也表明，免耕降低了稻麦系统的作物产量。与之相反，Jat et al.（2014）认为免耕会增加稻麦系统的产量。产生不同结果的原因可能是保护性耕作通过改变土壤性质尤其是土壤有机碳氮的有效性来影响作物产量（Malhi and Lemke，2007；Zhang et al.，2015a）。Zhang et al.（2015a）认为秸秆还田后会增加旱地土壤有机碳以及土壤肥力，同时秸秆还田还改善了旱地土壤水分条件，因此秸秆还田增加了小麦产量，但是对水稻产量的影响较小。Flessa and Beese（1995）认为，秸秆分解过程中消耗大量的氧气（O_2），加剧了土壤厌氧条件，抑制了作物根系的生长。Rao and Mikkelsen（1977）认为秸秆分解过程中释放大量小分子有机酸，对作物根系有毒害作用，不利于作物根系的生长。此外，秸秆还田还有可能阻碍了小麦种子落地，不利于小麦齐苗。以上这些原因都会导致秸秆还田后小麦的减产。Pittelkow et al.（2015b）认为，单一的保护性耕作措施会导致作物减产，而免耕结合秸秆还田以及轮作会降低单一保护性耕作下的减产幅度。因此，保护性耕作对作物产量的影响可能是复杂多变的（Brennan et al.，2014；Zhang et al.，2015a）。保护性耕作对作物产量的影响也可能与气候条件、土壤肥力和保护性耕作的持续时间有关。

笔者课题组研究中稻麦轮作系统水稻和小麦产量维持在 14 t/hm^{2}左右，这与 Zhang et al.（2015b）的研究结果较为一致。在江苏常熟的 3 年稻麦轮作试验中 Zhang et al.（2015b）发现稻麦年产量在 14.8～15.5 t/hm^{2}之间。Zhang et al.（2013）在太湖平原的研究结果表明，稻麦系统水稻和小麦平均产量分别在 7.6～9.7 t/hm^{2}和 4.2～5.4 t/hm^{2}范围内波动。Zhang et al.（2015a）和 Xia et al.（2014）也有类似的结论。Jat et al.（2014）在印度平原的长期调查结果显示，其稻麦年产量最高不到 12 t，低于笔者课题组研究的结果。产生不同的研究结果的原因可能是，作物产量与气候条件、土壤肥力状况以及栽培管理水平有关。李忠芳等（2009）认为中国水稻产量具有较好的稳定性，而且水稻产量的变异系数小于小麦，即水稻产量具有较好的稳产性，受气候因素影响较小。因此笔者课题组相关试验中，水稻产量基本稳定，而小麦产量有所波动。

Mcandrew et al.（1994）认为免耕下作物秸秆产量显著增加，主要原因是免耕下具有更高的生物产量。秦华东等（2011）认为稻草还田对免耕水稻生物产量和秸秆产量也有显著的促进作用。郑丽娜（2011）有不同的研究结果，其研究结果表明，实施保护性耕作 10 年后，小麦产量无显著差异，但免耕和秸秆覆盖增加了秸秆产量。然而，笔者课题组研究表明，保护性耕作对秸秆产量没有影响（见表 4－1、表 4－2）。导致不同结果的主要原因可能是不同生态区的气候、土壤、品种及栽培技术不同造成。此外，作物收获指数的差异也是导致秸秆产量产生差异的重要因素（谢光辉等，2011）。

表 4－1 保护性耕作条件下水稻产量表现

年份	处理	籽粒产量（kg/hm^2）	秸秆产量（kg/hm^2）	地上部分产量（kg/hm^2）	地下部分产量（kg/hm^2）	总生物量（kg/hm^2）
2012	CTNS	8 716	9 372	18 088	2 066	20 154
	CTS	9 544	10 001	19 545	2 241	21 786
	NTNS	9 031	9 313	18 344	2 147	20 491
	NTS	8 842	9 452	18 294	2 065	20 359
	ANOVA					
	T	ns	ns	ns	ns	ns
	S	ns	ns	ns	ns	ns
	T×S	*	ns	ns	ns	ns
2013	CTNS	8 714	9 227	17 941	2 132	20 073
	CTS	8 774	9 321	18 095	2 232	20 327

（续）

年份	处理	籽粒产量（kg/hm²）	秸秆产量（kg/hm²）	地上部分产量（kg/hm²）	地下部分产量（kg/hm²）	总生物量（kg/hm²）
2013	NTNS	8 697	9 370	18 067	2 194	20 261
	NTS	9 576	9 960	19 536	2 287	21 823
	ANOVA					
	T	ns	ns	ns	ns	ns
	S	ns	ns	ns	ns	ns
	T×S	ns	ns	ns	ns	ns

注：CTNS 表示翻耕秸秆不还田；CTS 表示翻耕秸秆还田；NTNS 表示免耕秸秆不还田；NTS 表示免耕秸秆还田；T 表示耕作方式；S 表示秸秆还田方式；T×S 表示耕作方式与秸秆还田方式的交互作用；ns 表示 $P>0.05$；＊表示 $P<0.05$；＊＊表示 $P<0.01$。下同。

表 4-2　保护性耕作条件下小麦产量表现

年份	处理	籽粒产量（kg/hm²）	秸秆产量（kg/hm²）	地上部分产量（kg/hm²）	地下部分产量（kg/hm²）	总生物量（kg/hm²）
2012—2013	CTNS	4 494	4 778	9 272	2 010	11 282
	CTS	5 025	5 255	10 280	2 129	12 409
	NTNS	4 677	5 189	9 866	2 233	12 099
	NTS	4 935	5 184	10 119	2 286	12 405
	ANOVA					
	T	ns	ns	ns	ns	ns
	S	ns	ns	ns	ns	ns
	T×S	ns	ns	ns	ns	ns
2013—2014	CTNS	5 664	6 204	11 868	2 702	14 570
	CTS	5 748	6 132	11 880	2 539	14 419
	NTNS	5 907	6 347	12 254	2 661	14 915
	NTS	5 737	6 023	11 760	2 453	14 213
	ANOVA					
	T	ns	ns	ns	ns	ns
	S	ns	ns	ns	ns	ns
	T×S	ns	ns	ns	ns	ns

笔者课题组的研究结果显示，水稻平均草谷比值为 1.05，小麦平均草谷比值为 1.07。张福春等（1990）全面分析了全国 300 多个农业气象试验站各种作物的收获数据，首次系统地计算了我国各地各种作物的草谷比，结果显示中稻的草谷比值为 1.31，冬小麦的草谷比值为 1.77。黄春（2014）等研究指出水稻草谷比值为 0.85，而小麦的草谷比值为 1.16。谢光辉等（2011）通过比较已发表的大田试验数据，发现水稻的草谷比值在 0.85～1.33之间波动，小麦的草谷比值在 1.00～1.38 范围内波动。笔者课题组的研究结果处于目前全国平均值范围之内，要远低于张福春等（1990）统计的数据，原因可能是随着育种水平和栽培技术的发展，粮食作物的收获指数在加大，草谷比值不断降低。王志敏和方保停（2009）也有同样的结论。因此，生物产量已成为影响水稻（吴桂成等，2010）和小麦（Shearman et al.，2005）籽粒产量的主要因素。

笔者课题组的研究结果表明，保护性耕作措施并没有影响作物的根系生物量（见表 4－1、表 4－2）。而研究者普遍认为，根系更有可能集中于土壤表层，原因是土壤表层富含水分和养分（Lynch，2011）。耕作对根系分布的影响，主要表现在免耕逐渐增加表层土壤的机械阻抗，限制了根系在土壤剖面上的分布和根系向下发展（Mosaddeghi et al.，2009）。也有研究表明，单一免耕栽培下作物根系的表面积、根长、体积、根尖数均显著低于翻耕栽培（邱红波等，2011；梁建斌等，2006）。但是免耕秸秆覆盖，由于具明显的保水、保肥、保墒作用，其下层根含量明显多于传统耕作（罗守德等，1993）。冯福学等（2009）认为耕作措施和秸秆还田交互作用增加了小麦根系生物量，主要原因是保护性耕作土层结构未受扰动，免耕下更多有效的连续性孔隙有利于根系向下生长，同时表层秸秆覆盖有效抑制了水分蒸发，有利于根系的生长。Lampurlanés et al.（2001）认为免耕下土壤孔隙中更多和更深的土壤水分会导致更高的根系生物量。因此，保护性耕作对作物根系生物量的影响的研究还存在较大的争论，作物生物量的影响因素除了人为管理因素外，气候因子（如温度、水分、光照等）和土壤因子（土壤物理、化学、生物性质）等也应该加以考虑。

作物碳固定对了解作物同化物质转运、评价生态系统碳平衡等都具有重要意义。作物碳固定量与作物的生产力相关，品种、施肥、耕作、土壤条件都会影响到作物的生产力，因此提高作物固碳量以减少大气 CO_2 浓度有巨大的潜力（展茗，2009）。作物的固碳量不仅与作物的生物量有关，也与作物各器官的含碳量有关。多数研究者认为耕作方式或者秸秆还田并不会改变作物各器官的含碳量（李成芳等，2011；展茗，2009；裴鹏刚等，2014），主要原因是作物器官含碳量是一个相对稳定的指标，与水稻品种的特性有关，很难受到农业管理措施的影响。但是有关保护性耕作对植株碳固定的影响研究并不一致，免耕和秸秆还田增加或者减少作物碳固定的研究都有报道。例如，李成芳等（2011）认为秸秆还田降低了水稻固碳量，且随着秸秆还田量的增加，水稻固碳量随之降低。而裴鹏刚等（2014）则认为秸秆还田在一定程度上促进了水稻植株固碳，主要是由于秸秆还田提高了水稻生育前期植株营养器官和生育后期生殖器官的固碳量。究其原因，他们的研究中保护性耕作措施对作物生物量均有显著的影响，因此影响了作物的碳固定。而在笔者课题组研究中水稻和小麦各器官生物量与含碳量均没有明显差异，因此固碳量也没有显著差异（表 4－3、表 4－4）。

表 4-3 保护性耕作条件下水稻固碳量的变化

年份	处理	籽粒固碳量 (kg/hm²)	秸秆固碳量 (kg/hm²)	地上部分固碳量 (kg/hm²)	地下部分固碳量 (kg/hm²)	总固碳量 (kg/hm²)
2012	CTNS	4 663	4 508	9 171	845	10 016
	CTS	5 106	4 810	9 916	917	10 833
	NTNS	4 832	4 480	9 312	878	10 189
	NTS	4 730	4 546	9 276	844	10 121
	ANOVA					
	T	ns	ns	ns	ns	ns
	S	ns	ns	ns	ns	ns
	T×S	ns	ns	ns	ns	ns
2013	CTNS	4 601	4 558	9 159	870	10 029
	CTS	4 633	4 604	9 237	911	10 148
	NTNS	4 592	4 629	9 221	895	10 116
	NTS	5 056	4 920	9 976	933	10 909
	ANOVA					
	T	ns	ns	ns	ns	ns
	S	ns	ns	ns	ns	ns
	T×S	ns	ns	ns	ns	ns

表 4-4 保护性耕作条件下小麦固碳量的变化

年份	处理	籽粒固碳量 (kg/hm²)	秸秆固碳量 (kg/hm²)	地上部分固碳量 (kg/hm²)	地下部分固碳量 (kg/hm²)	总固碳量 (kg/hm²)
2012—2013	CTNS	2 264	2 195	4 459	822	5 281
	CTS	2 531	2 415	4 946	871	5 817
	NTNS	2 355	2 385	4 740	913	5 653
	NTS	2 485	2 382	4 867	935	5 802
	ANOVA					
	T	ns	ns	ns	ns	ns
	S	ns	ns	ns	ns	ns
	T×S	ns	ns	ns	ns	ns
2013—2014	CTNS	2 932	2 782	5 714	1 166	6 880
	CTS	2 975	2 749	5 724	1 096	6 820
	NTNS	3 057	2 845	5 902	1 149	7 051
	NTS	2 969	2 700	5 669	1 059	6 728
	ANOVA					
	T	ns	ns	ns	ns	ns
	S	ns	ns	ns	ns	ns
	T×S	ns	ns	ns	ns	ns

二、保护性耕作对土壤碳库的影响

陆地生态系统中最大的碳库是土壤碳库，虽然其周转缓慢，但是土壤碳库微小的变化都会引起全球温室气体剧烈的变动（Martin and Markus，2008）。根据土壤有机碳的周转速率，也就是有机碳的稳定性分类，可将土壤有机碳库分为：①活性有机碳库，包含易分解的有机物质，如植物残体和植物残体分解产生的初级产物、微生物代谢的多糖等，微生物生物体也属于易分解有机碳。②惰性有机碳，包括难以分解的有机质以及与黏粒结合形成的有机无机复合体，即腐殖质。土壤活性有机碳库虽然只占土壤总有机碳（TOC）中的很少一部分，但是由于活性有机碳库易被微生物利用，周转快，能够直接影响土壤温室气体排放。此外，土壤有机碳库不仅影响了全球气候变化，同时也反映了土壤长期的生产能力（刘淑霞等，2003）。研究表明，土壤有机碳含量与土壤肥力以及作物生产能力均有显著的相关关系（刘淑霞等，2003）。因此，对土壤有机碳库的研究不仅能够明确土壤有机碳库周转与温室气体的关系，也关系到土壤可持续的生产能力。虽然很多研究者关注了保护性耕作对土壤碳库的影响（Vieira et al.，2007；Bayer et al.，2000、2002；Li et al.，2012），但是关于保护性耕作对稻麦系统土壤有机碳库的研究较少。因此，探明保护性耕作下稻麦系统土壤不同组分有机碳的动态、土壤 TOC 变化与固碳潜力以及碳库管理指数，可为保护性耕作在华中地区稻麦系统推广提供理论依据。

（一）保护性耕作对土壤团聚体有机碳分配的影响

尽管免耕增加了土壤 1～2 mm 团聚体组分的含量（表 4－5），但是在小麦收获后，免耕并没有增加土壤 1～2 mm 团聚体组分有机碳的分配。同样，2 年 4 季的翻耕之后，也并没有发现翻耕降低土壤大团聚体的有机碳分配。尽管前人的研究认为免耕显著增加土壤大团聚体有机碳含量与碳储量（唐晓红等，2007；李景等，2015），但是这些研究都是长期的免耕翻耕的定位试验的研究结果。关于长期翻耕后转化为免耕或者长期免耕转化为翻耕的研究较少。笔者课题组相关试验结果表明，短期耕作措施改变并不会影响土壤团聚体有机碳的分配。

表 4－5　保护性耕作对土壤团聚体有机碳分配的影响

单位：%

处理	2～1 mm	1～0.25 mm	0.25～0.053 mm	<0.053 mm
CTNS	23.5	48.7	18.9	8.82
CTS	24.8	50.2	18.3	6.70
NTNS	24.6	49.7	18.9	6.86
NTS	26.6	48.7	18.9	5.69
ANOVA				
T	ns	ns	ns	ns
S	*	ns	ns	ns
T×S	ns	ns	ns	ns

秸秆还田显著增加了土壤大团聚体有机碳的分配，一方面与秸秆还田后大团聚体含量增加有关，另一方面秸秆还田使更多的有机碳进入大团聚体中，这可能是秸秆还田后有机碳含量增加的一个机制。

（二）保护性耕作对土壤 MBC 含量的影响

由表 4－6 可以看出，保护性耕作对微生物生物量碳（MBC）含量在第 1 年并没有影响。保护性耕作一方面通过影响土壤有机碳的矿化影响微生物的活性，进而影响土壤 MBC 的含量；另一方面土壤 MBC 含量与土壤有机碳含量显著正相关。保护性耕作通过影响土壤有机碳水平，影响了土壤 MBC 的含量。有研究认为，常规翻耕强烈搅动了土壤，使土壤团聚体破坏，加速了有机碳的矿化（Six et al.，2000、2002），使土壤表层微生物活性增强，增加了土壤表层 MBC 含量（关振寰，2013）。但是也有研究认为，免耕显著增加了土壤表层有机碳含量（Mccarty et al.，1998；Six et al.，2000），增加了土壤微生物活动的底物，有利于微生物的繁殖，增加了土壤 MBC 含量（康轩等，2010）。笔者课题组在 2013 年稻季以及 2013—2014 年麦季的研究发现，免耕下具有更高的有机碳含量（表 4－6）。此外，Guo et al.（2015）认为短期的免耕（2 季）并不会增加土壤可溶性有机碳（DOC）含量，其原因是短期免耕并没有改变土壤有机碳的含量。因此我们并没有发现在 2012 年稻季、2012—2013 年麦季，免耕并没有增加土壤 MBC 的含量。秸秆还田增加了土壤中外源碳，增加了微生物生长繁殖所需的碳源，提高了土壤微生物活性，增加了微生物生物量，增加了 MBC 的含量。因此，笔者课题组在 2013 年稻季以及 2013—2014 年麦季发现，秸秆还田增加了 MBC 的含量。但是在 2012 年稻季、2012—2013 年麦季秸秆还田并没有影响土壤 MBC 的含量。王丹丹等（2013）也有类似的研究结果，他们发现短期的秸秆还田（1 年）并没有增加土壤 MBC 含量，但是有增加 MBC 的趋势，其原因可能和种植制度、土壤类型以及耕作年限有关（王丹丹等，2013）。

表 4－6　保护性耕作对 0～5 cm 土壤 MBC 的影响

单位：mg/kg

处理	2012 年稻季	2012—2013 年麦季	2013 年稻季	2013—2014 年麦季
CTNS	1 039	877	876	1 846
CTS	995	941	1 079	2 366
NTNS	903	1 010	1 227	2 024
NTS	982	1 128	1 384	2 657
ANOVA				
T	ns	ns	**	**
S	ns	ns	**	**
T×S	ns	ns	ns	**

（三）保护性耕作对土壤 EOC 含量的影响

笔者课题组研究发现保护性耕作并没有影响土壤 5～10 cm 和 10～20 cm 土层易氧化态碳（EOC）（表 4－7），这与 Li et al.（2012）的研究结果相似。3 年油—稻保护性耕作对土壤活性有机碳组分的研究表明，短期的保护性耕作仅影响了土壤0～5 cm土层的活性有机碳组分，包括EOC含量。

耕作方式与秸秆还田均显著影响了土壤表层的低活性EOC组分（见表4-7），免耕增加了土壤表层低活性EOC组分。原因可能是，一方面免耕保护了土壤团聚体，减缓了土壤大团聚体的周转，增加了土壤大团聚体内团聚体的形成（Six et al.，2000、2002），能够将相当一部分土壤活性有机碳固存在土壤团聚体中，因此增加了土壤EOC的含量；另一方面，免耕下更多的前茬作物残留物遗留在土壤表面（Li et al.，2012），这部分残留物一部分在微生物的作用下降解形成活性有机碳，增加了土壤EOC的含量。秸秆还田也增加了土壤EOC含量，这与前人的研究结果相似（Vieira et al.，2007；Bayer et al.，2000、2002；Li et al.，2012）。Bayer et al.（2002）认为，作物系统中高的碳输入量决定了土壤中低活性EOC的含量。

表4-7 保护性耕作对不同土层EOC组分含量的影响

单位：g/kg

处理	0～5 cm			5～10 cm			10～20 cm		
	F1	F2	F3	F1	F2	F3	F1	F2	F3
CTNS	1.96	0.98	0.66	1.37	0.99	0.48	1.18	0.88	0.52
CTS	2.10	1.29	0.62	1.36	0.83	0.70	0.99	0.72	0.48
NTNS	2.25	1.09	0.64	1.45	1.02	0.48	1.15	0.59	0.53
NTS	2.37	1.32	0.68	1.31	0.94	0.47	1.00	0.68	0.46
ANOVA									
T	**	ns	ns	ns	ns	ns	ns	ns	ns
S	**	*	ns	ns	ns	ns	ns	ns	ns
T×S	ns	ns	ns	ns	ns	ns	ns	ns	ns

（四）保护性耕作对土壤TOC含量的影响

相关研究结果表明，保护性耕作显著地影响了土壤表层总有机碳（TOC）(表4-8)。免耕增加了土壤0～5 cm土层TOC。翻耕搅动了土壤表层，破坏了土壤团聚体结构，而免耕减少了对土壤的搅动，减少了对土壤团聚体的破坏，使更多的土壤有机碳保护在土壤团聚体中避免了微生物的分解（Six et al.，2000、2002）。Mccarty et al.（1998）也有类似的研究结果，他们认为，翻耕转化为免耕，3年后土壤表层（0～5 cm）TOC显著增加了38%。但是，免耕并没有影响耕层土壤的TOC。一个可能的原因是免耕条件下更多的作物残茬留在土壤表面，而翻耕条件下这些残茬更多地进入土壤更深的剖面（Li et al.，2012）。因此，这个过程可能导致免耕对土壤耕层有机碳的影响减弱。同样，Liang et al.（2007）认为短期的免耕措施下土壤TOC的含量并不会出现明显的差异。他们认为免耕持续的时间可能是对耕层土壤TOC影响最大的因子（Kay and Van den Bygaart，2002；West and Post，2002）。Kay and Van den Bygaart（2002）认为耕作对土壤TOC含量的影响最少在15年后才会出现。

秸秆还田同样增加了土壤表层TOC，导致土壤有机碳显著增加（Tian et al.，2015）。

Choudhury et al.（2014）认为秸秆还田改善了土壤团聚体结构有利于土壤有机碳的稳定，增加了土壤耕层（0～20 cm）TOC。Van Groenigen et al.（2010）认为秸秆还田显著增加了土壤0～30 cm土层的有机碳含量。这与笔者课题组的研究结果不同，笔者课题组的研究结果表明，秸秆还田并没有增加土壤10～20 cm土层的TOC。产生不同的研究结果的原因可能是，秸秆还田需要一个长期的过程（>5年）才能使耕层土壤TOC发生变化，因为TOC具有较低的周转速率和巨大的有机碳库存（West and Post，2002）。笔者课题组的研究结果同样表明，秸秆还田的第一年并没有增加0～5 cm土层的TOC，相反增加了5～10 cm土层的TOC。原因可能是，一方面秸秆进入土壤之后能够以有机碳的形式固定下来；另一方面，新鲜的碳的加入可能会激发土壤有机碳的损失。Ye et al.（2015）认为新鲜秸秆进入土壤之后会激发土壤原有有机碳的矿化，这种现象称为激发效应。因此，秸秆还田第一年秸秆对土壤表层的固碳效应可能被其激发效应所抵消，因此并没有增加土壤表层TOC的含量。

表4-8　保护性耕作对土壤TOC含量的影响

单位：g/kg

处理	不同土层TOC		
	0～5 cm	5～10 cm	10～20 cm
CTNS	19.6	18.3	15.8
CTS	21.4	19.9	15.4
NTNS	20.6	18.3	15.6
NTS	21.8	20.2	15.9
ANOVA			
T	*	ns	ns
S	*	*	ns
T×S	ns	ns	ns

（五）保护性耕作对土壤CMI的影响

碳库管理指数（CMI）已经越来越多地用来指示农业土地利用下的土壤管理措施，能够用来揭示土壤有机碳对环境和管理措施的响应，同时为评价土壤肥力提供土壤有机碳数量和质量上的参考（Wang et al.，2015）。研究表明，短期的保护性耕作对土壤质量的改善仅仅表现在0～5 cm土层，对5 cm以下土层并没有显著影响（Li et al.，2012）。因此在笔者课题组的研究中，保护性耕作并没有影响到0～10 cm以及10～20 cm土层的碳库管理指数（表4-9）。秸秆还田直接将高碳源加入土壤而免耕条件下将更多的作物残茬保留在土壤表面，因此导致了土壤活性有机碳的富集。保护性耕作显著增加了碳库管理指数。笔者课题组的研究结果表明，与传统耕作相比，保护性耕作的应用有利于改善表层土壤的质量。但秸秆还田并没有影响土壤碳库活度（I）与碳库活度指数（AI），说明秸秆还田虽然增加了土壤表层EOC和TOC的含量，但是并没有增加EOC在土壤TOC中的比例。说明碳库活度和碳库活度指数对于秸秆还田并不敏感。免耕和秸秆还田下更高的碳库管理指数表明免耕和秸秆还田能够为土壤提供更多的养分库存供作物生长，说明免耕与秸秆还田有提高作物产量的潜力。但是，作物产量与很多其他因素有关，土壤养分供应只是其中之一。此外，土壤质量的提高也很难在短时间内反映为产量的提高。对保护性耕作下土壤碳库管理指数更长时间的定位观察是很有必要的。

表 4-9　保护性耕作对土壤碳库管理指数的影响

土层	处理	土壤碳库管理指数			
		A	AI	CPI	CMI
0～5 cm	CT0	0.11	1.00	1.00	100
	CT3	0.11	0.98	1.09	107
	NT0	0.12	1.12	1.04	116
	NT3	0.12	1.10	1.11	122
	ANOVA				
	T	*	**	**	*
	S	ns	ns	*	**
	T×S	ns	ns	ns	*
5～10 cm	CT0	0.08	1.00	1.00	100
	CT3	0.07	0.91	1.09	99
	NT0	0.09	1.07	1.00	106
	NT3	0.07	0.86	1.10	95
	ANOVA				
	T	ns	ns	ns	ns
	S	ns	ns	ns	ns
	T×S	ns	ns	ns	ns
10～20 cm	CT0	0.08	1.00	1.00	100
	CT3	0.07	0.85	0.97	82
	NT0	0.08	0.98	0.99	97
	NT3	0.07	0.83	1.01	83
	ANOVA	ns	ns	ns	ns
	T	ns	ns	ns	ns
	S	ns	ns	ns	ns
	T×S	ns	ns	ns	ns

注　A：碳库活度；AI：碳库活度指数；CPI：碳度指数；CMI：碳库管理指数。

三、保护性耕作对温室气体排放的影响

农业土壤约占地表面积的 37%，但是却贡献了 52%和 84%的全球人为 CH_4 和 N_2O 的排放（Smith et al.，2008）。虽然农业土壤被认为是 CO_2 的源和汇，其净排放较低，但是农田土壤 CO_2 排放对全球碳循环起着至关重要的作用。因此，农业在全球温室气体预算中占有重要的地位。从 20 世纪 70 年代开始，研究者开始关注农业温室气体排放，对

CH_4、CO_2 和 N_2O 的排放过程、排放机制、影响因素等做了大量的研究，但是以往的研究大多集中于研究某种农业管理措施下某种温室气体的排放，而对于不同质地条件下温室气体排放的研究较少，尤其是缺乏保护性耕作对不同质地土壤温室气体排放影响的研究。但已有研究表明，土壤质地是影响土壤温室气体排放的重要因素之一。同时前人关于保护性耕作对温室气体排放影响的研究多集中在稻季，很少有研究是为了探明保护性耕作对稻麦系统温室气体排放的影响。因此，对在不同土壤质地下保护性耕作对土壤温室气体排放进行研究，可以为农田温室气体减排提供理论依据。

（一）保护性耕作对 CO_2 排放的影响

土壤 CO_2 排放是一系列的复杂的生物化学过程的结果，与气候因子（温度和降水）、植物因子（叶面积和根生物量）和土壤因子（有机碳和全氮）密切相关（Raich and Tufekcioglu，2000；Kreba et al.，2013；陈书涛等，2012），同时受到耕作、施肥、灌水等农田管理措施的影响。Luo（2006）认为气候因子（如温度、降水）的年际变化、作物生理生态的年际变化与土壤养分可利用性的年际变化共同驱动了土壤 CO_2 排放的年际变化。因此，土壤 CO_2 排放在不同植被类型、不同气候条件、不同土壤性质下都有较大的时间异质性。同时在相同植被不同的气候条件（Edwards and Ross－Todd，1979）、相同的气候条件不同的土壤性质（Tang and Bldocchi，2005），甚至一个区域内部土壤湿度和土壤温度的不同都能导致土壤 CO_2 排放的差异（Maestre and Cortina，2003），所以土壤 CO_2 排放同样具有较大的空间异质性（Schwen et al.，2015）。综上所述，不同季节、不同试验点 CO_2 通量有较大的变异，表现出明显的时间和空间的异质性。

翻耕强烈搅动了土壤，破坏了土壤的物理结构，使原本保护在团聚体中的有机碳释放出来（Six et al.，2000）。同时翻耕通过影响底物的有效性和微环境影响土壤 CO_2 排放（Plaza－Bonilla et al.，2014）。例如，翻耕将作物残留物混入土壤，因此增加了含碳底物与土壤颗粒的接触，获得更好的水分和养分条件（Balesdent et al.，2000）。较高的土壤有机碳的损失和更高的微生物分解活性是翻耕增加了 CO_2 排放的主要原因。因此，在麦季和稻季，翻耕相对于免耕具有更高的 CO_2 排放（表 4－10、表 4－11）。但是耕作对于土壤物理和生物化学性质的影响在最初的几年很难出现（Jacinthe and Dick，1997）。

不同土壤背景下 CO_2 排放结果有所差异，但在沙质壤土背景下麦季并没有发现翻耕和免耕下 CO_2 排放的差异（见表 4－10、表 4－11）。Hendrix et al.（1988）在美国佐治亚州的高粱轮作试验研究表明，免耕下 CO_2 排放比翻耕下略高一点，但不显著，与预想的翻耕会极大刺激 CO_2 排放相反。Mosier et al.（2006）在连续玉米和玉米—大豆的轮作系统中发现免耕并没有显著地降低土壤 CO_2 排放。Ellert et al.（1999）和 Franzluebbers et al.（1995）也有类似的结果。此外，还有一些研究者认为免耕比翻耕产生更多的 CO_2 排放（Plaza－Bonilla et al.，2014）。这些不同的研究结果多来源于旱地，免耕下更高的 CO_2 排放可能与土壤呼吸及矿化过程的增强有关。在黏壤与重黏壤下，旱地土壤免耕处理能够有更好的土壤水分条件，因此导致免耕下微生物活性与酶活性更高（Plaza－Bonilla et al.，2014；Madejón et al.，2009）。Calderon and Jackson（2002）认为耕作只在 9 d 内显著增加土壤 CO_2 排放，但是耕作的影响随后立即被水分等其他因素所掩盖。因此，在黏质壤土背景下，耕作虽然短时间内由于更多的有机碳释放导致 CO_2 排放增加，但是很快翻耕后有机碳释放对 CO_2 排放增加的效应，可能被翻耕下较差的土壤水分条件导致的微生物活性降低所抵消。因此，在黏质壤土背景的试验点麦季并没有发现翻耕下 CO_2 排放显著增加。在沙质壤土下，结果正好相反，较好的土壤渗透性使旱季翻耕、免耕下土壤水分条件并没有差异，因此在沙质壤土试验点发现麦季翻耕具有更高的 CO_2 排放。

秸秆还田对 CO_2 排放的影响在不同试验点和不同年限均表现为，秸秆还田增加了土壤 CO_2 排放。相同的结果已经被 Zou et al.（2005）、Iqbal et al.（2009）以及 Guo et al.（2009）所报道。Zou et al.（2005）认为秸秆还田能够显著地提高微生物对土壤有机碳的转化和分解，从而增加土壤 CO_2 排放。原因可能是一半以上的土壤 CO_2 排放来源于异养呼吸（Schuur and Trumbore，2006），而这个过程主要为微生物的分解作用。秸秆还田为土壤直接提供了大量的碳、氮底物供微生物利用，由于强烈地刺激了土壤微生物的活性，因此迅速增加了土壤呼吸的速率。Trumbore（2000）认为土壤 CO_2 排放取决于土壤中的新投入的碳，而秸秆还田毫无疑问增加了土壤中新投入的碳，因此增加了土壤 CO_2 排放。

（二）保护性耕作对 CH_4 排放的影响

一般认为耕作影响了 CH_4 排放（Hütsch，1998；Liu et al.，2006；Zhang et al.，2015b），主要原因是 CH_4 氧化菌的活性主要集中于土壤表层（Hütsch，1998），长期耕作显著地抑制了土壤 CH_4 氧化菌的活性（Prieme and Christensen，1997）。同时 CT 强烈地破坏了土壤表层的土壤结构，降低了土壤透气性（Ussiri et al.，2009），不仅抑制了土壤 CH_4 氧化菌的活性，同时限制了 CH_4 与氧气的接触。因此，翻耕降低了 CH_4 的氧化（Liu et al.，2006）及随后的 CH_4 的吸收（Prieme and Christensen，1997）。笔者课题组发现，在沙质壤土试验点麦季和稻季，与翻耕相比，免耕具有更低的 CH_4 排放（见表 4-10、表 4-11）。这个结果与 Ahmad et al.（2009）和 Li et al.（2013）的研究结果不同，他们认为翻耕下 CH_4 排放比免耕要低。产生不同结果的原因可能是由于免耕时间的长短不同。在 Ahmad et al.（2009）和 Li et al.（2013）的研究中，试验地都经过了 3 年以上的免耕，而在笔者课题组的研究中，第 1 年稻季，沙质壤土试验点的免耕只有半年，因此在第 1 年稻季免耕下 CH_4 氧化菌的活性很难在短时间内恢复。Jacinthe and Dick（1997）认为耕作方式对土壤物理和生物化学性质的影响在最初的几年很难出现。但是，笔者课题组的研究结果表明，黏质壤土试验点并没有观察到免耕下更低的 CH_4 排放，与沙质壤土试验点的研究结果不同。产生不同研究结果的主要原因可能与土壤质地有关，也可能与免耕持续的时间有关。在沙质壤土试验点的土壤质地为沙质，土壤透气性较好，而在黏质壤土试验点土壤质地为黏质，土壤透气性一般。耕作方式并没有影响黏质壤土下的土壤透气性，因此免耕和翻耕下土壤氧气供应没有差异。同时黏质壤土试验点经过了 20 年以上的免耕，土壤有机碳稳定性更好，可能短期内翻耕对土壤物理和生物化学性质很难产生影响（Jacinthe and Dick，1997）。因此，耕作方式并没有影响黏质壤土试验点的 CH_4 排放。

研究结果表明，秸秆还田显著增加了土壤 CH_4 排放，这与其他研究者在水田和旱地的研究结果一致（Wassmann，2000；Zou et al.，2005；Naser et al.，2007；Yao et al.，2013）。Wu et al.（2010）通过培养试验研究了添加不同 C/N 比值的秸秆对 CH_4 排放的影响，结果表明，不论秸秆 C/N 比值如何，所有的秸秆添加均会增加 CH_4 排放。但是也有研究者认为秸秆还田并没有增加 CH_4 排放（秦晓波等，2012），甚至 CH_4 排放反而降低（白小琳等，2010）。他们认为秸秆覆盖的情况下，表层秸秆阻碍了 CH_4 向大气的释放，因此增加了 CH_4 在土壤表层的氧化。同时秸秆覆盖阻挡了太阳辐射，降低了土壤温度，导致更少的 CH_4 产生。但是，秸秆还田毫无疑问的为土壤中的微生物提供了大量的活性有机物质，为 CH_4 的产生提供了丰富的底物，增加了土壤 CH_4 排放（Zou et al.，2005；Naser et al.，2007）。同时秸秆分解过程加剧了土壤的厌氧条件（Bayer et al.，2014），导致 CH_4 氧化活性被抑制，降低了 CH_4 的吸收。笔者课题组的研究表明，秸秆还田与耕作方式的交互作用对 CH_4 的排放并没有影响，Zhang et al.（2015a）有类似的结果，认为耕作方式和秸秆还田均显著影响了 CH_4 排放，但是耕作方式与秸秆还田的交互作用并没有影响 CH_4 排放。笔者课题组的研究结果同时表明，秸秆还田对 CH_4 排放的影响在不同耕作方式下并没有差异。但是 Ma et al.（2009）认为，免耕秸秆条形覆盖（0.25 m 宽，0.1 m 高）与翻耕秸秆混合条件下 CH_4 排放有显著的差异。不同的研究结果主要是由于不同的管水方式与秸秆覆盖方式。在 Ma et al.（2009）的研究中，采用的是持续淹灌保持 4 cm 的明水，加剧了耕层的厌氧环境，增加了耕层产生 CH_4 菌的活性（Sanchis et al.，2012）。同时，条形覆盖下表层的覆盖秸秆暴露在空气中，导致产生 CH_4 菌活性降低（Ma et al.，2009）。因此，在 Ma et al.（2009）的研究中，混入土壤的秸秆与条形覆盖在表面的秸秆处于不同产生 CH_4 菌活性的环境下，因此 CH_4 排放有差异。但是在笔者课题组的研究中，间歇灌溉增加了土壤通气性和土壤氧化还原电位（Wang et al.，1999），导致免耕下均匀覆盖的秸秆与混合到土壤内的秸秆具有相同的氧气环境，因此免耕下秸秆覆盖与翻耕秸秆混合下 CH_4 排放并没有显著差异。

（三）保护性耕作对 N_2O 排放的影响

施肥是影响土壤氮（N）素循环过程中最重要的人为干扰之一（Kessel et al.，2013）。在施肥之前土壤中有效氮的来源为土壤中植物残体的矿化，使土壤中的有效氮长期维持在一个低的水平，而肥料的施入短时间内为土壤提供了大量的有效氮。大量有效氮短时间内很难全部被植物所吸收，导致这部分氮有相当一部分以 N_2O 的形式进入大气中（Xue et al.，2013）。

耕作通过影响土壤性质如水分含量、温度与透气性等影响 N_2O 排放（Flechard et al.，2007）。一般研究者认为，免耕一定程度上增加了 N_2O 排放（Ball et al.，1999），原因可能是免耕下具有更高的表层土壤容重，因此降低了土壤通透性，导致土壤厌氧条件和表层土壤的反硝化潜力增加（Palma et al.，1997，Flechard et al.，2007），也有可能是由于免耕提高了土壤表面微生物活性（Guo et al.，2015），加速了硝化与反硝化过程（Li and Lang，2014）。在笔者课题组的研究中，稻季与麦季翻耕和免耕条件下 N_2O 排放均没有显著差异（见表 4－10、表 4－11）。Rochette et al.（2008）同样认为耕作方式并没有影响 N_2O 排放。不同的研究结果可能是气候和作物系统差异引起的（Zhang et al.，2013），也可能与土壤质地有关。Abdalla et al.（2010）对免耕对 N_2O 排放的影响做了一个全面综述，发现土壤质地调控了免耕对 N_2O 排放的影响。Rochette（2008）指出，免耕增加重黏壤下的 N_2O 排放，但是在中等和较好的通气条件下，免耕和翻耕条件下 N_2O 排放并没有差异。在笔者课题组的研究中，沙质壤土试验点和黏质壤土试验点，在较好的通气条件下免耕和翻耕 N_2O 排放并没有差异。

表 4-10　耕作方式与秸秆还田对 CO_2、CH_4 和 N_2O 累积排放量的影响（沙质壤土）

单位：kg/hm^2

处理	稻季			麦季			全年		
	CO_2-C	CH_4-C	N_2O-N	CO_2-C	CH_4-C	N_2O-N	CO_2-C	CH_4-C	N_2O-N
CTNS	3 701	450	1.65	4 817	4.39	2.04	8 519	454	3.74
CTS	4 633	603	1.50	6 848	13.6	2.24	11 480	617	3.45
NTNS	3 121	420	1.37	4 794	3.12	2.01	7 915	423	2.99
NTS	4 715	556	1.56	6 081	11.2	1.67	10 796	567	3.25
ANOVA									
T	*	*	ns	*	*	ns	**	**	ns
S	**	*	ns	**	**	ns	**	**	ns
T×S	ns	ns	ns	*	ns	ns	ns	ns	ns

表 4-11　耕作方式与秸秆还田对 CO_2、CH_4 和 N_2O 累积排放量的影响（黏质壤土）

单位：kg/hm^2

处理	稻季			麦季			全年		
	CO_2-C	CH_4-C	N_2O-N	CO_2-C	CH_4-C	N_2O-N	CO_2-C	CH_4-C	N_2O-N
CTNS	4 833	357	0.99	3 982	4.04	2.14	8 815	361	3.33
CTS	6 503	484	1.11	4 989	12.0	2.08	11 492	496	3.16
NTNS	3 734	334	0.91	3 799	3.61	2.59	7 532	337	3.33
NTS	5 557	458	1.11	4 525	9.25	2.33	10 081	467	3.34
ANOVA									
T	**	ns	ns	ns	ns	ns	**	ns	ns
S	**	**	ns	**	**	ns	**	**	ns
T×S	ns	ns	ns	ns	ns	ns	ns	ns	ns

秸秆还田通过直接为硝化与反硝化作用提供 C、N 底物来影响 N_2O 排放（Rizhiya et al.，2007）。但是，在笔者课题组的研究中 N_2O 排放并没有受到秸秆还田的影响，可能与秸秆 C/N 比值较高有关（水稻 46、小麦 71）。秸秆的 C/N 比值与 N_2O 排放有显著的相关关系（Heal et al.，1997；Mosier et al.，1998；Shan and Yan，2013）。秸秆 C/N 比值的变化直接影响了土壤微生物过程以及 N_2O 的产生（Mosier et al.，1998）。高 C/N 比值的秸秆施入土壤会使秸秆降解过程中土壤活性氮被固定下来，导致 N_2O 排放减少（Shan and Yan，2013）。与之相反的是，低 C/N 比值的秸秆进入土壤导致其较高的矿化速率以及硝化与反硝化潜力，同时释放大量的 N 素进入土壤（Baggs et al.，2003），增加了土壤 N_2O 排放。Heal et al.（1997）指出，在 C/N 比值小于 20 时分解较快，秸秆矿化过程中释放大量矿物氮。当秸秆 C/N 比值高于 75 时，秸秆不容易降解，刺激了土壤活性氮的净固定，因此减少了 N_2O 产生的含 N 底物，降低了 N_2O 排放。在笔者课题组研究中，秸秆 C/N 比值大于 20 小于 75，在秸秆施用后作物生长的前期氮的固定通常较高，然而随着秸

秆分解过程中秸秆 C/N 比值逐渐降低，氮固定速率逐渐减缓。当总固定降到总矿化水平以下，开始出现净矿化并且对 N_2O 排放的抑制效果减缓，就可能导致秸秆还田与不还田下 N_2O 排放并没有显著差异。

（四）保护性耕作对 GWP 的影响

前人的研究表明，保护性耕作显著影响到农田土壤 CO_2、CH_4 和 N_2O 排放（Liu et al.，2006）。很多研究者也关注了稻麦系统的温室气体排放（Zhang et al.，2015a、2015b），但是这些研究多关注稻麦系统 CH_4 和 N_2O 的排放，很少有研究者关注保护性耕作对稻麦系统 3 种主要温室气体（CO_2、CH_4 和 N_2O）的影响。表 4-12 表明沙质壤土试验点和黏质壤土试验点全年全球变温潜值（GWP）分别在 47 354～68 341 kg（CO_2-eq）/hm^2 和 42 588～63 307 kg（CO_2-eq）/hm^2 之间。Grace et al.（2003）在印度平原稻麦系统中计算得出年 GWP 在 12 818～26 169 kg（CO_2-eq）/hm^2 之间。Zhang et al.（2015a）在江苏稻麦两熟区的研究结果表明，稻麦系统的 GWP 在 3 893～10 108 kg（CO_2-eq）/hm^2 之间。Zhang et al.（2015b）在苏州地区的稻麦系统中的研究表明，稻麦系统年 GWP 在 3 480～4 670 kg（CO_2-eq）/hm^2。笔者课题组的研究结果比 Grace et al.（2003）、Zhang et al.（2015a、2015b）均要高，主要是因为 Grace et al.（2003）和 Zhang et al.（2015a、2015b）的研究中均只考虑了 CH_4 和 N_2O 排放，而笔者课题组的研究将 CO_2 的排放纳入了 GWP 的计算。如果不考虑 CO_2 排放，研究结果将与 Grace et al.（2003）的研究一致。免耕显著降低了稻麦系统 GWP，而秸秆还田显著地增加了稻麦系统 GWP。Zhang et al.（2015a）有类似的结果，认为翻耕增加了稻麦系统 GWP 25.8%～31.9%，而秸秆还田增加了稻麦系统 GWP 71.3%～79.6%。笔者课题组的结果表明，免耕有利于减缓农田温室气体排放，但是秸秆还田无论是在免耕和翻耕下对温室效应都有加剧的作用（表 4-13）。笔者课题组还发现稻麦系统中 N_2O 排放仅占全部 GWP 的 1%～2%。因此通过合理施氮调控 CO_2 和 CH_4 排放具有很大的潜力。稻麦系统中对 GWP 的主要贡献者为 CO_2 排放和 CH_4 排放，其中稻季 CH_4 排放占到了全年 CH_4 排放的 90%以上。秸秆还田后稻田 CH_4 排放的增加是一项重要的温室气体泄漏，未来的研究应该更加关注于减少稻田秸秆还田带来的 CH_4 的排放。

表 4-12　保护性耕作对 GWP 的影响

单位：kg（CO_2-eq）/hm^2

处理	沙质壤土			黏质壤土		
	稻季	麦季	全年	稻季	麦季	全年
CTNS	32 265	18 698	50 962 c	32 403	15 661	48 065 c
CTS	41 745	26 596	68 341 a	43 660	19 647	63 307 a
NTNS	28 806	18 548	47 354 d	27 427	15 161	42 588 c
NTS	40 195	23 446	63 641 b	39 147	17 942	57 089 b
ANOVA						
T	*	*	**	**	ns	**
S	**	**	**	**	**	**
T×S	ns	*	ns	ns	ns	ns

表 4-13　不同处理下 CO_2、CH_4 和 N_2O 对 GWP 的贡献

单位：%

土壤背景	处理	稻季			麦季			全年		
		CO_2-C	CH_4-C	N_2O-N	CO_2-C	CH_4-C	N_2O-N	CO_2-C	CH_4-C	N_2O-N
沙质壤土	CTNS	43.7	54.1	2.24	99.1	0.92	4.82	64.8	35.2	3.27
	CTS	42.3	56.1	1.58	98.0	1.98	3.68	64.6	35.4	2.23
	NTNS	41.3	56.6	2.08	99.3	0.66	4.77	64.8	35.2	2.81
	NTS	44.7	53.6	1.7	98.2	1.84	3.09	65.1	34.9	2.25
黏质壤土	CTNS	56.3	42.3	1.33	98.9	1.02	6.10	70.6	29.4	3.06
	CTS	56.3	42.6	1.1	97.6	2.38	4.67	69.5	30.5	2.2
	NTNS	51.6	46.9	1.44	99.0	0.96	7.74	68.7	31.3	3.49
	NTS	53.7	45.1	1.23	97.9	2.04	5.80	67.9	32.1	2.58

（五）保护性耕作对 GHGI 的影响

研究表明温室气体排放强度（GHGI）比 GWP 更能够反应农田管理措施对农艺和环境的综合影响（Zhang et al.，2015a）。免耕比翻耕具有更低的 GHGI，秸秆还田下免耕与翻耕均显著增加了 GHGI（表 4-14）。Zhang et al.（2015a）认为虽然秸秆还田可能导致季节矛盾以及人力和能源损失，但是与秸秆焚烧相比，秸秆还田能够避免更多的温室气体排放和对空气质量的影响。同时也发现秸秆还田能够提高土壤质量，虽然土壤质量的提升很难在短时间内表现为作物产量的提升，但是从长期的角度来看，秸秆还田仍然具有相当的增产潜力。要想获得与秸秆不还田差不多的 GHGI，秸秆还田后稻麦产量需要在现有的基础上提高 20%以上，达到 17 400 kg/hm^2以上，在华中地区这显然是很难达到的。因此认为在华中地区稻麦系统中免耕是能够既减缓温室效应又保障粮食安全的措施。

表 4-14　保护性耕作对 GHGI 的影响

单位：kg（CO_2-eq）/kg

处理	沙质壤土			黏质壤土		
	稻季	麦季	全年	稻季	麦季	全年
CTNS	3.71	3.30	3.55 c	3.73	3.08	3.47 b
CTS	4.77	4.65	4.72 a	4.58	3.55	4.20 a
NTNS	3.33	3.15	3.25 c	2.98	3.00	2.97 b
NTS	4.20	4.11	4.16 b	4.36	3.85	4.18 a
ANOVA						
T	*	ns	**	*	ns	ns
S	**	**	**	**	**	**
T×S	ns	ns	ns	ns	ns	ns

四、保护性耕作的综合效应评价

随着经济的发展，对农业管理措施的评价已经不局限于单纯追求产量的提升，农田管理措施对农业生产资料投入、农业面源污染、农业土壤重金属污染、农业温室气体排放等方面的影响也越来越多地纳入对其综合评价中。引入不同的评价指标对于农业管理措施的评价可能导致不同的结果。如张春雷等（2010）、Jat et al.（2014）和 Krishna and Veettil（2014）分析了作物产量收入与农业投入的经济效益，认为保护性耕作能够减少农业资源的投入，增加经济收益。Xia et al.（2014）研究了秸秆还田对稻麦系统净经济效益的影响，认为由于秸秆还田对土壤生态系统的效益最终很难能够被作物产量所反映，所以可以利用秸秆还田引起水稻和小麦产量的增加来计算秸秆还田引起的净经济效益。由于当前国际碳价格波动较大，Xia et al. 将温室气体排放引起的碳成本分为低碳价格下的碳成本和高碳价格下的碳成本，他们认为提高碳价格将明显地降低净经济效益，农民可能会因此选择对环境更加友好的农艺措施，尽管将碳价格提高到历史最高水平是不切实际的。而且 Xia et al. 忽略了农业生产资料的投入对系统净经济效益的影响。而农业生产资料投入的高低是农民选择农田管理措施的重要因素。Li et al.（2015）将生态系统净经济效益定义为：产量收入减去农业活动支出和农田温室气体排放成本。首次将农产品产量收入、农业活动支出以及农田温室气体排放成本进行综合评价。笔者认为，生态系统净经济效益是农田管理措施的合理评价方法。

由于稻麦系统免耕减少了两季耕作的投入，所以显著地降低了稻麦系统的农业活动支出（表 4-15）。经过 7 年的稻麦系统保护耕作，Jat et al.（2014）认为减少耕作强度显著地降低了水稻和小麦生产的投入。Erenstein and Laxmi（2008）认为耕作是作物生产过程中的主要投入，Gathala et al.（2011）同样认为免耕比常规翻耕减少了耕作和作物栽插投入 79%～95%。但将作物产量转化为产量收入后，并没有发现保护性耕作影响了稻麦两季的产量收入。在沙质壤土试验点，由于小麦产量较大的变异，导致稻麦系统的产量收入变异较大，虽然免耕下有更低的农业活动支出，但其经济效益并没有统计上的差异。如表 4-15 所示，免耕秸秆还田（NTNS）与翻耕秸秆不还田（CTNS）相比显著提高了稻麦系统经济收益，而秸秆还田并没有降低免耕下和翻耕下的经济收益。因此单纯考虑作物产量和农业活动支出，免耕可以作为一种提高农民经济收入的管理措施。

表 4-15　保护性耕作对经济效益的影响

单位：元/hm²

处理	产量收入	农业活动支出	经济效益
CTNS	38 821	13 864	24 957 c
CTS	39 209	13 864	25 345 bc
NTNS	39 430	11 464	27 966 ab
NTS	41 345	11 464	29 881 a
ANOVA			
T	ns	**	**
S	ns	ns	ns
T×S	ns	ns	ns

净经济效益（EEB）是评价农田管理措施对生态环境和粮食产量影响的另外一种方法。Xia et al.（2014）将作物产量带来的产量收益减去 GWP 引起的碳成本，得到了系统的 EEB。由于国际碳价格受到很多因素的影响，例如国际宏观经济环境、碳市场的期望以及国际气候政策（苏蕾等，2012），因此近年来国际碳价格处于剧烈的波动中。若将碳价格设置为最低 17.4 元/t（CO_2 - eq）、最高 216.3 元/t（CO_2 - eq），以及目前最新碳价格 103.7 元/t（CO_2 - eq）（苏蕾等，2012；Xia et al.，2014；Li et al.，2015），则发现当碳价格逐渐上升时，虽然各处理 NEB 都会下降，但是免耕下 EEB 与翻耕下 EEB 比值越大，因为与翻耕相比免耕减少了温室气体排放。而秸秆还田与免耕正好相反，随着碳价格的上升，秸秆还田对 EEB 的影响越来越负面（表 4 - 16）。Xia et al.（2014）也有类似的结果，他们发现随着碳价格的上升，秸秆还田引起的 EEB 逐渐降低，并认为政府部门应该建立合理生态补偿激励机制，通过专门的补偿和奖励基金，引导农民逐步采用环境友好的农作物秸秆还田模式。

表 4 - 16　保护性耕作对 EEB 的影响

单位：元/hm^2

处理	产量收入	GWP 支出（最低）	GWP 支出（当前）	GWP 支出（最高）	EEB（最高）	EEB（当前）	EEB（最低）
CTNS	38 821	886	5 285	11 023	37 935 a	33 631 ab	27 798 ab
CTS	39 209	1 189	7 087	14 783	38 021 a	31 365 b	24 427 b
NTNS	39 430	824	4 911	10 243	38 606 a	34 805 a	29 187 a
NTS	41 345	1 107	6 600	13 766	40 238 a	34 422 a	27 579 ab
ANOVA							
T	ns	**	**	**	ns	*	*
S	ns	**	**	**	ns	ns	*
T×S	ns	NS	ns	ns	ns	ns	ns

对农田管理措施 EEB 的评价中，忽略了农业活动。例如，耕作、种子、肥料、农药以及收获的投入，而这些投入通常影响着农民对农田管理措施的采用。因此，Li et al.（2015）将 NEEB 引入到对农田管理措施的评价中。虽然免耕具有更低的农业活动支出，但是在较低的碳价格下，免耕和翻耕的 NEEB 并没有差异。随着碳价格的增加，免耕更低的温室气体排放的优势开始出现。虽然在碳价格最高时秸秆还田降低了系统 NEEB，但是在碳价格为 17.4 元/t（CO_2 - eq）和 103.7 元/t（CO_2 - eq）时，免耕秸秆还田和免耕秸秆不还田下 NEEB 并没有显著差异（表 4 - 17）。Xia et al.（2014）认为通过政策调控将碳价格设定在最高［即 216.3 元/t（CO_2 - eq）］来引导农民选择合理的农田管理措施是不合理的。因此在碳价格相对较低时，免耕能够显著增加 NEEB。秸秆还田虽然在较低碳价格下并没有影响 NEEB，但是与秸秆不还田相比显著地提高了温室气体排放。说明了需要使用更加环境友好的秸秆还田方式来减少秸秆还田后农田温室气体排放。例如，农作物秸秆预处理可预防因直接秸秆还田引起大量的甲烷排放。Khosa et al.（2010）认为秸秆堆肥与秸秆直接还田相比能够显著地降低稻田 CH_4 排放，同时能够提高土壤肥力与作物生产力。

表 4-17 保护性耕作对 NEEB 的影响

单位：元/hm^2

处理	产量收入	农业活动支出	GWP 支出（最低）	GWP 支出（当前）	GWP 支出（最高）	NEEB（最高）	NEEB（当前）	NEEB（最低）
CTNS	38 821	13 864	886	5 285	11 023	24 071 b	19 673 b	13 934 b
CTS	39 209	13 864	1 189	7 087	14 783	24 157 b	18 258 b	10 563 c
NTNS	39 430	11 464	824	4 911	10 243	27 142 a	23 055 a	17 723 a
NTS	41 345	11 464	1 107	6 600	13 766	28 774 a	23 282 a	16 115 ab
ANOVA								
T	ns	**	**	**	**	**	**	**
S	ns	ns	**	**	**	ns	ns	*
T×S	ns	ns	ns	ns	ns	ns	ns	ns

第二节 轻简化种植技术研究

水稻产量在稻麦周年总产量中占有很大的比重，因而实现稻麦周年高产的一个重要途径就是大幅度提高麦后水稻的单产，然而随着农村劳动力的转移和城镇化的不断推进，进一步发展农业生产面临新的挑战，在耕地减少的情况下土地复种率严重不足。如何提高劳动生产效率、提高农民种地的积极性成为当前研究的重点。现阶段关于水稻高产的研究都是基于传统的育秧移栽模式，虽然产量有大幅度提高，新的产量纪录在不断刷新，但由于育秧移栽耗时耗本，在发展高效农业的今天显然已很难得到大面积推广，如湖北省 2007 年移栽稻面积为 1.67×10^6 hm^2，占全省水稻面积的 50%，到 2008 年移栽稻面积下降到 40%左右。因此，调整水稻种植方式是发展农村经济、提高粮食生产效率的重要措施，简化水稻栽培模式，大面积推广直播、抛栽、机插、免耕技术是今后农业发展的趋势。

一、轻简化种植技术模式

（一）水稻免耕栽培

水稻免耕突破了传统的土壤翻耕耕作制度，是土壤保护性耕作的一种形式。我国的科研工作者从 20 世纪 70 年代开始进行稻作免耕技术的研究，前人研究结果表明，大多数情况下，免耕能使水稻增产，但增产幅度不大（黄国勤等，2005；高明等，2004；郝义树，2008）。陶诗顺等（2003）研究发现，免耕水稻产量和翻耕水稻产量基本持平。王昌全（2001）长达 8 年的长期定位试验结果表明，相同施肥量下，免耕栽培的水稻和小麦均比翻耕处理的产量高，两熟种植模式下，双季免耕种植的作物又比单季免耕产量略高。免耕对水稻根系影响明显，邵达三和黄细喜（1985）研究表明，免耕栽培水稻的根系粗壮、多且深层根数量大，成熟时，大多数根仍保持一定的活力，而常规耕作区与此相反。水稻免耕栽培首先是对土壤产生影响，进而影响水稻生长，连续免耕种植，能使土壤微生物受外界影响较小，土壤肥力状况因此得到改善。张磊等（2002）连续 10 年对油—稻系统中水稻进行半旱式免耕栽培研究，发现免耕水稻土壤中的微生物以细菌数量为多，且呈季节性变化明显。刘世平等（1998）研究表明，连续免耕两年能明显改善土壤物力结构及孔隙度。黄小洋等（2004）认为，水稻生长前期，免耕水稻分蘖期茎蘖数比翻耕水稻多，且分蘖出现早，数量多，出苗时间提前。莫亚丽等（2008）研究表明，免耕水稻后期叶片衰老缓慢，籽粒干物质积累增加。但赵田径等（2009）研究表明，相对翻耕移栽稻，免耕移栽稻的干物质量、LAI、有效穗数和千粒重较低，产量降低5%左右。庄恒扬等（1999）研究也发现，免耕水稻平均减产2.2%，连续免耕下，水稻产量随时间没有明显变化趋势。

（二）麦后抛栽稻

我国开展稻作抛栽技术的研究与示范推广始于20世纪80年代，现已明确了抛栽稻生长发育与产量形成的基本特征及其高产栽培调控措施。而在稻麦两熟地区推广研究抛栽稻，有利于提高稻麦周年产量和稻麦周年经济生产力。关于抛栽稻立苗过程、分蘖动态以及产量构成因素前人进行了许多的调查研究，徐生等（1995）研究表明，抛栽稻单茎干物质积累少，单位面积群体干物质积累量大；陈晓蓉等（2001）对旱育抛栽稻研究表明，抛栽稻群体生长速度快，单位面积容纳的穗数和颖花多，但后期群体质量较差，茎叶养分和干物质运转率低。关于抛栽稻群体生长动态及生理生态方面前人也有一定的研究，郭保卫等（2010）对抛栽稻物理立苗过程、特点及其影响因素研究发现，抛栽过程中要尽可能保证秧苗直立，因为直立苗活棵快速，各生育阶段干物质积累量、物质净同化率、氮素吸收、光合势、产量都较平躺苗和倾斜苗高；戴其根等（2001）认为，抛栽稻在空间分布上与移栽稻明显不同，抛栽稻在水平方向和垂直方向上均呈现均匀分布，这主要是因为抛栽稻无株行距随机分布于田间，并且由于秧苗带土不一致导致抛栽深浅不一，使抛栽稻分蘖节位不同，秧姿各异。

国外开展抛栽技术的研究早于我国，1956年在斯里兰卡最早有了关于类似抛栽稻的研究报道（Peiris，1956）。20世纪60年代日本对抛栽稻进行了大量的研究，推出了纸筒育苗抛秧（松岛省三，1984）。另外，印度、韩国、泰国等也有关于抛栽稻的研究报道（Grist，1975），但这些国家的抛栽稻并没有得到大面积的推广应用。

近年来，把稻田免耕技术与水稻抛栽技术有机结合而发展起来的水稻免耕抛栽技术，更具有省工节本、省力高效、简便易行的特点。小麦收割后不对稻田做任何翻耕处理，有利于保护稻麦两熟地区的土壤生态环境，是提高稻麦周年经济生产力、提高粮食生产效率的另一有效途径。因此，把水稻抛栽技术与免耕技术有机结合起来，对协调当前农业生产上存在的“粮食效益、农村能源以及生态环保”三大关系是非常必要的。2004年，水稻免耕抛栽技术被农业部认定为水稻生产的主推技术之一，但关于免耕抛栽水稻能否提高产量则存在争议，有学者认为免耕抛栽会导致水稻前期分蘖较慢，但无效分蘖时间较短，营养损耗少，对于提高成穗率以及穗型质量等均有很大好处，且能提高水稻灌浆期叶片光合能力，后期不早衰，使籽粒中淀粉含量提高，进而提高千粒重以及结实率（刘军等，2000；刘敬宗和李云康等，1999）。陈友荣（1993）研究认为免耕抛栽稻分蘖优势明显，分蘖节位低，成穗率高，生育后期根系的生理活性强，因而抽穗后功能叶片不易衰老。董爱玲（2008）等的研究结果也显示，相比较翻耕，免耕能显著提高水稻有效穗数、结实率和千粒重，并且提高产量。但也有研究者认为短期免耕抛栽并不能提高水稻产量（Jat et al.，2009；Sharma et al.，2005)。李华兴等（2001）研究认为，相对于翻耕，免耕抛栽稻分蘖能力较差，有效穗数和每穗颖花数较低，水稻产量显著降低。以上研究结果不一致，可能是受试验条件、天气情况等方面的影响，但是多数情况下，免耕抛栽能提高水稻产量，只是增产幅度比较小（徐世宏，2009）。关于免耕抛栽稻生理特性方面的研究不多，但已阐明了免耕抛栽稻高产稳产的机制。有研究表明，免耕抛栽稻抽穗以后SPAD值下降速度低于移栽稻和翻耕抛栽稻，延缓后期叶片衰老，且免耕抛栽稻的可溶性蛋白含量平均比移栽稻和翻耕抛栽稻分别高15.59%和19.86%（肖启银等，2009）。江立庚等（2009）研究认为，抛栽后1周内，免耕抛栽稻单株根系数量高于传统抛栽稻，但是单株根系长度和活力均比传统抛栽稻低，立苗速率慢于翻耕抛栽稻，然而整个立苗过程时间相同，并指出促进抛栽后根系的生长是促进免耕抛栽稻立苗的关键。任万军等（2009）研究表明，随着氮肥施用量的增加，免耕抛栽稻日产干物质和各生育阶段干物质累积量增大，但叶片茎鞘的物质输出率和转化率随之降低，提高了干物质在营养器官中的分配比率，降低了籽粒干物质的分配比率。

（三）麦后直播稻

我国自20世纪90年代以来，直播稻开始在南方稻作区域发展。当前，在长江中游地区，由于热量资源限制和茬口时间紧张等因素的影响，麦后直播中稻仍然存在一些困难。姚义等（2011）研究认为，在前茬腾茬时间允许的条件下，直播稻尽量提前早播易取得高产，随着播期的推迟，麦茬直播粳稻产量构成因素中每穗颖花数和结实率显著下降，穗数和千粒重变化不大，产量显著下降。霍中洋等（2012）研究认为，随着播期的推迟，直播稻播种后到拔节期和拔节期至齐穗期的干物质积累量占成熟期总干物质积累量的比率呈上升趋势，而抽穗扬花后这一比率则呈一定的下降趋势，同时叶和茎鞘干物质的分配和转运效率也呈现显著的下降趋势。因此，播期是麦茬直播稻最大的影响因素。

国外关于直播稻的栽培研究主要以应用为主，相关机制性的研究不多见。在意大利、美国、澳大利亚等农业比较发达的国家，直播已经成为水稻的主要种植模式，并且大面积都依靠飞机直播和机械直播。在日本，机械直播及侧条施肥技术已经比较成熟，其产量比普通直播高5%～10%，同时还能提高肥料吸收利用率（Hill J. E.，2001）。20世纪90年代，有学者在美国开展了免耕直播稻的研究，Smith（1992）研究结果表明，免耕直播稻与传统翻耕直播稻的产量没有明显差异。Kondo（2001）和Ding Kuhn（1991）研究发现，无论是条直播还是撒直播，水稻营养生长阶段的光合产物积累量、分蘖数和氮素吸收量均增加，生殖生长阶段的光合产物积累量和氮素吸收量明显降低，同时还有降低每穗颖花数和籽粒产量的趋势。研究还表明，有效穗的增加及抽穗后氮素吸收量的减少能导致每穗颖花数量的降低。但是Sam等（2002）研究表明，相对移栽稻，直播稻的分蘖能力强，地上部干物质含量高，增加了叶面积指数和光能截获量；而生长后期，基本苗多的移栽稻的干物质积累量和籽粒产量高于直播稻。这些研究结果存在一定的差异性，但总体来看，只要品种、气候条件适宜，并结合科学的田间管理措施，就能提高直播稻产量和群体优势。

关于直播稻生育特性方面的研究，陆峥嵘等（1999）指出，直播稻的分蘖节位比较低，且分蘖发生早，但生长速度比较慢，如果前期田间管理不合理，容易导致穗数偏多，穗型较小，穗、粒失调。周玉（2009）等研究认为，直播稻由于播期推迟，生育期较育秧移栽短，其中主要缩短了水稻营养生长期，而生殖生长期相对稳定。李晓蓉等（2009）研究表明，直播稻根系发生节位减少，有效发根节位多，根系发达而分布于表土层，其浅层根系占 95%以上，氧气充足，根群生长旺盛，白根多，根系活力强。余珺等（2008）研究认为，第 3～5 节位是直播稻分蘖发生的优势节位，并且分蘖形成的稻穗性状较好，因此通过栽培措施促使直播稻 3～5 节位分蘖多发、早发有利于获得较高的产量。彭斌等（2003）研究表明，直播稻随着基本苗的增加，播种至分蘖盛期与分蘖盛期至拔节期氮素吸收量和比例在提高，而拔节期至齐穗期与齐穗期至成熟期氮素吸收量和吸收比例在下降。同时，播种期至分蘖盛期氮素吸收量与有效穗数相关密切，拔节期至齐穗期氮素吸收量与每穗粒数相关性显著，拔节期至抽穗期和抽穗期至成熟期吸氮量与齐穗后干物质积累量相关密切。

与水稻免耕抛栽技术一样，将免耕技术与水稻直播技术有机结合起来，不仅能省工省力，节约经济成本，而且有利于麦后提前直播水稻，这为解决麦茬直播稻播期问题发挥了重要作用。关于麦后免耕直播水稻，顾掌根和王岳钧（2001）研究认为，免耕直播使水稻分蘖节位降低，无效分蘖较翻耕直播稻少，根系发达，较翻耕直播有更强的根系活力，群体与个体间协调生长，光合效率高，因而其产量较高。陶诗顺等（2003）和周应友等（2005）研究认为，麦茬免耕直播的杂交稻根系较多的分布于深土层，且与传统育苗移栽相比，麦茬免耕直播水稻的全生育期和营养生长期有较大幅度的缩短，但是生殖生长动态平稳，且后期绿叶面积大，叶片不易早衰。冯跃华等（2006）研究表明，免耕直播稻后期的净光合速率和每穗粒数均高于翻耕直播稻。周晓舟和唐创业（2008）研究认为，免耕直播稻的结实率和每穗粒数均高于翻耕直播稻，使其产量高于翻耕直播稻。但苏昌龙等（2009）研究认为，免耕直播稻由于其生育期缩短和成穗率下降等原因使得其产量低于传统育苗移栽稻。雷昌云等（2009）的研究显示，增施基肥会导致免耕直播稻抽穗期和成熟期推迟，且基肥施用量与产量呈二次曲线关系，因此对免耕直播稻而言，有一个最适宜的基肥施用量。

二、轻简化种植综合效应评价

表 4－18 结果表明，不同栽培模式处理对水稻产量和有效穗数、每穗总粒数、结实率、千粒重、收获指数都有显著影响。翻耕抛栽（M1）、免耕抛栽（M2）处理平均产量为 10.7 t/hm^2，相对移栽稻显著提高，提高幅度为 5%。直播稻平均产量为 9.3 t/hm^2，比移栽稻显著降低，降低幅度为 9%。从结果中可以看出，提高 M1、M2 产量的因素主要是千粒重显著提高，这是因为抛栽稻根系发达，后期植株叶片衰老程度缓慢，有利于灌浆结实期光合作用，提高千粒重。而翻耕直播（M3）、免耕直播（M4）处理产量降低主要是因为有效穗数、千粒重、结实率显著降低，这可能是因为 M3、M4 处理生殖生长时间缩短，花后光合作用时间不足，灌浆结实不充分所致。M3、M4 处理的收获指数显著低于其他各处理。2011 年结果显示，M1 处理产量显著高于 M2 处理，M2 处理显著高于传统育苗移栽（M0）处理，相对 M0，M1、M2 分别增产 26%、11%，其中对产量影响较大的因素是有效穗数，从结果中可以看出，M1、M2 处理有效穗数显著增高。这一点两年结果存在差异，可能是由于插秧时两地气温差异导致的。

表 4-18　不同轻简化种植条件下产量表现

处理	每平方米有效穗数	每穗总粒数（粒）	结实率（%）	千粒重（g）	理论产量（t/hm²）	实际产量（t/hm²）	收获指数（%）
M0	316A	168C	85A	23.1B	10.4B	10.2B	51A
M1	308A	173C	88A	24.0A	10.9A	10.7A	52A
M2	310A	170C	85A	23.9A	10.7A	10.6A	51A
M3	273B	215A	75B	22.1C	9.7C	9.6C	46B
M4	282B	196B	76B	21.9C	9.4C	9.0C	45B

注：M0：传统育苗移栽；M1：翻耕抛栽；M2：免耕抛栽；M3：翻耕直播；M4：免耕直播。下同。

表 4-19 显示了不同栽培模式在农资、农机、劳动力三个方面的成本投入，从总支出上看，M0>M1>M3>M2>M4，其中 M2、M4 两个免耕处理平均总支出为 9 356 元/hm²，而翻耕处理平均总支出为 11 718 元/hm²，比前者高 20%。农资方面，M3、M4 处理的农药和除草剂支出均高于其他处理，除草剂费用提高了 43%，这主要是因为直播稻杂草控制比较难，秧苗期及在田间封行之前，施用除草剂次数多于其他处理；农机方面，翻耕比免耕费用高，直播比抛栽和移栽费用高；劳动力数量上，因为传统育苗移栽在拔秧、插秧环节需要大量劳动力，所以 M0 处理的劳动力数量最高，而 M3、M4 处理所需要的劳动力数量仅为 M0 处理的 1/3，M1、M2 处理也仅为 M0 的 2/3，由此可以看出，简化栽培模式能大量节省劳动力，提高劳动效率。

表 4-19　不同轻简化种植条件下成本投入比较

单位：元/hm²

处理	种子	化肥	农药	除草剂	收获	翻地	开厢	其他费用	总支出
M0	1 125	1 686	642	240	1 350	1 200	0	7 800	14 043
M1	1 125	1 686	642	240	1 350	1 200	0	4 800	11 043
M2	1 125	1 686	642	240	1 350	0	0	4 800	9 843
M3	1 125	1 686	687	420	1 350	1 200	1 200	2 400	10 068
M4	1 125	1 686	687	420	1 350	0	1 200	2 400	8 868

表 4-20 结果表明，M1、M2 处理产值最高，其总体效益也最好，相对移栽其效益分

表 4-20　不同轻简化种植条件下经济效益比较

单位：元/hm²

处理	产值	效益	较移栽增效	增幅（%）
M0	24 921B	10 878C	—	—
M1	26 076 A	15 033 A	4 155 A	38B
M2	25 827 A	15 984 A	5 107 A	47 A
M3	23 225C	13 157B	2 279B	21D
M4	22 423C	13 555B	2 678B	24C

注：稻谷价格按 2012 年平均收购价格 2.4 元/kg 计算。

别提高了28%、32%。相对M0处理，M3、M4处理产值显著降低，但总体效益显著提高。因为直播稻虽然产量低，产值不高，但其投入成本少，因此总体效益要好于移栽稻。各简化栽培模式较移栽增效顺序：M2>M1>M4>M3，可以看出，在同一种植方式下，免耕比翻耕要高，在同一耕作模式下，抛栽稻比直播稻高。

第三节　肥水耦合技术研究

水分和肥料是影响作物生长发育的主要限制因子（Gan et al.，2000；Terry and Howell，2001）。研究表明，在农业生态系统中，水分和养分是密不可分的，合理的水肥交互作用促进作物生长，提高作物产量。在土壤水分很少的情况下，通过协调土壤中水分和养分的关系，可获得较为理想的产量（Liu et al.，2004）；在一定范围内氮素和水分有明显的协同作用（张殿忠和王沛洪，1988）。进行水稻的水肥互作研究，可在节水节肥的条件下，充分发挥水肥对水稻产量、品质的协同激励作用，进一步剖析水肥耦合对水稻产量与品质影响的机制及“以肥调水，以水促肥”的机制，进而制定合理的灌溉、施肥措施，在获得最大的经济效益的同时减少化肥对环境的污染，实现改变当前的“大水大肥"灌溉和施肥方式，发展优质、高效、生态农业。

一、肥水耦合对作物生长的影响

周明耀等（2006）通过盆栽试验和田间试验，研究了水肥耦合对水稻地上部分生长与生理性状的影响，结果表明：节水灌溉处理的水稻茎蘖数和干物质积累量均高于相应的淹水灌溉处理，但株高小于淹水灌溉处理；低氮处理的叶水势低于高氮处理，但地上部植株干物质重相对较小。翟晶等（2008）研究表明，同一土壤水势下，增施氮肥可以明显提高水稻的株高、植株各器官干物重，同时增加叶片的SPAD值和根系的伤流量。程建平等（2008）研究表明，同一土壤水势下，植株地上部分干重与总干重随氮肥水平的提高而提高，而根冠比则降低。在同一氮肥水平下，叶片净光合速率、叶绿素a和叶绿素b及其总含量、SPAD值及叶片水势随着土壤水势的降低而降低，而叶绿素a/b、丙二醛的含量和过氧化物酶的活性随之而增加；同一土壤水势下，叶绿素a和叶绿素b及其总含量、SPAD值均随氮肥水平的提高而提高，而叶片水势、叶绿素a/b和丙二醛（MDA）的含量随之降低。岳寿松等（1997）研究认为，拔节、孕穗期施肥可明显降低旗叶衰老期间的MDA含量，其中花后10 d和17 d的降低达显著水平，花后24 d和32 d的降低达极显著水平。李世清（2000）的研究结果表明，在干旱胁迫时施用氮肥，蒸腾速率减弱，叶绿素含量、叶片吸光强度和净光合率增加。中后期施肥可以抑制叶绿素的降解，使植株体内保持高水平的保护酶活性。沈阿林等（1997）研究表明，两种水分条件下，水稻根系生长量和地上部干物质积累量明显不同，水稻在淹水条件下根系生长受阻。李春喜（2000）等研究表明，中后期适量追肥可明显抑制叶绿素的降解，并使植株体内保持高水平的保护酶活性，降低后期细胞膜脂过氧化水平，从而在一定程度上延缓叶片的衰老，有利籽粒灌浆，提高产量。尹光华等（2006）研究表明，水肥单因子对叶片光合速率影响的大小顺序是：氮>水>磷，交互作用对叶片光合速率影响的大小顺序为：氮与水>氮与磷>磷与水。水肥耦合促进叶片光合速率提高的主要原因是：扩大了叶面积，提高了叶片蒸腾速率，增大了叶片气孔导度，提高了胞内水浓度，降低了胞内二氧化碳浓度。同一氮肥处理条件下根干重随着水分胁迫的加重呈下降的趋势，说明在大棚盆栽条件下，施氮量一定时，土壤水分亏缺阻碍营养物质的合成与运输，抑制根的生长。由表 4－21 可知，在 N1 处理条件下，土壤水势 0 kPa 的茎鞘、叶、穗及地上部分的总干重均高于淹水灌溉，轻度胁迫的茎鞘、叶、穗及地上部分的总干重高于土壤水势 0 kPa，而重度胁迫的茎鞘、叶、穗及地上部分的总干重较低，其中地上部分的总干重和淹水灌溉接近。N2、N3 处理条件下依旧是土壤水势 0 kPa 时地上各部分干重高于其他水分处理，且差异更加明显。除淹水灌溉外，总干重均是随着水分胁迫的加重而降低。在高氮 N4、N5 处理下，淹水灌溉的总干重最高，且随着水分胁迫的加重而降低。总体上看，水稻地上部分干重随施氮量的增加，升高的趋势十分明显。

表 4－21　不同水肥条件下水稻收获期植株各部分生物量及根冠比

单位：g/株

处理		茎	叶	穗	地上部	根	根冠比
N1	W1	8.60	1.68	3.15	13.43	2.71	0.20
	W2	9.60	1.83	4.65	16.08	3.23	0.22
	W3	9.68	2.68	6.49	18.85	2.64	0.14
	W4	6.97	2.03	4.51	13.51	1.85	0.13
N2	W1	25.65	8.22	34.77	68.64	7.77	0.12
	W2	29.69	15.75	38.75	84.19	6.30	0.07
	W3	24.41	11.05	20.47	55.93	6.94	0.13
	W4	19.93	6.91	23.83	48.37	5.33	0.11
N3	W1	21.29	12.14	40.24	73.67	4.41	0.06
	W2	35.20	17.69	41.35	94.25	8.72	0.09
	W3	20.27	13.51	23.51	57.29	4.16	0.07
	W4	25.24	13.37	17.64	56.25	3.05	0.05
N4	W1	31.68	16.69	45.40	94.05	6.19	0.07
	W2	26.93	17.01	33.81	77.74	3.69	0.05
	W3	24.94	15.80	31.60	72.34	4.10	0.06
	W4	22.19	14.11	28.59	64.89	3.68	0.06
N5	W1	34.32	23.10	41.78	99.19	7.14	0.07
	W2	32.32	17.71	41.72	91.75	7.06	0.08
	W3	22.46	17.31	19.52	59.29	5.00	0.09
	W4	25.34	14.54	21.47	61.36	4.37	0.07

注：W1：淹水 10 cm；W2：土壤水势 0 kPa；W3：土壤水势－30 kPa；W4：土壤水势－60 kPa；N1：不施氮；N2：每盆施 1.5 g 氮；N3：每盆施 2 g 氮；N4：每盆施 2.5 g 氮；N5：每盆施 3 g 氮。下同。

二、肥水耦合对作物养分利用的影响

氮素是影响水稻生育和产量的敏感因素，单季稻在分蘖盛期和穗分化期呈两个吸氮高峰，且后一个高峰比前一个高峰吸氮更多，Peter 等（1990）研究证明在穗分化期追施氮肥比后施氮作物吸氮更多。穗分化期施用氮肥有利于提高水稻植株在中后期的氮素累积总量，这对于水稻产量的形成以及稻米品质的影响值得重视。赵全志等（1999）研究表明，在抽穗前 10 d，穗分化过程中施氮，一方面使当时功能叶片有较高的含氮量，有利于生产较高的光合同化产物，满足穗分化的碳素需要，另一方面还可使基部叶片有较高的含氮量，以维持根系的吸收养分能力和合成能力，促进壮秆大穗的形成。在促进大穗形成的同时，相应的可能会带来结实率显著降低的后果，生产上要尽量协调两者的关系。为了在减少肥料用量的前提下，进一步实现水稻的高产，许多学者在水稻整个生育进程中进行了氮素配比研究。节水灌溉水稻茎叶中的含磷量明显低于常规淹灌。由于通气性增强，氧化还原电位升高，使土壤中磷的有效性降低，水稻植株对磷的吸收受到一定的限制，节水灌溉对水稻磷素营养的影响表现为极显著（吕国安等，2000）。因此，水稻在进行节水灌溉时，应该加强对磷素营养的协调和供应。沈阿林等（1997）应用土柱模拟法 ^{15}N 示踪技术研究了长期淹水和严重渗漏条件下水稻的生长和氮肥的吸收与转化，结果表明，氮积累在拔节后明显变缓，而渗漏条件下水稻对氮的吸收在孕穗期仍保持较高水平。淹水对肥料氮的利用率较后者显著降低，且土壤矿化氮在所吸收氮中的贡献率也相对较高。

在目前施肥情况下，农田三要素的收支平衡中，氮素有盈余，磷素基本平衡，而钾素一般是亏缺的（刘会玲，2002）。水稻对氮素的吸收有明显阶段性，生长中期是氮素吸收的主要阶段，约占全生育期吸收氮素的 1/2 以上（邹长明等，2002）。水稻氮吸收高峰在幼穗分化期（黄见良等，1998）。赵全志等（2006）的研究结果表明：在不同土壤水分条件下，植株全氮含量基本上表现为先下降而后升高再下降的变化趋势，随土壤含水量增加叶片中全氮含量逐渐减少。当土壤溶液中或者在液培条件下铵态氮或硝态氮浓度较高时，水稻在抽穗后仍能吸收部分氮素（权太勇等，2000）。图 4-1 结果总体呈现随着氮肥施量

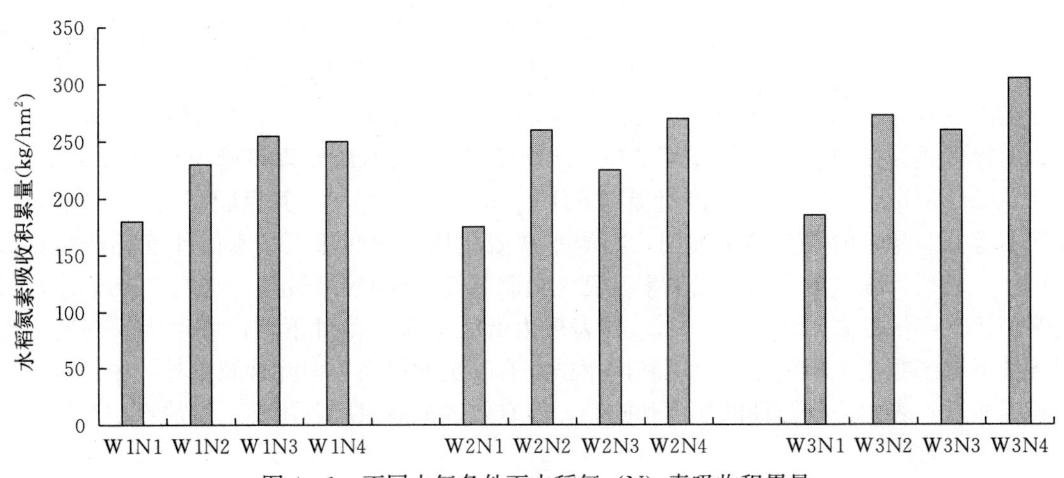

图 4-1　不同水氮条件下水稻氮（N）素吸收积累量

的增加水稻植株总氮吸收积累量逐渐增加的趋势，但在轻微干旱处理条件下（W2、W3）N3 处理的氮吸收积累量却低于 N2 处理，这种结果可能体现了水氮互作的效应。

三、肥水耦合对作物产量和品质的影响

水和肥是制约水稻生长的重要因素，是形成水稻产量、提高质量的重要因子。研究水肥间相互关系及其对水稻生长发育和产量的影响，对如何在水分受限制的条件下合理使用水肥，提高水肥利用效率和水稻产量具有重要意义（龚少红，2005）。杨建昌等（1996）的研究结果表明，在土壤干旱条件下水稻的“以肥调水”作用受到土壤干旱程度及施氮量高低的影响，土壤干旱程度轻，增施氮肥后产量明显提高，“以肥调水”作用明显；在土壤干旱程度较重时，“以肥调水”的效应减小。周明耀等（2006）研究表明，低施氮条件下，节水灌溉处理的水稻产量均高于淹水灌溉处理，增产幅度分别为 6.01%和 11.68%。氮肥施用量较高时，水稻地上部植株干物质重虽然增加，但产量增加幅度较小，说明施用较高的氮肥，并不利于节水灌溉条件下水稻增产。龚少红等（2005）根据湖北省团林灌溉试验站水稻水肥耦合试验资料，分析了不同水肥处理对水稻生长发育、水稻产量及其构成、水稻水分生产率等的影响规律。结果表明，在适当的施肥量和合理的追肥方式下，与传统的淹灌相比，节水灌溉有显著的节水增产效果，提高了水分生产率。郑世宗等（2007）通过多点田间对比试验，分析了不同灌溉模式、不同施肥方式对南方地区单季水稻需水特性的影响。结果表明，同一区域不同灌溉模式单季水稻需水量变化基本一致；不同区域受外部水文气象条件的影响，其需水高峰期出现的时间存在差异；施肥方式对单季水稻需水量的影响小于灌溉模式，在合理施肥条件下，增加施肥次数会增加水稻需水量。王国强等（2008）研究了不同水分、施氮量和氮肥运筹方式对红壤地区早稻产量、产量构成因素及氮肥利用率的影响，结果表明：水稻间歇灌溉比淹水灌溉显著提高早稻单位面积有效穗数、千粒重和产量，早稻植株吸氮量可以提高 1.7%～6.2%，而氮肥表观利用率低于淹水灌溉；随施氮量的增加，早稻千粒重和结实率降低，但单位面积有效穗数、产量、植株吸氮量和氮肥利用率增加。不同氮肥运筹方式对水稻产量构成因素的影响因灌溉方式和施肥量差异而表现出不同规律，分次施肥显著提高了早稻产量、植株吸氮量和氮肥利用率，但分 3 次施肥和 4 次施肥时上述 3 个指标并无差异。说明在采用间歇灌溉、施氮肥量为 210 kg/hm^2 条件下，氮肥运筹方式为基肥 50%＋分蘖肥 30%＋拔节肥 20%的水肥管理措施更具有合理性。该种措施比农民习惯采用的淹水灌溉、施氮肥量为 140 kg/hm^2、氮肥运筹方式为基肥 50%＋分蘖肥 30%＋拔节肥 20%的水肥管理措施植株吸氮（N）量提高 50.9 kg/hm^2（34.3%）、产量提高 631 kg/hm^2（11.1%），其氮肥利用率为 36.7%。周江明等（2008）的研究结果表明，与淹水灌溉相比，湿润灌溉技术能使晚稻产量提高 5.1%～6.5%；施氮方式上，以氮素基肥∶追肥为 5∶5 的效果最佳，与农户传统的 7∶3 比例相比，产量提高 0.3%～8.9%，并表现出低肥田淹水条件下增产幅度大，高肥田湿润条件下增产幅度大的现象；氮肥利用率虽都有一定的提高，但除低肥田外，中、高肥田差异不显著，表明采用合理的灌溉和施肥，能有效地提高氮肥利用率、增加水稻产量，并节省灌溉用水。

程建平（2008）的研究表明，在同一氮肥水平下，水稻产量随土壤水势的降低而降

低；土壤轻度干旱时，水稻产量高低顺序为高氮>中氮>低氮；当土壤水分充足或土壤重度干旱时，则表现为中氮>高氮>低氮。随着土壤水势的降低，中、高氮处理的氮肥农学利用率降低。试验结果还表明，225 kg/hm^{2}施氮水平在 0 kPa 土壤水势下有明显的增产效果，过度增施氮肥并不利于水稻增产与氮肥利用率的提高。刘晗等（2009）研究了不同水肥处理对水稻产量及其构成因素的影响，结果表明，与传统的淹灌相比，节水灌溉在一定程度上抑制了株高的生长，抑制了分蘖特别是无效分蘖的发生，但同样可以获得高产。如表 4－22 所示，不同灌溉方式与氮肥水平对水稻产量有显著的互作效应。在同一灌溉方式下，产量均为 N3>N2>N4>N1，产量随施氮量的增加而增加，但每公顷施氮超过 360 kg，并不利于水稻增产。同施氮水平下，产量均为 W2>W3>W1，说明分蘖期和抽穗期的节水处理都可以提高产量，尤其分蘖期轻微的干旱处理下各个施氨水平产量均相对常规浅水灌溉有较大的提高，其原因应该是轻微干旱处理改善了水稻的群体质量，增加了水稻的有效分蘖。

表 4－22 不同水肥条件下水稻产量表现

处理		单株有效穗数	单株实粒数	单株总粒数	结实率（%）	千粒重（g）	产量（t/hm^2）
W1	N1	6.4d	859e	947f	90.6a	31.3ab	7.66d
	N2	6.8cd	923de	1 114ef	82.2de	32.3ab	8.71bcd
	N3	8.1abcd	1 221b	1 429bcd	85.5abcde	31.3ab	8.89bcd
	N4	8.0abcd	1 209b	1 403bcd	86.1abcde	32.2ab	8.09bcd
W2	N1	7.3bcd	989cde	1 112ef	88.8abc	31.7ab	8.41bcd
	N2	8.7abc	1 126bc	1 304cde	86.2bcde	32.3ab	9.33abc
	N3	9.7a	1 210b	1 428bcd	84.9bcde	31.7ab	10.40a
	N4	9.3ab	1 236b	1 530ab	81.2e	31.4ab	9.23abc
W3	N1	6.5d	897e	1 004f	89.7ab	32.8a	7.89cd
	N2	7.3bcd	1 096bcd	1 266de	86.6abcd	31.6ab	8.94abcd
	N3	8.3abcd	1 262ab	1 500abc	83.5cde	31.7ab	9.58ab
	N4	9.3ab	1 416a	1 671a	84.9bcde	30.5b	7.90cd

如表 4－23 所示，垩白粒率和垩白度受水肥影响不大。精米率与整精米率在 W1 和 W3 灌溉处理的各个施氮水平下差异均不显著；W2 灌溉条件下，表现为 N1>N4>N2>N3，随其产量的升高而降低；同一氮肥水平下也只有 W2N1 处理明显高于其他 N1 水平处理，W1N1 与 W3N1 处理间差异不显著。蛋白质含量是评价稻米营养价值的重要指标，表 4－23 显示同一灌溉处理下蛋白质含量随施氮量的增加而增加，说明高施氮量为水稻营养吸收及蛋白质的合成提供了丰富的氮源，而同一氮素水平下各水分处理间差异不显著。直链淀粉含量各个灌溉处理下随施氮量的增加而减少，而同一施氮水平下，各灌溉处理间差异不显著。

表 4-23　不同水肥条件下水稻稻米品质表现

处理		垩白率（%）	垩白度（%）	精米率（%）	整精米率（%）	胶稠度（cm）	蛋白质（%）	直链淀粉（%）
W1	N1	28.7a	12.3a	72.2bc	66.8bcd	7.85abc	8.86d	17.7a
	N2	24.0a	10.7a	72.6b	66.4cd	6.70d	9.41c	17.3abcd
	N3	27.3a	13.0a	71.9bc	68.7abcd	7.65abcd	9.80ab	17.2cd
	N4	28.0a	13.3a	72.8ab	69.6abcd	8.24a	9.81ab	17.1d
W2	N1	23.7a	10.7a	74.7a	72.1a	7.44abcd	8.91d	17.6abc
	N2	28.3a	14.3a	72.1bc	66.1d	7.17abcd	9.22c	17.6abc
	N3	29.7a	14.0a	70.4c	67.1bcd	6.99bcd	9.76b	17.2cd
	N4	25.3a	12.3a	72.4b	70.1ab	7.52abcd	9.95a	17.1d
W3	N1	29.0a	14.0a	73.4ab	67.1bcd	8.02ab	8.82d	17.7ab
	N2	27.7a	12.7a	73.1ab	67.4bcd	6.85cd	9.41c	17.5abcd
	N3	26.3a	12.3a	72.0bc	69.1abcd	7.34abcd	9.78ab	17.3bcd
	N4	28.3a	14.3a	72.0bc	69.7abc	7.65abcd	9.89ab	17.1d

第四节　节水灌溉技术研究

水稻的灌溉用水量巨大，是玉米和小麦耗水量的 2～3 倍（Bouman et al.，2007；Cai and Chen，2000）。我国水资源短缺且农业用水控制不到位，特别在长江流域，水稻用水浪费严重，稻田实际耗水量高达 10 500～13 500 m^3/hm^2，但相关研究表明，耗水量在 4 500 m^3/hm^2 左右就可以使水稻的产量达到 6 000 kg/hm^2（程建平，2007）。

随着我国经济的飞速发展，水的消耗越来越大，耗水较大的是农业，而且农业也是节水潜力最大的，所以发展农业节水灌溉是当前科技工作者研究和关注的重点（康绍忠等，2004）。通过节水灌溉来提高水资源的利用效率，缓解水资源的紧张，已成为很多国家的共识（吴普特和冯浩，2005）。因此，研究和开发水稻节水灌溉技术和旱作栽培模式，了解水稻各生育时期的需水规律，对我国农业的可持续发展有重要意义。

一、节水灌溉对作物产量和品质的影响

（一）节水灌溉对水稻产量的影响

影响水稻产量高低的因素有多种，其中关于节水灌溉对水稻产量的影响我国学者也有很多研究。在水稻的不同生育时期，水分灌溉是否合理直接影响到水稻的产量。节水灌溉是根据水稻的需水规律进行调控以使其达到优质、高产。研究表明，节水灌溉条件下会使水稻的无效分蘖降低，有效分蘖稳定，成穗率有所提升，进而使水稻增产（陈厚存等，2012；杨丽敏，2008）。朱庆森等（1994）认为，影响水稻产量的主要因素是各生育时期的需水规律不同，且研究发现水稻在出穗前的需水量的大小顺序为：分蘖盛期＞拔节期＞

孕穗期，如果在分蘖盛期水稻处于长时间失水状态，则减产明显。同时也有研究表明，节水灌溉提高了水稻的叶面积指数，提高了水稻的光合速率，从而提高了产量（杨建昌等，1995）。另有研究指出，水稻不同生育时期不同程度的水分胁迫都会影响水稻的产量，特别在幼穗分化期和抽穗开花期，产量与传统淹灌相比下降了 49.4%和 30.7%，分蘖期失水影响水稻的穗数，幼穗分化期则对水稻结实率和穗粒数有很大影响，抽穗开花期对水稻颖花数和千粒重有很大影响（郑桂萍等，2005；王成瑷等，2002；张玉屏等，2001）。褚光等（2016）在研究干湿交替灌溉对水稻产量与水分的利用效率的关系中发现不同的水稻品种在该水分处理下产量均显著增加。

从水稻地上部干物质积累可以看出水稻的生长发育状况，该指标也直接影响着水稻产量。根据国际水稻研究所 2001—2004 年的连续试验，发现节水栽培条件下水稻地上部干物质积累量显著减少，产量也显著降低（Peng et al.，2006；Bouman et al.，2005）。在水稻营养生长期，水分的调控直接影响到水稻最终的产量。有试验发现，从水稻生长的三叶期到拔节期，作物生长速率表现一致，地上部干物质积累速率也一致。与传统淹灌相比，不同的水稻品种在关键期补充灌溉、干旱式间歇灌溉模式下，作物生长速率显著降低、地上部干物质积累速率显著降低，这也导致了成熟期地上部干物质积累量的降低，产量降低（王梦影，2016）。笔者课题组相关试验研究不同节水模式下水稻成熟期的地上部总干物质量发现，不同节水灌溉模式下，对于不同品种地上部干物质量表现不一致（表 4－24）。首先在间歇灌溉（JX）处理下黄华占（HHZ）品种的总干物质量显著下降，

表 4－24　不同节水处理对成熟期地上部干物质量的影响

品种	处理	茎（%）	叶（%）	穗（%）
HHZ	常规淹灌	43.3a	10.8a	45.9a
	间歇灌溉	43.9a	9.2a	46.9a
	薄浅湿晒	44.1a	9.4a	46.5a
	半期旱作	43.2a	9.7a	47.1a
YY9113	常规淹灌	49.2a	10.8a	40.0b
	间歇灌溉	44.6b	9.7a	45.7a
	薄浅湿晒	45.4b	10.5a	44.1b
	半期旱作	44.5b	11.4a	44.2b
HY73	常规淹灌	43.3a	8.3a	48.4a
	间歇灌溉	40.2a	8.0a	51.9a
	薄浅湿晒	43.3a	7.5a	49.3a
	半期旱作	41.4a	7.8a	50.8a
YLY6	常规淹灌	40.9a	9.1a	50.0a
	间歇灌溉	41.7a	9.6a	48.7a
	薄浅湿晒	40.7a	8.5a	50.8a
	半期旱作	43.9a	8.0a	48.1a

旱优 73（HY73）则显著升高，但是在该处理下水稻的产量没有显著差异，原因可能是由于该处理下的水稻品种对茎、叶、穗的干物质分配比例不同造成的，而对于品种岳优 9113（YY9113）和扬两优 6 号（YLY6）地上部干物质量则没有显著变化，且 YY9113 的产量与对照相比也没有显著变化；其次各水稻品种在薄浅湿晒（BQ）和半期旱作（BH）处理下成熟期地上部总干物质量与对照相比均没有显著变化，且 YY9113 和 YLY6 在 BH 处理下的产量也没有显著差异。

由于试验地的气候以及降水的不稳定，导致不同的水稻品种在不同的水分灌溉模式下水稻的最大分蘖数、地上部干物质量、产量及产量构成因子表现为不稳定，进而影响水稻的产量。所以，应根据试验地的实际气象条件，选择合适的水稻节水灌溉模式，最大化的在确保产量的同时提高水稻的水分利用效率，对农业的可持续发展有重要意义。

从表 4－25 中可以看出，YY9113 在 BH 处理下的结实率显著提高，而 HY73 则在 JX 灌溉处理下水稻结实率显著提高，HHZ 在节水处理下对产量构成因子的影响差异不明显。YLY6 除穗粒数显著增加外，其他因素无显著差异。

表 4－25　不同节水灌溉条件下水稻产量表现

品种	处理	有效穗数	穗粒数	结实率（%）	千粒重（g）	产量（t/hm^2）
HHZ	常规淹灌	13.8a	150.9b	69.8a	19.8a	8.58a
	间歇灌溉	12.8a	150.1b	65.0a	19.8a	7.43a
	薄浅湿晒	12.8a	154.3b	70.2a	19.4a	8.04a
	半期旱作	12.4a	171.5a	66.8a	19.1a	8.08a
YY9113	常规淹灌	14.1a	135.2b	48.6b	22.0a	5.98b
	间歇灌溉	13.3a	135.9b	59.9ab	22.2a	7.18a
	薄浅湿晒	8.6b	236.7a	53.5ab	22.6a	7.24a
	半期旱作	9.4b	152.1b	72.9a	22.2a	6.51ab
HY73	常规淹灌	9.7a	155.3a	68.4b	26.8a	8.10b
	间歇灌溉	9.1a	167.1a	87.4a	27.5a	10.67a
	薄浅湿晒	8.5a	158.9a	76.3ab	27.2a	8.32b
	半期旱作	8.9a	155.4a	77.4ab	27.5a	8.27b
YLY6	常规淹灌	8.6a	184.1 d	71.5a	25.0a	8.34a
	间歇灌溉	7.9a	220.4b	56.2b	27.1a	7.64a
	薄浅湿晒	7.1a	268.7a	60.3ab	27.1a	8.93a
	半期旱作	6.6a	245.9c	61.9ab	27.0a	8.01a

有研究表明，水稻半期旱作的产量比传统淹灌平均增产 1.7%，不同的水稻品种，在不同水分处理下的表现不同，但增产、减产与对照相比没有达到显著水平。产量构成因子中的每穗总粒数均有所增加，增加幅度达 5.2%。结实率、穗数与产量之间有很显著的相关性，产量构成因子关系大小为：结实率影响较大，穗数次之，千粒重和每穗总粒数最小，结实率和穗数为产量构成的限制性因子（余灿，2009）。另外，也有一些学者研究认

为直播水稻下的产量与传统淹灌相比显著降低（Tomita et al.，2003）。殷晓燕等（2004）研究结果显示，旱直播水稻的产量较传统移栽的水稻显著降低，降幅高达20%。但也有研究报道，杂草也会对旱直播水稻的产量产生一定的影响，如果直播水稻田能够严格地控制杂草，那么此条件下的产量与常规淹灌水稻相比不会有明显的差异（Tabbal et al.，2002）。虽然以上很多研究都表明旱直播水稻的产量显著降低，但是该条件下存在一定的优势，董文忠等（2005）在浙江进行的水稻旱直播后全生育期淹灌管理的研究中发现，在此条件下的水稻产量达到了11.2 t/hm^2，相对高产；杨宇等（2017）在辽宁进行的水稻旱直播试验结果显示，水稻旱直播节约水资源高达50%，产量也有显著的提高；朱伦（2008）在有关旱稻的旱直播栽培研究中发现，相比常规水稻栽培，水稻旱直播的产量提高了22%。

如表4-26所示，笔者课题组在相关试验的研究中发现HHZ和HY73在旱作处理下，产量显著降低。其中HHZ品种在移栽旱管（YH）、直播水管（ZS）和直播旱管（D）处理下公顷产量分别降低3.51 t、4.20 t、4.31 t，比传统淹灌降低了34.9%、41.8%、42.9%；HY73品种在YH、ZS和D处理下公顷产量分别降低1.89 t、1.32 t、1.33 t，比传统淹灌降低了19.2%、13.5%、13.5%；对于YY9113品种，在不同的旱作处理下其产量与对照相比没有显著差异；对于YLY6号来说，由于YLY6的生育期较长，且水稻在生长后期水分充足，所以导致水稻在YH处理下产量增加。各水稻品种在YH处理下产量和产量构成因子与对照相比没有显著差异，其中HHZ在ZS和D处理下与对照相比穗粒数显著降低，千粒重显著增加，理论产量显著降低，YY9113和HY73在ZS和D处理下千粒重显著增加。所以，结合当地气象条件，又根据4个品种在不同旱作处理下的表现可以发现，在YH处理下的水稻品种产量与其他节水处理相比产量增高，但差异较小。

表4-26　不同旱作条件下水稻产量表现

品种	处理	有效穗数	穗粒数	结实率（%）	千粒重（g）	产量（t/hm^2）
HHZ	常规淹灌	13.5a	151.1b	69.77abc	19.76b	8.58a
	移栽旱管	12.4a	172.4a	66.83bc	19.06b	8.08ab
	直播水管	14.1a	92.8c	78.91a	22.15a	6.78b
	直播旱管	13.4a	83.1c	78.56ab	21.17a	5.57c
YY9113	常规淹灌	14.2a	134.6a	48.58 b	22.04b	5.98a
	移栽旱管	9.1b	152.1a	72.98a	22.24b	6.51a
	直播水管	8.2b	125.3a	70.52ab	23.99a	5.29a
	直播旱管	7.9b	130.9a	67.24ab	23.07a	4.81b
HY73	常规淹灌	10.1a	155.6a	68.43b	26.75b	8.10a
	移栽旱管	9.2ab	147.1a	77.40a	27.53b	8.27a
	直播水管	9.5ab	135.7a	77.99a	28.73a	7.82a
	直播旱管	7.3b	155.7a	78.01a	28.87a	7.65a
YLY6	常规淹灌	8.6a	184.1b	71.54a	25.04b	8.34a
	移栽旱管	6.5a	246.4a	61.89a	27.04a	8.01a

（二）节水灌溉对水稻品质的影响

杨建昌等（2005）认为水稻在结实期若处于干湿交替灌溉状态下，稻米的加工品质和外观品质能得到很大程度的改善，结实率和千粒重较传统灌溉有显著的提高，且对稻米的营养品质、食味品质没有显著的影响。水稻结实期，土壤保持薄水层或干湿交替状态，不仅可以显著降低垩白度，而且还可以增加粒重。此研究结果也说明结实期土壤的干旱程度直接影响着稻米的品质（刘凯等，2008）。王成暖等（2006）认为，水稻乳熟期、灌浆期遭遇极度缺水的情况，会导致垩白率、垩白度显著增高，整精米率下降；蜡熟期遭遇干旱导致蛋白质含量降低、胶稠度含量降低。邓定武（1990）针对不同灌溉方式对水稻品质影响研究中发现，全期湿润处理的出糙率最低，与后期湿润处理相比差异极显著；后期湿润的出糙率最高，但后期湿润处理、全期有水和后期落干 3 个水分处理之间的出糙率没有显著差别；全期湿润处理和后期落干下的精米率显著降低。

如表 4 - 27 所示，不同节水灌溉模式对水稻的糙米率、精米率、整精米率以及垩白粒的影响不显著，虽然节水灌溉模式下的一些水分处理对水稻的形态指标和产量有一定的影响，但是没有确定的研究说明这些指标跟水稻品质有相关性。试验还显示出 YY9113 在 BH 处理下的外观形态表现要稍优于其他节水处理，但是差异也不显著；HY73 在 JX 处理下的外观形态表现要稍优于其他节水处理，差异也没有达到显著水平。

表 4 - 27　不同节水处理对水稻品质的影响

品种	处理	糙米率（%）	精米率（%）	整精米率（%）	垩白粒率（%）	长宽比
HHZ	常规淹灌	73.3a	63.4a	55.8a	2.93a	3.27a
	间歇灌溉	73.9a	63.9a	54.9a	1.20a	3.40ab
	薄浅湿晒	73.3a	63.2a	52.2a	3.00a	3.27ab
	半期旱作	73.5a	63.8a	56.8a	3.46a	3.17b
YY9113	常规淹灌	69.5a	59.5a	48.2b	9.53a	3.27a
	间歇灌溉	69.4a	58.7a	47.9b	8.63a	3.27a
	薄浅湿晒	70.4a	59.4a	47.5b	8.47a	3.23a
	半期旱作	72.2a	61.7a	54.9a	8.93a	3.30a
HY73	常规淹灌	67.9b	56.8b	48.5bc	5.00a	3.20a
	间歇灌溉	72.2a	60.9a	57.3a	7.90a	3.17a
	薄浅湿晒	70.9ab	60.1a	51.6abc	6.47a	3.20a
	半期旱作	69.9ab	58.8ab	44.8c	7.97a	3.13a
YLY6	常规淹灌	71.7a	61.1ab	49.0b	9.77a	2.90a
	间歇灌溉	71.9a	59.9b	43.7c	9.23a	2.97a
	薄浅湿晒	72.4a	61.1ab	47.0bc	10.9a	3.07a
	半期旱作	74.3a	63.8a	55.9a	11.97a	2.90a

王熹等（2004）在研究灌溉稻田水稻旱作技术及产量形成时发现，旱作能显著改善水稻的加工品质和营养品质。如表 4 - 28 所示，笔者课题组对比几种旱作模式发现，HHZ

在几种旱作处理模式下糙米率、精米率、整精米率以及垩白粒率均没有显著变化；对比几种水分处理模式发现该品种在YH处理下精米率提升了0.39%，整精米率提升了1.07%；YY9113在几种旱作处理模式下除在YH处理下整精米率显著提高了6.7%外，对其他外观品质与对照相比均无显著差异。HY73和YLY6在YH处理下的外观品质与对照无显著性差异，HY73在ZS和D处理下的糙米率和精米率都显著增加。综上所述可知，4种水稻品种在YH处理下的表现较稳定，与对照相比外观品质差异较小。

表4-28 不同旱作处理对水稻品质的影响

水稻品种	处理	糙米率（%）	精米率（%）	整精米率（%）	垩白粒率（%）	长宽比
HHZ	常规淹灌	73.3a	63.4a	55.8a	2.93a	3.27a
	移栽旱管	73.5a	63.8a	56.8a	3.47a	3.17a
	直播水管	73.5a	64.5a	54.9a	2.60a	3.23a
	直播旱管	72.6a	63.5a	56.3a	2.10a	3.27a
YY9113	常规淹灌	69.5a	59.5a	48.2b	9.53b	3.27a
	移栽旱管	72.2a	61.7a	54.9a	8.93b	3.30a
	直播水管	69.8a	59.5a	45.5b	10.00b	3.27a
	直播旱管	67.9a	57.3a	47.0b	28.30a	3.20a
HY73	常规淹灌	67.9b	56.8b	48.5ab	5.00b	3.20a
	移栽旱管	69.9b	58.8b	44.8b	7.97ab	3.13ab
	直播水管	74.1a	62.9a	53.8a	14.10a	2.97b
	直播旱管	74.3a	63.9a	51.1ab	9.17ab	3.07ab
YLY6	常规淹灌	71.7a	61.1a	49.0b	9.77a	2.90a
	移栽旱管	74.3a	63.8a	55.9a	11.90a	2.90a

二、节水灌溉综合效应评价

目前我国稻田的水分管理方式基本是粗放型的，管理方法不合理，普遍缺乏节水的意识，加剧了水资源的短缺，水资源利用效率普遍偏低（李朝辉，2015）。发展节水灌溉农业，可以通过节水措施来充分利用水资源，这样不仅可以缓解我国水资源短缺的现状，也可以提高我国的粮食产量，对我国农业的可持续发展有积极的作用。另外，了解不同水分处理下水资源的利用效率，对指导农业生产有一定的现实意义。

不论是发展节水灌溉模式还是旱作模式，其目的都是为了缓解我国水资源紧缺的现状。目前，我国现有水利设施和水污染等问题迫使农业用水日趋紧张，此外随着农村劳动力的转移，农业劳动力减少，劳动力成本也逐年增加，所以合理利用自然资源，最大化的提高水分利用效率，是目前急需研究解决的问题。褚光等（2016）在研究干湿交替对水稻产量和水分利用效率的影响中发现，3个供试品种的水分利用效率分别提高了28.9%、25.3%和27.6%。笔者课题组相关试验研究发现，节水模式下BH处理的灌溉水利用效率最高，且在该处理下产生的温室效应较小，对环境的影响也较小，对HHZ、YY9113和HY73来说，此种节水处理下的经济效益最高。旱作模式下水稻在YH和D处理下的水分利用效率较高，且各水稻品种在YH处理下的光温资源利用效率与对照无显著差异；在D处理下的积温利用效率显著降低，产量也有所降低，但是此种模式下的温室气体排放最少。对比不同的节水处理，虽然 D 处理下管理较其他处理方便，对环境影响最小，但氮肥偏生产力低，经济效益低。在此情况下，YH 处理综合较其他处理好，氮肥偏生产力较其他处理高，对环境的影响较小，经济效益较其他处理高。

（一）水分利用效率

由图 4－2 可知，节水处理下灌溉水的利用效率要显著高于传统淹灌，与对照的灌溉水分利用相比，JX 处理提高 90％～150％，节水效果达 46.6％；BQ 处理提高 350％～360％，节水效果达 72.2％；BH 处理提高 660％～820％，节水效果达 81.7％。说明在节水处理下水稻的灌溉水利用效率有很大幅度的提升，很大程度上节约了水资源。

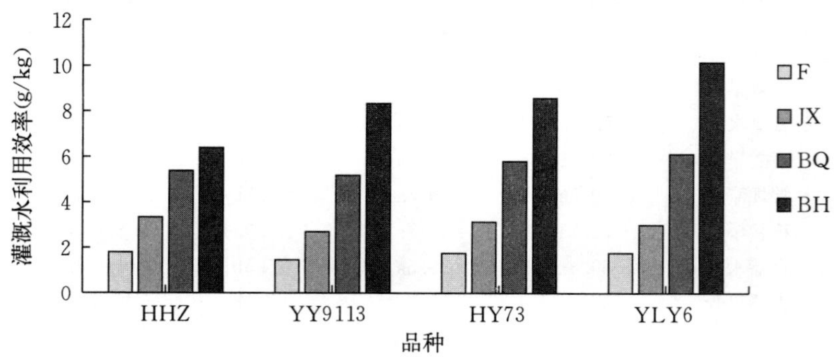

图 4－2　节水处理下灌溉水的利用效率

（注：F－常规淹灌；JX－间歇灌溉；BQ－薄浅湿晒；BH－半期旱作 。下同）

旱作处理下水稻灌溉水利用效率也有不同幅度的提升。由图 4－3 可知，ZS 处理下与对照差异不显著，其他两种处理均与对照有显著性差异，相比对照的灌溉水利用效率，YH 处理下节水效果达 81.7％，ZS 处理下节水效果达 41.6％，D 处理下节水效果达 85.4％。旱作处理下的 YH 和 D 处理灌溉水分利用效率最高，节水潜力大。

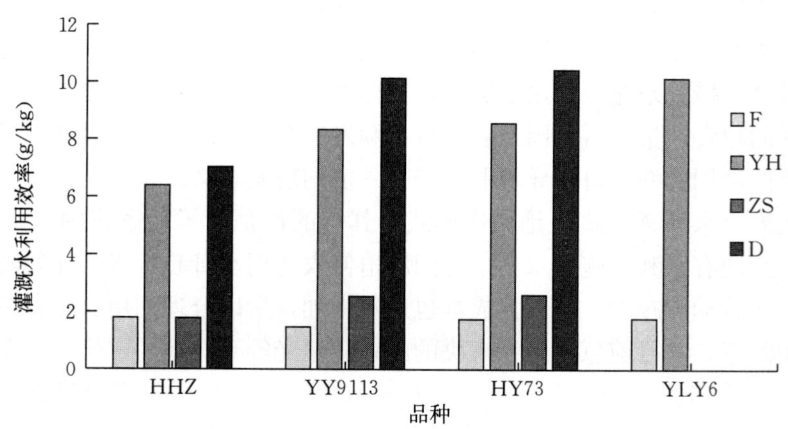

图 4－3　旱作处理下灌溉水的利用效率

（二）光能利用效率

由图 4－4 可知，节水下的 BQ 和 BH 处理对水稻的光能利用效率没有显著影响，水稻品种 YY9113 在 JX 处理下光能利用率显著增加。不同旱作处理对于 HHZ 品种来说，在 ZS 和 D 处理下有显著的降低（图 4-5）。

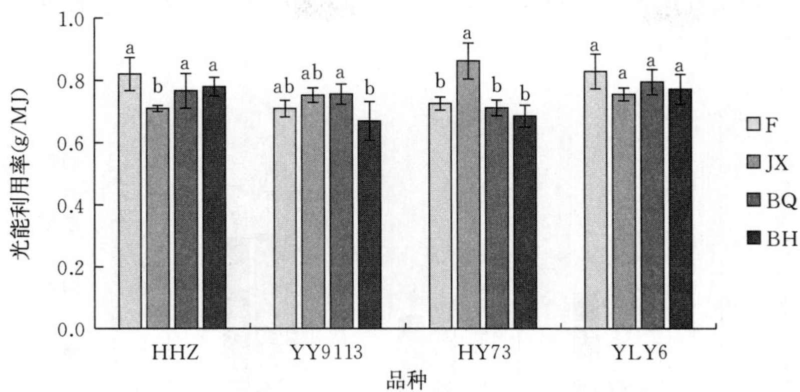

图 4-4　不同节水处理对水稻光能利用率的影响

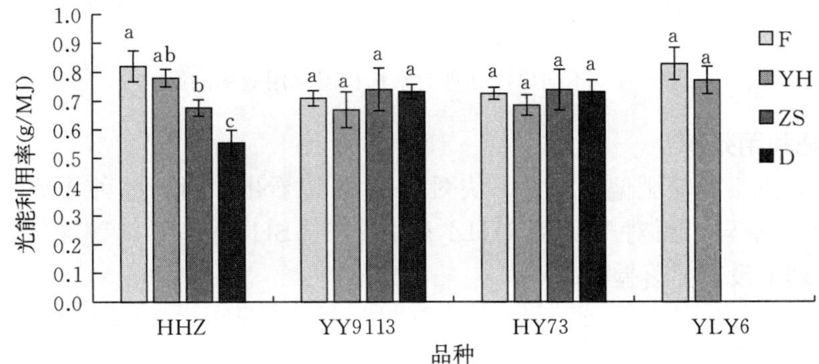

图 4-5　不同旱作处理对水稻光能利用率的影响

（三）积温利用效率

从图 4-6 可以看出，对于水稻品种 HHZ、YY9113 和 YLY6 来说，在不同的节水处理下积温利用效率与对照差异不显著，但品种 HY73 在 JX 处理下与对照相比积温利用效率显著提高。

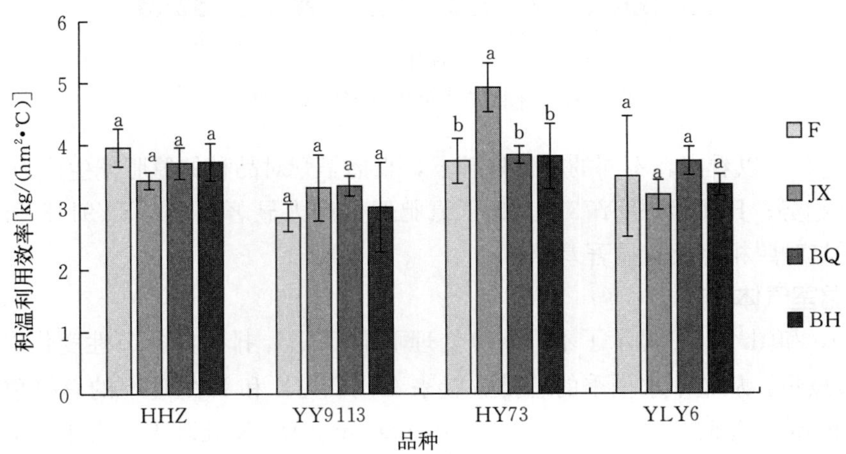

图 4-6　不同节水处理对水稻积温利用效率的影响

旱作处理下的ZS和D处理各水稻品种的积温利用效率降低（图4-7），HHZ品种在ZS和D处理下积温利用效率与对照相比显著降低，YH处理下水稻品种的积温利用效率与对照相比没有显著差异。

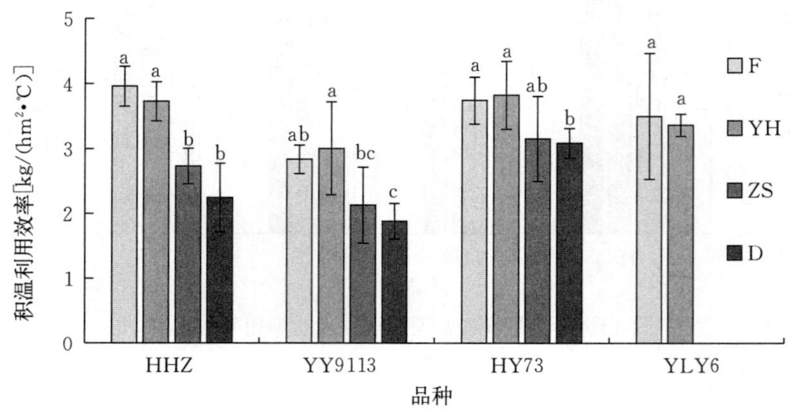

图4-7 不同旱作处理对水稻积温利用效率的影响

（四）氮肥利用效率

不同节水处理下的氮肥偏生产力，从图4-8可以看出，对于品种YY9113来说与对照相比没有显著差异，而对于品种HHZ和HY73，BH处理下显著降低，YY9113和YLY6在该处理下没有显著差异。

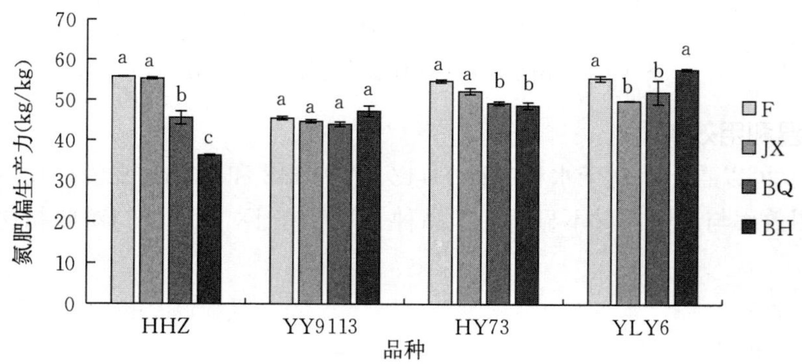

图4-8 不同节水处理下氮肥偏生产力

从图4-9可以看出，不同的旱作处理下，直播旱管对品种的氮肥偏生产力影响较大，有明显降低趋势；HHZ和HY73在ZS下氮肥偏生产力显著降低，YY9113和YLY6在YH处理下与对照相比没有显著差异。

（五）温室气体排放

图4-10和图4-11显示了不同水分处理下稻田CH_4排放的季节性变化以及整个水稻季的总排放量。从整个水稻季的总排放量来看，F、JX和D处理下的总排放量分别为3.6×10^4 mg/m²、2.8×10^4 mg/m²、2.2×10^4 mg/m²。在JX处理下，由于干湿交替，使得土壤表层与空气接触频繁，不利于产CH_4菌的活动，CH_4排放减少，而在D处理下水

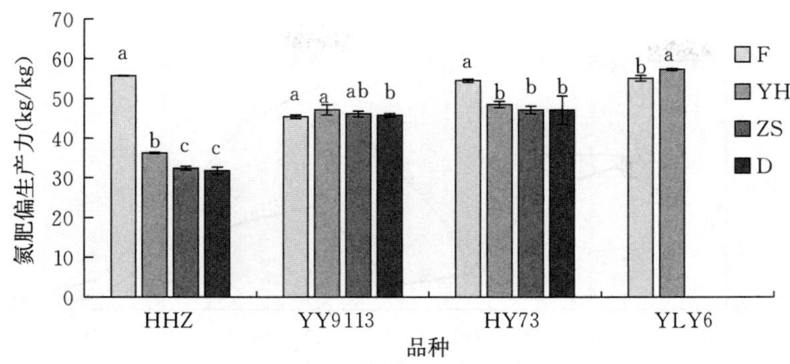

图 4-9 不同旱作处理下氮肥偏生产力

稻一直处于水分胁迫状态，而 CH_4 是厌氧条件下产生的，所以该处理下的 CH_4 排放最少，且从图中可以看出 CH_4 的排放主要在水稻分蘖期。

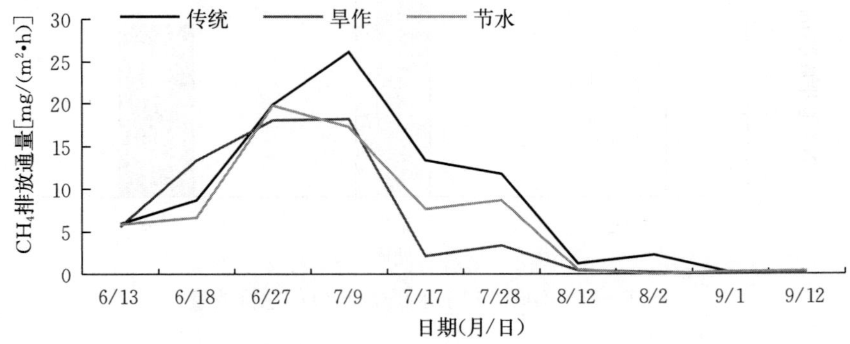

图 4-10 不同水分处理下水稻 CH_4 的排放通量

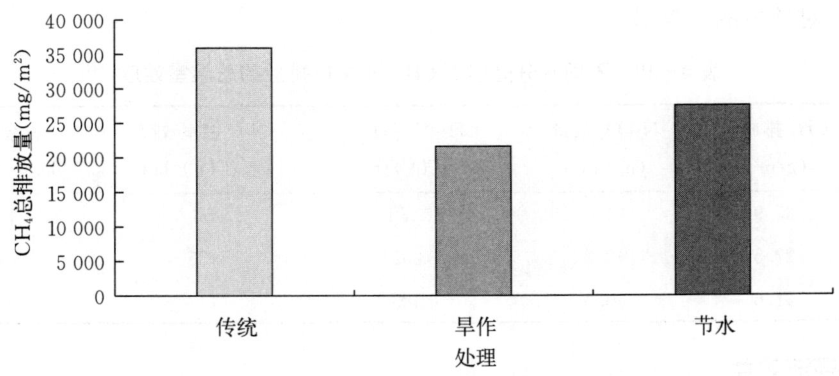

图 4-11 不同处理下水稻季 CH_4 的总排放量

图 4-12 和图 4-13 显示了不同水分处理下稻田 N_2O 排放的季节变化以及整个水稻季的总排放量。从整个水稻季的总排放量来看，F、JX 和 D 处理下的 N_2O 总排放量分别为 34.8 mg/m^2、42.2 mg/m^2、50.6 mg/m^2。在 JX 处理下水稻 N_2O 总排放量最高，原因是干湿交替增加了土壤的通气性，增加了土壤的有效氧，促进了 N_2O 的形成，且图 4-12

中显示在水稻分蘖期和乳熟期 N_2O 的排放达到了峰值。

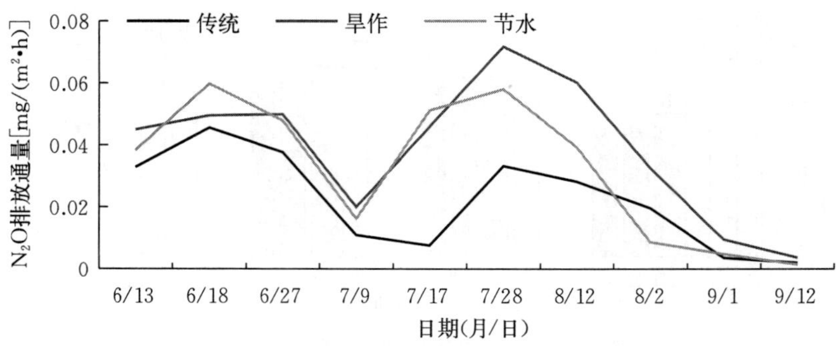

图 4-12　不同水分处理下水稻 N_2O 的排放通量

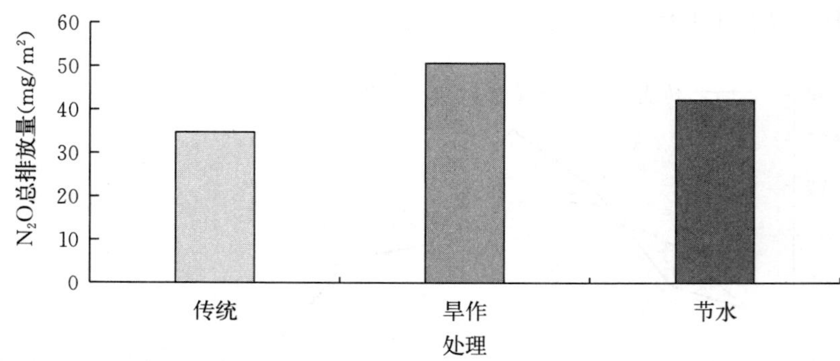

图 4-13　不同处理下水稻季 N_2O 的总排放量

表 4-29 显示出不同水分处理下 CH_4 和 N_2O 的排放所产生的总温室效应。从表中可以看出，F 处理产生的总温室效应要显著高于 JX 处理和 D 处理，且 D 处理下产生的温室效应最低，对环境的影响最小。

表 4-29　不同水分处理下 CH_4 和 N_2O 排放的总温室效应

处理	CH_4 排放量 (g/m²)	N_2O 排放量 (mg/m²)	CH_4 温室效应 [kg (CO_2)/hm²]	N_2O 温室效应 [kg (CO_2)/hm²]	总温室效应 [kg (CO_2)/hm²]
传统淹灌	35.9	34.8	10 771	93	10 864
间歇灌溉	27.5	42.2	8 262	135	8 397
直播旱管	21.6	50.6	6 485	113	6 598

（六）经济效益

同一水稻品种，灌水量投入不一样，导致水稻产出的差异。由表 4-30 可知，不同处理间经济效益产生差别的主要原因是灌水上的人工花费，不同的管理方式对水稻经济效益的影响也较大。对于品种 HHZ 来说，JX 处理下的经济效益最高，BH 处理下最低；对于 YY9113、HY73 和 YLY6 来说，在 BH 处理下与对照相比经济效益分别提高了 81%、41%、66%。

表 4－30　不同节水模式下水稻的经济效益

单位：元/hm²

品种	处理	农业生产支出				灌水支出	产出	经济效益(%)
		种子	肥料	农药	机械			
HHZ	常规淹灌	549	2 385	660	2 248.9	4 200	26 082.0	91
	间歇灌溉	549	2 385	660	2 248.9	2 400	25 864.5	118
	薄浅湿晒	549	2 385	660	2 248.9	1 800	22 131.9	89
	半期旱作	549	2 385	660	2 248.9	600	16 440.0	63
YY9113	常规淹灌	915	2 385	660	2 248.9	4 200	18 343.5	31
	间歇灌溉	915	2 385	660	2 248.9	2 400	17 581.5	44
	薄浅湿晒	915	2 385	660	2 248.9	1 800	19 701.0	69
	半期旱作	915	2 385	660	2 248.9	600	22 086.0	112
HY73	常规淹灌	1 830	2 385	660	2 248.9	4 200	25 533.0	71
	间歇灌溉	1 830	2 385	660	2 248.9	2 400	23 977.5	82
	薄浅湿晒	1 830	2 385	660	2 248.9	1 800	23 002.5	83
	半期旱作	1 830	2 385	660	2 248.9	600	24 928.5	112
YLY6	常规淹灌	2 196	2 385	660	2 248.9	4 200	25 069.5	64
	间歇灌溉	2 196	2 385	660	2 248.9	2 400	21 516.0	59
	薄浅湿晒	2 196	2 385	660	2 248.9	1 800	22 960.0	78
	半期旱作	2 196	2 385	660	2 248.9	600	26 878.5	130

从表 4－31 可知，水稻品种在 YH 处理下的经济效益均较其他水分处理高，其中对于 HHZ 来说，旱作处理下经济效益均较对照降低；YY9113 在旱作处理下经济效益增加，且 YH 和 D 处理下增加最高，增加均达 81%；HY73 和 YLY6 的经济效益在 YH 处理下最高。

表 4－31　不同旱作处理下水稻的经济效益

品种	处理	农业生产支出				灌水支出	产出	经济效益(%)
		种子	肥料	农药	机械			
HHZ	常规淹灌	549	2 385	660	2 248.9	4 200	26 082	91
	移栽旱管	549	2 385	660	2 248.9	600	16 440	63
	直播水管	900	2 385	660	2 248.9	2 400	14 580	42
	直播旱管	900	2 385	660	2 248.9	600	14 622	53
YY9113	常规淹灌	915	2 385	660	2 248.9	4 200	18 344	31
	移栽旱管	915	2 385	660	2 248.9	600	22 086	112
	直播水管	2 250	2 385	660	2 248.9	2 400	21 608	81
	直播旱管	2 250	2 385	660	2 248.9	600	20 865	112

（续）

品种	处理	农业生产支出				灌水支出	产出	经济效益（%）
		种子	肥料	农药	机械			
HY73	常规淹灌	1 830	2 385	660	2 248.9	4 200	25 533	71
	移栽旱管	1 830	2 385	660	2 248.9	600	24 929	112
	直播水管	4 500	2 385	660	2 248.9	2 400	22 098	63
	直播旱管	4 500	2 385	660	2 248.9	600	22 073	84
YLY6	常规淹灌	2 196	2 385	660	2 248.9	4 200	25 070	64
	移栽旱管	2 196	2 385	660	2 248.9	600	26 879	130
	直播水管	4 500	2 385	660	2 248.9	2 400	—	—
	直播旱管	4 500	2 385	660	2 248.9	600	—	—

第五节　全程机械化技术研究

一、水稻全程机械化关键技术

（一）机械化耕整地

1. 工艺路线　水稻田耕整是水稻高产栽培技术中一项重要内容，一般包括耕翻、灭茬、晒垡、施肥、碎土、耙地、平整等作业环节。针对前茬作物留茬情况，耕整作业常见的工艺路线有两种：

水耕水整：灌水泡田→耕翻灭茬→施肥→平整→沉实。

旱耕水整：旱田耕翻灭茬→晒垡→灌水泡田→施肥→平整→沉实。

水耕水整工艺路线在南方多季稻产区和稻麦、稻油两熟轮作区采用较多，北方一年一熟的水稻产区常采用旱耕水整。耕整质量的好坏，不仅直接关系到插秧机的作业质量，而且关系到机插秧苗能否早生快发，影响到水稻产量。因此，耕整地质量十分重要。

2. 耕整地质量要求　耕作深度要适宜、一致，无重耕、漏耕。旋耕深度以 10～15 cm 为宜，犁耕深度宜在 20 cm 以下；田面平整，经过平整后高低差不超过 3 cm，表土硬软度适中，泥脚深度小于 30 cm；泥浆沉实达到泥水分清，泥浆深度 5～8 cm，水深 1～3 cm。采用犁耕方式，高留茬和秸秆要深埋犁底层；旋耕方式秸秆还田，要求秸秆切碎均布和整田时秸秆、土层搅和均匀。

机插秧大田田面要求：田面整洁，无杂草、残茬、杂物，利于插秧机行进作业，否则，残茬杂物易拖带刮倒已插秧苗；田面高低有度，在 3 cm 的水层条件下，高不出墩，低不淹苗，以利于秧苗返青活棵，生长整齐。否则高处缺水使幼苗干枯，低洼处水深使幼苗受淹。表层硬软相宜，一般要求耕整后大田表层稍有泥浆，下部土块细碎。高性能插秧机虽有多轮驱动、水田通过性能好的优点，但耕作层过深，会导致插秧机负荷加大，行走困难，甚至打滑，不能保证正常的栽插密度。此外，高性能插秧机虽有液压仿形装置，保证机器有较低的接触压力，但整地次数过多，土层过于黏糊，不利于沉实，机器前进过程中仍然有壅泥等情况出现，以致影响栽插质量。

3. 耕整方法　耕整地作业的田块类型主要有茬口地、冬闲板茬地和冬水田等三类。湖北稻麦两熟轮作区多为茬口地，东北等地多为冬闲板茬地，四川、重庆等山区多为冬水田。无论何种耕整方式，都需结合当地水稻栽培方式，掌握遵循以下基本原则：适时耕整，适施基肥，适当沉实，及时栽种。茬口地耕整具体路线如下：

（1）前茬秸秆粉碎 前茬作物收获时必须进行秸秆切碎或粉碎，并均匀抛撒。如果前茬为麦子，则机收时留茬高度应小于 15 cm，全喂入联合收割机应装带抛撒装置，利于秸秆均铺；半喂入联合收割机应装带秸秆切碎装置。若机收时未进行秸秆粉碎，则应增加一次秸秆粉碎还田作业。采用旱地旋耕整方式，因耕深浅，尤需要秸秆切碎、均铺。

（2）耕整

旱耕整：总体上分旋耕和犁耕。利用旋耕机、正反旋埋茬耕整机等旋耕作业，土壤含水率需在 30%以下，作业时要稳定耕作深度，以保证旋切能达到 10～15 cm 深度为宜，这样残茬、秸秆覆盖率高。采用反旋埋茬方法，残茬、秸秆覆盖率高。犁耕在农场和成片大田采用较多，其对秸秆埋覆较深，达 15～20 cm，对前茬秸秆切碎和铺放要求不及旋耕高。犁耕作业不要每季都进行，宜 3～5 年犁耕一次，与旋耕作业相交替。旱耕的田块，在旱耕结束后，晒 1～3 d，再上水浸泡 1～2 d 完成后续平整作业，这样不易形成僵土。平整机械以水田耙为主。

水耕整：直接放水浸泡，1～2 d 内让秸秆和根茬浸湿，旋耕作业时，需浅水层，3～5 cm为适。水田耕整通常使用的机械是旋耕机、水田埋茬耕整机、水田耕整轮等设备。作业时，采用交叉方式，两遍即可。带水耕整主要控制好灌水量和浸泡时间，既要防止带烂作业，又要防止缺水僵板作业，且水层过高，秸秆易漂浮，不利于埋覆。旱、水耕整后的大田地表应平整，无残茬、秸秆和杂草等，埋茬深度应在 4 cm 以上，泥浆深度达到 5～8 cm，田块高低差不超过 3 cm。

（3）沉实 水整后的机插大田必须适度沉实，沙质土沉实 1 d，沙壤土沉实 2～3 d，黏质土沉实 4 d 后机插，大田表水层以呈现所谓“花花水”为宜。要严防深水烂泥，造成机插时壅水壅泥等现象。对杂草发生密度较高的田块，可结合泥浆沉实，在耙地后选用适宜除草剂拌湿润细土均匀撒施，并保持 6～10 cm 水层 3～4 d 进行封杀灭草。

（二）机械化育秧

1. 机插秧对秧苗的要求 在水稻机械化育插秧技术体系中，一个核心的技术目标是培育出适合插秧机栽插作业、能够实现高产的秧苗。因此，良好的机插水稻的秧苗，不仅要满足水稻高产稳产的要求，更要符合插秧机作业的需要，两者同等重要，不可偏废。根据高性能插秧机栽插作业的技术特点，结合水稻高产栽培的农艺要求，机插秧苗的基本要求：一是秧块标准，秧苗分布均匀，根系盘结，适合机械栽插；二是秧苗个体健壮，无病虫害，能满足高产要求。

2. 机械化育秧流程 机械化育秧流程见图 4-14。

3. 育秧操作步骤

（1）顺次铺盘 为便于田间播种机的正常作业，提高秧床利用效率，便于起秧移栽，铺放软盘时应沿秧床纵向横排依次平铺两行软盘。盘与盘之间应做到紧密整齐，飞边要重叠，以防铺土播种过程中软盘侧边变形。同时，铺盘时要注意软盘底部应与秧床表面紧密贴合，以保证秧床与盘内营养土上下贯通，墒情一致。

（2）匀铺床土 铺撒准备好的床土，土层厚度为 2～2.5 cm，厚薄均匀，土面平整。

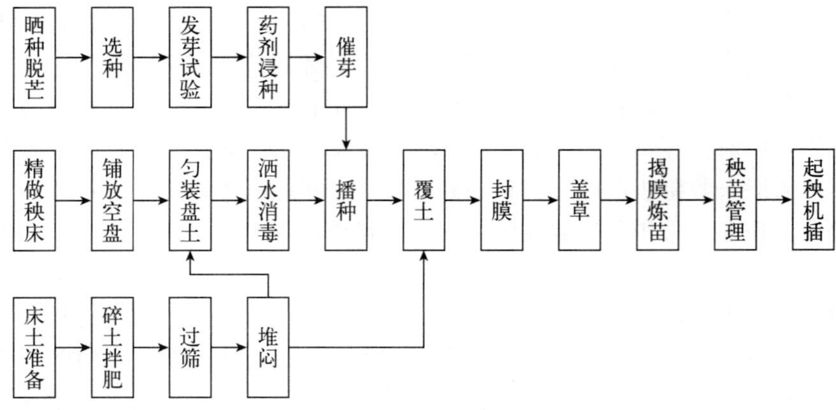

图 4-14 机械化育秧流程图

采用田间淤泥育秧的，一般要提前 3～5 d 在取土的行间用旋耕机来回浅旋数遍。表土充分粉碎后再上水浅旋即可取土作业，旋耕作业前可根据土壤情况按一定比例撒施壮秧剂。摊铺淤泥过程中要注意剔除土壤中的杂物及大颗粒土块。

（3）补水保墒　播种时适宜的土壤饱和含水量为 85%～90%。可在播种前 1 d 灌平沟水，待床土充分吸湿后迅速排水，亦可在播种前直接用喷壶洒水。需进行床土消毒的，可结合播种前喷洒水，用 65%敌克松与水配制成 1∶（1 000～1 500）的药液，对床土进行喷洒消毒。

（4）精量播种　播种时按盘称种，一般常规稻每盘均匀播破胸露白芽谷 120～150 g，杂交稻 80～100 g。为确保播种均匀，可以 4～6 盘为一组，分次细播，力求均匀。采用田间育秧播种机播种的，要事先调整好播种量，并在空盘中试播，以确定适宜的播种密度。播种作业时，要注意缓慢匀速操作，以保证播种均匀。

（5）匀撒覆土　播种后均匀撒盖籽土，覆土厚度为 0.3～0.5 cm，以盖没芽谷为宜。注意要使用未经培肥的过筛细土，不能用拌有壮秧剂的营养土；盖土后不可再洒水，以防止影响出苗；可以灌平沟水，湿润秧床后迅速排放，以弥补秧床水分不足。

（6）封膜保墒　芽谷播后需经过一定的高温高湿才能达到出苗整齐，一般要求温度 28～35 ℃、湿度在 90%以上。为此，播种覆土后，要封膜盖草，控温保湿促齐苗。封膜前在床面每隔 50～60 cm 放一根细芦苇或铺一薄层麦秸草，以防农膜粘贴床土导致闷种。盖好农膜，四周封严封实，农膜上铺盖一层稻草，厚度以看不见农膜为宜，预防晴天中午高温灼伤幼芽。对气温较低的早春育秧或倒春寒多发地区，要在封膜的基础上搭建拱棚增温育秧。

（三）机械化插秧

机械化插秧技术就是采用高性能插秧机代替人工栽插秧苗的水稻移栽方式，主要包括高性能插秧机的操作使用、适宜机插秧苗的培育、大田农艺管理措施的配套等内容。新型高性能插秧机采用了曲柄连杆插秧机构、液压仿形系统，机械的可靠性、适应性与早期的插秧机相比有了很大提高，作业性能和作业质量完全能满足现代农艺要求。

1. 高性能插秧机的工作原理及技术特点　目前，国内外较为成熟并普遍使用的插秧机，其工作原理大体相同。发动机分别将动力传递给插秧机构和送秧机构，在两大机构的相互配合下，插秧机构的秧针插入秧块抓取秧苗，并将其取出下移，当移到设定的插秧深度时，由插秧机构中的插植又将秧苗从秧针上压下，完成一个插秧过程。同时，通过浮板和液压系统，控制行走轮与机体、浮板与秧针的相对位置，使得插秧深度基本一致。其技术特点如下：

一是基本苗、栽插深度、株距等指标可以量化调节。插秧机所插基本苗由每公顷所插的穴数（密度）及每穴株数所决定。根据水稻群体质量要求，插秧机行距固定为 30 cm，株距有多挡或无级调整，达到每公顷 15 万～30 万穴的栽插密度。通过调节横向移动手柄（多挡或无级）与纵向送秧调节手柄（多挡）来调整所取小秧块面积（每穴苗数），达到适宜基本苗，同时插深也可以通过手柄方便地精确调节，能充分满足农艺技术要求。

二是具有液压仿形系统，提高水田作业稳定性。可以随着大田表面及硬底层的起伏，不断调整机器状态，保证机器平衡和插深一致。同时随着土壤表面因整田方式而造成的土质硬软不同的差异，保持船板一定的接地压力，避免产生强烈的壅泥排水而影响已插秧苗。

三是机电一体化程度高，操作灵活自如。高性能插秧机自动化控制和机电一体化程度高，充分保证了机具的可靠性、适应性和操作灵活性。

四是作业效率高，省工节本增效。在正常作业条件下，步行式插秧机的作业效率一般为 0.17 hm^2/h，乘坐式高速插秧机的为 0.33 hm^2/h，远远高于人工栽插的效率。

2. 高性能插秧机对作业条件的要求　机插秧过程中，在正常机械作业状态下，影响栽插作业质量的主要有两大因素，即秧苗质量和大田耕整质量。高性能插秧机由于采用中小苗移栽，因而对大田耕整质量要较高。一般要求田面平整，全田高度差不大于 3 cm，表土硬软适中，田面无杂草、杂物，麦草必须旋压至土中。大田耕整后需视土质情况沉实，沙质土的沉实时间为 1 d 左右，壤土一般要沉实 2～3 d，黏土沉实 4 d 左右后插秧。若整地沉实达不到要求，栽插后泥浆沉积将造成插秧过深，影响分蘖，甚至减产。

3. 插秧机分类　按操作方式分类，插秧机可分为步行式与乘坐式两大类。在乘坐式插秧机中，根据栽插机构的不同形式，按照插秧作业效率可将插秧机分为普通型与高速型。

按栽插机构分类，插秧机可分为曲柄连杆式与双排回转式两类。曲柄连杆式被用于手扶式及普通乘坐式上，高速插秧机均采用双排回转式插秧机构。

按栽植秧苗分类，可分为毯状苗及钵体苗两种。由于钵体苗插秧机结构较复杂，需专用秧盘，使用费用高，一般均为毯状苗插秧机。

按插秧机栽插行数分类，步行式分 2 行、4 行、6 行，乘坐式分 4 行、5 行、6 行、8 行、10 行等型号。

（四）机械化直播

机械直播水稻采用播种机直接在大田播种稻谷，它省去了育秧、拔秧、运秧和栽插等生产环节，使稻作过程简化。

1. 水稻机直播的方式

（1）机械化水直播法　即湿润播种法。为了与机械化旱直播区别，把湿润播种统称为水直播，即按机直播的要求整好大田，整好后留浅水用水直播机将经浸种后催芽至破胸露白的水稻种子直接播入大田，直播机可一次性完成水稻的播种和开沟两项作业，播后田间保持湿润出苗。这种方法的特点是种植规范，行距标准，出苗快、整齐，保持了有序种植的传统，而且种子播在播种机底板压出的播种槽内，使根系扎在土里，比撒播抗倒伏。不足之处是仍需上水整田。

目前与水直播技术配套的常用机具主要有江苏昆山 2BD－6D 型带式精量播种机、沪嘉 J－2BD－10 型水稻水直播机、苏昆 2BD－8 型水稻水直播机。它们均采用独轮驱动，船板仿形结构，一次完成水稻的种植和开沟两项作业。

（2）机械化旱直播法　即在麦收后不需要整田（也可浅旋），直接用不同型号的水稻旱直播机将浸种或只经种子处理不浸种的种子播入大田。该种方法可一次性完成浅旋、播种、覆土、镇压等多道工序（有的机械还可施肥），既保持了有序种植的传统，又比水直播稻节省了耕、整大田的工序。机械化旱直播法最好是在田块平整或前茬是免耕或板茬麦、油茬口和绿肥田上进行，若耕翻或深旋耕不平整田块必须要将田块整平和将土整细，否则不仅不利于一播全苗，而且影响化学除草的效果。机械化旱直播若遇到干旱年份需要进行沟灌窨墒保出苗。

目前与旱直播技术配套的常用机具主要有：2BD（H）－120 型水稻旱直播机，该机用手扶拖拉机作为动力，旋耕、碎土、开沟、播种、覆土、镇压等多道工序一次完成；2BD－8（9、10、11）型多功能覆土直播机，该机以中型拖拉机为动力，采用精密播种、畦肥覆盖、侧边施肥等新技术，可进行水、旱直播作业，还可兼收小麦、玉米、大豆等作物；2BG－6A 少（免）耕稻麦条播机，该机与手扶拖拉机配套，可一次完成浅旋耕灭茬、开沟、播种、覆土、镇压等多道工序。旱直播稻与免耕条播麦相配合，可以一机两用、一畦两用、一沟两用，是一种简便省力、投资少的种植机械化生产途径。

（3）机械干整湿播法　即在麦收后用旋耕机在不破坏原有麦田畦沟的前提下进行旋耕灭茬。旋耕灭茬后上水淹没畦面，随即进行第 1 次化学除草，同时将稻种进行浸种。3～4 d 后待畦面水落（或放水）至畦沟，畦面无水的情况下用弥雾机或人工将催芽露白的种子撒播于畦面上。这种方法优点是第 1 次化学除草以“水封杀草”，除草效果好，但缺点是不能做到有序种植，且由于种子撒播在土表，根系浅，后期容易倒伏。

（4）人工或弥雾机撒播法　即在麦收后将只浸种不催芽的种子或只经种子处理的种子直接人工撒播或用弥雾机喷撒于田间，再用三麦盖籽机将种子盖入 2～3 cm 深的土中（不能旋耕，因旋耕太深不能保证出苗）。这种方法只需三麦盖籽机一次作业即可完成播种，进一步省去了一些用本、用工，但也必须是在田面平整或在免耕麦、油茬口的基础上才能种植，耕翻的田块不能保证田面平整，不宜采用。这种种植方式也是不能做到有序种植，遇旱也需沟灌窨墒。但由于盖籽时将种子旋入土中，在后期抗倒伏上要好于机械化干整湿播法。

2. 机械化直播稻栽培技术流程

（1）机械化水直播稻栽培技术流程　收获前茬→施基肥→耕（旋）田、平田→沉实及待播种子处理（选种、浸种）→调好机械→下田播种→清理沟系→3 d 后第 1 次化学除草→保持田面湿润→三叶期建立水层，进行第 2 次化学除草→施好分蘖肥→防治苗期病虫害→适时烤田→防治中期病虫害→施穗肥（促、保花肥）→防治后期病虫害→抓好后期灌浆管理→适期收割。

（2）机械化旱直播稻栽培技术流程　收获前茬→施基肥→种子处理→装机播种→清理“三沟”→3 d后第1次化学除草→窨墒争全苗→三叶期建立水层，进行第2次化学除草→施好分蘖肥→防治苗期病虫害→适时烤田→防治中期病虫害→施穗肥（促、保花肥）→防治后期病虫害→抓好后期灌浆管理→适时收割。

（五）机械化施肥

1. 肥料的种类和施用方法

（1）肥料的种类　肥料主要分为有机肥料和化学肥料两大类，每大类中又都有固体和液体两类。有机肥料因施用量大，装载、运输与撒施的劳动强度大，卫生条件差，是一项亟待实现机械化的田间作业。化学肥料一般加工成颗粒状、结晶状或粉状。液态化肥主要是液氨和氨水。

（2）肥料的施用方法　在栽培作物过程中肥料施用主要有以下几种方法：

施基肥：于播种前将肥料撒在土表，耕地时翻入土中，或在犁上安装施肥器将肥料施入犁沟内，也有在深松铲上装设施液肥装置，随着松土作业将液肥施入沟底。

施种肥：在播种时将肥料与种子同时播入土中。常见的施肥方法有侧深施（肥料的位置在种子的侧下方）、正深施（肥料在种子的正下方）及将肥料与种子混施。

施追肥：在作物生长期间，将肥料施于植株根部附近，称为追肥。也有将某种易溶于水的营养元素用喷施的方法施于作物叶面上，称为“根外追肥”或“施叶面肥”。

（3）水田常用施肥工艺与方法

耕（整）前地表施肥：在进行土地耕整之前，先将肥料撒施于地表，通过耕整地措施将肥料翻于地表下并与土壤混合。这种方式适用于土地在耕整之后再灌水的地区或地块。如果对先灌水再耕整的地块采用这种方式施肥，肥料的损失会比较大。

边耕整边施肥：这是一种应用复式作业机械一次完成耕（整）地和施肥作业的工艺。一般是在进行耕（整）地的同时将肥料施于表土下层，以达到深施肥的目的。这种施肥工艺既适用于先耕（整）地后灌水的地块，也适用于先灌水后耕（整）地的地块。

边插秧边施肥：在插秧的同时将肥料深施于秧苗侧边。这需要带有施肥装置的插秧机来完成。

2. 施肥机械结构特点和工作原理

由于农家肥料和化学肥料的性质差别很大，因而施用这些肥料的机械其结构和原理也不相同。施肥机械类别与结构形式同肥料的种类、施肥方式、施用时期等有密切关系。根据肥料的种类，施肥机械可分为：固体肥料施肥机械和液体肥料施肥机械。

根据施肥方式的不同，施肥机械可分为下面三大类：一类是撒肥机。撒肥机是将肥料撒施于地表的机械，适用于施用固体农家肥和化肥及土壤改良剂等。另一类是条（穴）格施肥机。这类施肥机将肥料成条（穴）状施于土中，按结构和工作原理不同，可分别适用于固体化肥和液体化肥。再一类是液体肥料喷施机。主要是将适于叶面施用的液体肥料喷施于作物叶面上。

根据施用时期的不同，施肥机械又可分为以下几大类：

（1）基肥撒施机械　主要有3种：一是厩肥撒布机。一般是运肥、撒肥兼用，即在厩肥运输车的尾端安装一个或数个撒肥轮，并在车厢底部装设水平输送链。作业时，输送链将厩肥不断地向车尾输送，撒肥轮将厩肥撕碎成小块，并均匀地抛撒在田面上。在随后的耕地作业中，厩肥随土垡翻转埋入土层。二是化肥撒布机。结构形式有离心式和扇形振动式等。前者与播种用的撒播机基本相同。后者的撒肥部件是一个作扇形往复摆动同时振动的撒肥管，其结构简单，使用也广。在撒布易结块的化肥时，化肥撒布机的肥箱底部常设置筛网，以提高撒施质量和均匀度。三是厩液或液氨洒施机。一般是运肥、施肥兼用。施肥部件由凿形开沟器及输肥管组成，附装在运输厩肥罐车或加压液氨罐车的后部。作业时，原液或液氨通过输肥管注入由开沟器疏松的土壤中，随后被回落的土壤覆盖，以防止液肥挥发而损失肥效。

（2）种肥施播机械　可在播种的同时施放化肥。根据种子在发芽期对肥料的需求及肥料对种子发芽率的影响，有时将化肥与种子施入同一种子沟中，称同位施肥；有时将化肥施放在种子的侧下方，称侧位深施。在谷物条播机上加装施肥装置，即成为能同时施种肥的谷物联合施肥播种机。

（3）中耕作物施肥播种机　在中耕作物播种机上加装施肥装置组成。多采用侧位深施，以便于作物根系吸收，而又不影响种子发芽。在施用吸湿性强、易结块的化肥时，采用振动式排肥器或搅刀拨轮式排肥装置；在施用流动性较好的化肥时，采用转盘式或搅龙式排肥器，并装备锄铲式或双圆盘式施肥开沟器，以便从排肥器排出的化肥能经输肥管施入种子下面的土层。

（4）追肥施播机械　在作物生长期间进行施肥的机械，由中耕机上加装施肥装置组成。在中耕除草的同时进行侧位深施化肥或撒肥时，利用中耕机的松土工作部件开沟，由输肥管将排肥器排出的肥料施入土中。也可采用喷灌设备、植物保护机械或农用飞机上的喷洒部件进行液肥根外追施。

（六）机械化防控

在诸多防治方法中，化学防治仍是水稻防治病虫草害的主要方法。用机械喷洒化学药剂是提高化学防治效率的主要措施，不仅可做到防治及时，即在短时间内控制住害虫；而且防治效果好，一般可以达到相当高的比较稳定的防治效果，尤其在虫害严重时效果更加明显。同时化学防治不受地区和季节限制。一般一季水稻需喷化学除草剂 2 次，杀虫剂、杀菌剂 5～8 次。

1. 化学防治主要施药方法　在机械化化学防治中采用的施药方法有多种，通用方法有以下四种：

（1）喷粉　这种方法的优点是不需要水，适宜干旱地区农作物病虫害防治。但缺点明显，喷洒不均匀，黏附性差，用药量多，一般只有 20%左右沉积在目标上。水稻防治中，一般应用于栽插前后除草作业。

（2）喷雾　在一定压力下，通过喷头、喷枪等喷洒装置形成雾滴喷洒出去，雾滴直径 150～400 μm。该方法喷洒均匀，射程较远，受风的影响小，用药量少。但需大量的水作为溶剂，耗用功率大。喷雾方法是水稻病虫草害防治中采用的主要方法，尤其是水稻中后期病虫害防治作业。

（3）弥雾　利用高速气流将药液吹散出去，与空气撞击，形成细小的雾滴附着在作物上，雾滴直径 50～100 μm。该方法节水省药，喷洒均匀。应用于水稻生长期病虫害防治作业。

（4）超低量喷雾　使用不加水或只加少量水的高浓度药液，在离心力的作用下，将药液击散为微小的雾滴，随风飘移并均匀地覆盖在作物表面上。雾滴直径 70～90 μm，黏附性好，有利于药效的发挥。但这种施药方法施药时受风向、风力的影响较大，同时雾滴极细，易蒸发，仅在水稻小面积防治作业中有所应用。

2. 化学防治主要施药机具

（1）手动喷雾器　手动喷雾器是用人力来喷洒药液的一种机械，具有结构简单、使用操作方便、适应性广等特点。我国生产的手动喷雾器主要有背负式喷雾器、压缩式喷雾器、单管式喷雾器和踏板式喷雾器等四种类型。其中背负式喷雾器是由操作者背负，用手掀动摇杆使液泵运动的液力喷雾器，是基于人力进行水稻病虫草害防治作业的主要机型，是我国目前生产量最大、使用最广泛的一种手动喷雾器。

（2）背负式机动喷雾喷粉机　机动背负式气力喷雾喷粉机是一种多功能药械，既能够喷雾，也能够喷粉。由于其具有操作轻便、灵活，生产效率高等特点，广泛用于较大面积的农林作物病虫害的防治，以及卫生防疫、消灭仓储害虫及家畜体外寄生虫等它不受地理条件限制，在丘陵地区及零散地块上都很适用。

（3）喷射式机动喷雾机　喷射式机动喷雾机是指由发动机带动液泵产生高压，用喷枪进行喷雾作业的机动喷雾机。担架式机动喷雾机是喷射式机动喷雾机的主要机型，也是用于水稻防治作业的主要机型。车载式主要部件安装在拖拉机或农用车上，田间作业转移由拖拉机或农用车完成。也可以由它的液泵供液给多个手持喷枪进行作业，以提高作业效率。

高效宽幅远射程机动喷雾机是该类机具的最新机型，是用于水稻田病虫害防治的主要机具。高效远射程均匀喷洒技术是采用高压液力将药液雾化成一定大小的均匀雾滴，使雾滴具有适当的穿透能力并较多地沉积在作物上，尤其对水稻中、下部有良好的防效。能达到快速、大面积、高效防治效果，与传统机型相比具有显著优势。其机具特点：系列机具采用高压喷雾，增加雾滴穿透性，有利于提高水稻中、下部的防治效果；采用宽幅远射程均匀喷雾，可解决水田防治作业中重喷与漏喷问题，提高农药利用率；采用不下田的作业方式，作业效率高，劳动强度低；施药安全，同时也解决高秆作物机具下田无法作业的问题；便携式、担架式、车载式三种机型形成系列化机具，基本覆盖我国大、中、小型不同种植规模作物的病虫害防治需求。高效宽幅远射程机动喷雾机系列可逐步替代手动机具，节省作业成本和劳力，改变了水田防治机具品种单一的状况，有效地提高了我国水稻病虫害机械化防治水平。

（4）水田喷杆式机动喷雾机　喷杆喷雾机是装有横喷杆或竖喷杆的一种液力喷雾机，是大田作物高效、高质量喷洒农药的机具。水田用喷杆喷雾机，由装有水田专用行走轮的拖拉机和轻量化低量喷雾系统组成，主要用于水稻种植前期的除草剂和杀虫剂的喷洒。由于水田作业条件所限，国内目前应用较少。

（5）风送式远射程机动喷雾机　风送式远射程机动喷雾机也是一种可用于水田病虫害防治的大型机具，主要用于水稻后期病害防治作业。高射远程风送喷雾车由主机（主要含动力、行走变速箱、转向系统及药液箱）及风送喷药部分（主要含轴流风机、高压动力喷雾机、喷杆及喷头控制开关）组成。采用压力雾化与风力雾化相结合技术，利用风机强力气流使含药雾滴向高射远程分布。但由于水田道路及施药条件限制，应用较少。

（6）无人机机动喷雾机　植保无人机指用于农业植物保护作业的无人驾驶飞机，由飞行平台、飞行导航与控制系统、喷洒系统及操控人员共同组成，通过地面遥控或飞行控制系统，实现低空低量飞行喷洒植保作业。近年来，我国主要农作物植保机械化防治技术得到了较快发展，但对于水稻、油菜、玉米等高秆作物，受种植模式和作物生长特性影响，普通地面机械难以达到后期植保防治要求。同时，随着城镇化不断推进，大量农村劳动力转移到第二、第三产业，农业劳动力日益短缺，发展和推广高效率植保机械进行专业化统防统治工作势在必行。相较传统植保机械，无人机的喷防效率超高，不受地形环境、作物高度影响，广泛适用于大面积农作物的植保喷防，成为现代农业专业化防治的重要力量。

智能植保无人机结合 RTK 定位系统，在实地采集作业范围和障碍物定位数据，进行田块测绘后自动生成航线，可自动规避田间障碍，不受地形环境和作物高度影响。电动多旋翼植保无人机载重可达 5～15 kg，油动单旋翼植保无人机载重可达 10～20 kg，作业喷幅可达 5～8 m，作业飞行速度 4～10 m/s，每天作业量可达 20～33 hm^2，作业效率是人工喷药的 30 倍、普通植保机械的 8 倍，在高秆作物和爆发性病虫害防治效率上有突出的优势。

3. 田间操作方法　根据不同的喷射部件确定不同的作业路线。如使用宽幅远射程喷枪，持枪沿田埂直线匀速行走，无须摆动喷枪，喷枪与地面保持 10°～15°夹角，使得喷幅达到最大；使用远射喷枪或可调喷枪，在田中采用梭形走法，并摆动喷枪，按规定的行走速度匀速喷雾，以保证喷雾均匀，减少重喷和漏喷；使用喷雾喷粉机喷雾，由于雾滴较小，飘移严重，应按当时风向确定行走路线，自下风向开始喷雾。喷枪喷药时不可直接对准作物喷射，以免高压水流损伤作物。机具转移作业地点时应停机，按不同机型的转移方式进行转移。

（七）机械化收获

1. 机械收获方法　水稻的收获过程一般包括收割、打捆、运输、堆垛、脱粒、分离和清选等作业，受种植地区的自然条件、种植制度、经济结构和技术水平的限制，其收获工艺各不相同。目前，我国采用的机械收获工艺有下列 3 种。

（1）分段收获法　用机械分别完成水稻收获过程中的收割、打捆、运输、脱粒、清选等作业的每项作业或其中的几项作业，称为分段收获法。这种收获法所采用的机具比较简单，操作维护方便，价格也便宜，对使用技术的要求不高，容易掌握和推广。但在整个收获过程中要配合相当多的人力，花费的劳动量大，劳动强度高，效率低，水稻的总损失量也较大。

（2）联合收获法　采用联合收割机对水稻一次完成收割、脱粒、分离和清选等作业，称为联合收获法。这种收获工艺机械化水平高，生产效率高，劳动强度低，总损失量也低，特别有利于抢收、抢种。这种收获方式在农场已广泛使用，在广大农村也得到了迅猛的发展，深受农民的欢迎，机具的推广量越来越大，作业面积逐年提高。但其机具结构复杂，造价较高，使用成本也高，对使用和维修技术的要求较高。

（3）分段联合收获法　这种方法是把收获分为两个阶段进行，先用收割机将作物割倒，成条地铺放在具有一定高度的割茬上，经过3～5 d的晾晒后，使其含水率降低，并利用谷物的后熟作用，使其籽粒逐渐成熟一致，然后用装有捡拾机的联合收获机捡拾、脱粒、分离和清选。这种方法收获的籽粒饱满、光泽好，提高了产量与质量。由于可以提前7～8 d收割、晾晒和后熟，延长了收获时间，缓解了收获工作的紧张程度。但是这种方法要增加作业次数，如遇雨季可能使籽粒发芽或霉烂，因此这种收获方式多用于北方麦作地区，不适宜南方水稻收获。

2. 水稻收获机械

（1）水稻收获机的类型　水稻收获机械的种类很多，其主要类型和特点见表4－32。就田间作业机具来说，根据不同的用途可分成收割机、脱粒机、联合收割机三大类。收割机又可分为条放式收割机、堆放式收割机、割晒机、割捆机；脱粒机械可分为半喂入脱粒机和全喂入脱粒机。联合收割机按照不同的分类方式可分为不同的类型，如按动力方式分，有配套式和自走式两种；配套式又可分为牵引式、全悬挂式、半悬挂式、通用底盘式；自走式按行走部件又可分为轮式和履带式两种；如按喂入方式分，有全喂入式、半喂入式和割前脱粒式三种。以上种种方式的组合就产生出多种类型的联合收割机。目前广泛应用的主要是履带自走全喂入式联合收割机、轮式自走全喂入式联合收割机、履带自走半喂入式联合收割机。进行水稻收获时，各种不同收获工艺所采用的机具，在用途上和构造上不尽相同。

表4－32　水稻收获机的类型及特点

分类方式	类型	特点
按铺放方式分	堆放收割机	将作物割断后，能自动在田间放成堆，以便人工直接捆束
	条放收割机	将作物割断，经割台输送而转向，使茎秆转成与机具前进方向垂直的条铺，以供人工分把打捆
	割晒机	将作物割断后，在田间顺着机具前进方向将茎秆铺放成首尾相连的条铺。这种条铺只能在作物晾晒后由捡拾机捡拾脱粒，不能由人工集堆、分把、打捆
	割捆机	将作物割断后自动分把、打捆并放于地面。这种机具结构复杂，在我国推广较少
按割台运送装置分	立式割台	作物割断后由输送装置进行输送并铺放。这种机具结构紧凑、重量轻、机动性好，适用于较小田块，但对倒伏作物的适应性较差
	卧式割台	用拨禾轮配合切割并将割断的作物拨至输送带上，作物的输送过程比较稳定，对倒伏作物的适应性较好，但结构复杂，机组长，重量大
	回旋式割台	利用回转式切割装置切割作物并能自动集堆，便于直接打捆。作业比较稳定可靠，但效率较低，刀片寿命短，损失也较大

（2）收获机械的使用要求　收获机械是最复杂的农田作业机具之一，要使收获机械能充分发挥其高效、节约成本的特点和机具的可靠性有效度，就必须了解收获机械的结构特点、作业性能和适应范围，掌握调整和维护常识。

操作者必须经过专业培训，对所使用机具的结构、性能和特点熟悉；具备基本的维护和保养常识。

使用收获机械作业时的一般农技要求：

对谷物收割机的农技要求：①收割作物要干净，掉穗、掉粒损失要少；②割茬要低，以充分利用茎秆为度，同时便于免耕、少耕等后续作业；③铺放要整齐，以便集堆、打捆或机械捡拾；④能适应平作、垄作、畦作和间作等多种栽培方式作物的收割作业；⑤能收割多种作物，能适应高、矮作物和不同产量作物的要求。

对联合收割机的农技要求：①总损失要小，作业时总损失不大于 3.5%；②谷物含杂质率要低，一般要求在 2%以下；③谷物破碎率要低，一般要求在 2%以下；④割茬要低，割茬越低越好，以利免耕、少耕等后续作业；⑤要能适应高、矮作物和不同产量的作物。

（3）收割机的使用

①收割前的准备工作。启动收割机前应对机组各润滑部位加注润滑油，检查确认安装无误、连接可靠后，再进行试运转。先用小油门使收割机传动系统运转，观察其运转情况，如无异常再慢慢加大油门运转 3～5 min，观察有无异常响声或卡碰现象以及输送带是否跑偏。停机后检查紧固件有无松动现象，收割机提升时有无卡碰现象或倾斜现象，确认正常后方可投入田间作业。准备好田块。田块四周的作物要进行人工收割，以免分禾器撞田埂。严重倒伏的作物也要进行人工收割并运走，同时填平田间的沟坎，使机组能较平稳地进行作业。无法填平的沟坎要用木板或铁板等物铺平，使机组能顺利通过。

②作业时的操作要领。机器运转时，任何人不得在割台前检修或逗留。如需检修或清理作物和杂草，必须停车，切断动力，在发动机熄火后进行。机具起步要平稳，慢慢加大油门，收割机达到作业速度时才能作业。尽量整幅收割，以便充分发挥机具的工作效率。铺放要整齐，以利打捆或机械捡拾，便于作物的脱粒。收割要干净，避免漏割或掉穗。不宜收割潮湿或带露水的作物。如果不得不抢收，应密切注意机组的工作状况，一有异常立即停机。收割倒伏的作物时，要采用逆向收割或侧向收割方式。上、下田块或作业中田头转弯时要把割台升起来，使机组处于运输状态。上、下田块遇到较大坡度时应开倒车，以防割台冲撞到地面。割茬高低要根据当地的农艺要求和田面情况决定，为便于茎秆综合利用和田块的后续作业，留茬要尽量低，但要避免割刀“吃土”。发现异常情况或遇到障碍应立即停车。作业时，若发现工作部件如切割器、齿轮箱、输送装置等有异常情况，应立即停车，排除故障后，方可继续作业，同时要清理割台上的缠草和泥土。经常检查各紧固件的紧固情况，发现问题及时处理。注意检查作业质量，包括留茬高度、损失率和铺放情况。留茬可在收割机的作业行程上测量 3～5 个点取其平均值，损失率和铺放情况则按国家标准的相关规定来执行。

（4）履带自走式全喂入联合收割机　履带自走式全喂入联合收割机对湿软田有良好的防陷通过性，一般能够适应泥脚深度不大于 100 mm 的潮湿田块。由于这类机型的脱粒滚筒大多采用了杆齿式结构，与纹杆式结构相比，能够同时适应水稻和麦类的收获作业。但受全喂入收获工艺的限制，收获水稻时的生产率较低。因此，这类机型适合于一定条件下的水稻中低产田地区及稻麦产区。

当联合收割机在田间作业时，分禾器将待割作物与暂不割作物分开，拨禾轮把进入左右分禾器间的作物投向切割器，割刀割断作物茎秆；被割下的作物在自重、收割机前进速度和拨禾轮的共同作用下倒向割台，通过割台搅龙的螺旋叶片将作物送到一侧输送槽入口处，输送槽的平皮带把作物送入脱粒滚筒；进入脱粒滚筒的作物在钉齿、滚筒盖导向板的共同作用下作圆周和轴向运动，作物在运动过程中多次受到钉齿的打击、梳刷，在凹板筛上进行揉搓而脱粒。脱下的籽粒穿过凹板筛落到振动筛上，经风扇和振动筛的清选后落入水平籽粒搅龙，再经水平籽粒搅龙和垂直籽粒搅龙运至粮箱，然后装袋。清选筛出的较粗茎秆和籽粒等混合物经二次搅龙送至二次滚筒再进行脱粒，粗茎秆沿脱粒滚筒移到脱粒机端部，被滚筒的离心力抛出，碎草、颖壳等轻杂物被风扇气流吹出机外，则就完成切割、输送、脱粒、分离、清选和装袋联合作业。

（5）履带自走式半喂入联合收割机　履带自走式半喂入联合收割机体积小、重量轻，结构紧凑，操作方便，籽粒干净，破碎率及损失率低，秸秆既可切碎还田也可完整地回收，作业效率也较高，具有较大的适应性。这种机型不仅适用于平原的大地块作业，还尤其适用于丘陵地区的小田块作业。目前使用较多的半喂入联合收割机基本机型为履带自走式半喂入联合收割机。本节所介绍的半喂入联合收割机也仅指履带自走式机型。

履带自走式半喂入联合收割机大多为中、小型，结构复杂，技术含量高，是中小型联合收割机中复杂系数最高的产品。其脱粒元件一般采用弓形齿，因此主要适用于水稻联合收获，也可兼收小麦。它是由割台装置、中间输送装置、脱粒装置、分离清选装置、集粮部件、底盘、发动机、液压装置、自监控装置及传动系统等部分组成。

半喂入机型作业时，扶禾器首先插入作物中，将作物扶起后由切割装置进行切割。割下的作物由输送装置输送至夹持喂入链，作物的穗头被喂入脱粒主滚筒沿轴向运动进行脱粒（仅穗被喂入）。脱下的籽粒由凹板筛分离出来，断茎秆和断穗头等则由脱粒主滚筒排至副滚筒再次脱粒，杂草排出机外，始终由夹持喂入链夹持的茎秆则交内排草机构切碎或由铺放机构铺放、堆放至田间。脱粒时只有穗头进入脱粒室，滚筒的功率消耗少、节能，但对作物穗幅差较为敏感，使用时可根据作物长势情况进行喂入深浅调节（自动化程度高的机具具有喂入深浅自动调节功能），以减少脱粒损失。脱粒以后的茎秆可以切碎还田，也可以保留完整为后续处理创造条件。这种机型还有较强的收割倒伏作物的能力。

（八）机械化干燥

谷物的干燥实际上是通过干媒介质不断带走谷物表面水分的过程。常规的谷物干燥方法主要有自然干燥法、机械干燥法，而机械干燥又可以根据所采用的不同干燥温度、不同干燥介质分为多种不同的干燥加工工艺，如热风干燥、远红外干燥、太阳能干燥等。

热风干燥的基本工作原理是：采用燃烧器或其他加热设备所产生的热源对空气进行加热，再将热空气与稻谷充分接触并使谷粒加温，在激活、加速水分子运动的同时将稻谷表层的水分带走。目前世界上最先进的稻谷热风干燥技术为低温循环式热风干燥技术。主要是在干燥过程中按照不同的谷物水分值采用不同的程序控制热风温度，从而控制谷物内部水分向外移动的速度，防止出现爆腰，并使谷物中的淀粉、糖、脂质等保持在最佳状态，使粮食保持优良的品质与食味。

1. 干燥机的选型与配备　对于稻谷加工企业或专业干燥企业，在干燥设备的选型与配置方面一般可以从以下几方面进行考虑。

（1）干燥能力　按照企业设计的稻谷加工能力，折合成正常情况下每天的加工量，再考虑当地稻谷收购或收获后的初始水分，选配干燥机数量。如每天加工 60～80 t 稻谷，正常干燥降水幅度为 3%～4%（干燥前稻谷初始水分为 18%左右），一般每台干燥机一天可以干燥 3～4 批，即一台装载量 10 t 的干燥机一天可以干燥 30～40 t 稻谷，按上述日加工量，选用两台 10 t 低温循环式干燥机即可。

（2）机型与性能质量　通过低温循环式干燥机干燥后的稻谷具有良好的生命特征，发芽率不低于烘前水平，水分均匀差异小，便于储藏保管。为了保证稻谷的品质，谷物储备和粮食加工企业在干燥机机型的选择上，一般应选择低温循环式干燥机。

在确定机型后，干燥机的质量也是重要的选择依据。在质量指标的选择上，一般从以下几方面着手：

① 干燥机的配置。对于低温循环式干燥机，配置高低，其自动化程度有差异，同时还在相当程度上决定干燥机性能的差异。目前生产或供应我国市场的低温循环式干燥机企业主要有江苏久阳农业装备有限公司、上海三久机械有限公司（台资企业）、山本机械（苏州）有限公司（日资企业）以及金子农机（无锡）有限公司（日资企业）等几家，不同企业在干燥机的控制与检测技术、机械传动机构或机器配置上都有所不同，从而干燥机的性能与价格亦有所差异。

② 性能指标。要详细考察所选择机型的各项技术性能指标是否符合国家标准，对烘后发芽率降低值、烘后破碎率增加值、烘后水分不均匀度、单位降水耗能等指标逐一对照国家标准或稻谷企业所提出的特殊需要进行比对。

③ 制造与装配质量。制造质量的重点在焊接，要求焊缝（或焊点）均匀、整齐，焊接牢固可靠。装配方面要求螺栓连接紧固可靠、无松动，干燥部冷、热风道密封良好，基本不漏气或少漏气，储留部不漏种。干燥机侧板材料为厚度不小于 0.8 mm 的优质冷轧钢板。

④ 外观与涂层质量。要求干燥机侧板平整，无明显凹凸现象。涂层均匀、平整、光滑，无漏底、流痕、起泡和起皱。

（3）配套合理性及相关设施　一个稻谷加工或干燥企业在进行整套设备的设计与配套时，配套的合理性应重点考虑干燥能力与其他稻谷加工设备生产能力的合理衔接以及工艺流程的流畅程度，比如用于谷物中间输送的提升机、刮扳机等的传输能力。设计合理的生产工艺不但可以提高生产工效，减少辅助用工，并且可以一定程度上降低设备的能源消耗。其次要考虑加工车间的工作环境以及对加工车间周边的影响，包括在加工车间设置集尘室、车间防尘设施等。

2. 干燥车间的位置选择　由于影响稻谷干燥速度快慢的因素除干燥机本身外，空气的湿度对干燥速度也有直接的影响。所以，干燥车间的选址应尽量避免靠近水源或湿度较高的场地。

（九）机械化种子加工

种子加工是提高种子质量的重要手段，是种子商品化的关键环节。通过加工，促进良种、良制、良法有机结合，不仅使种子优异的生物学、遗传学特性得到充分的保留和发挥，而且可大大提高良种的科技含量和商品价值，实现播前植保、带肥下田，并为实现机械化精播奠定基础，达到保苗、壮苗及增产、增收的目的。

水稻种子从收获后到播种前需要经过加工处理后才能形成商品，其加工方法主要有两种，即单机加工和成套设备加工。种子加工成套设备是根据精细化、标准化种子加工的要求，由各种主机和配套设备按高效规范的加工流程集合组装形成的加工流水线。

种子加工过程因作物种子的原始状态不同，以及具体加工要求不同而有所差异，通常采用的加工过程如下：

1. 预清选　主要是将影响种子流动的碎茎叶、断穗等较大的夹杂物和比重小的夹杂物从种子中清除掉。一般多用简易的风筛机作预清选。

2. 基本清选　这是一切种子加工过程中必要的工序。其目的是清除夹杂物，以及大于或小于所规定尺寸范围的种子和较轻的秄粒。一般用风筛清选机来完成基本清选工序。

3. 精选与分级　按种子的长度、宽度、厚度和比重以及其他物理特性进行精选，必要时并将种子分选为若干等级。通常用窝眼滚筒式清选机和重力清选机来完成精选与分级工序。

4. 药物处理　加工后的种子一般要用粉状、液状或浆状药剂进行处理，以防治病虫害、提高发芽率。药物处理机械主要有丸粒化机和包衣机。

二、小麦全程机械化关键技术

（一）机械化耕地

1. 耕地农艺要求

（1）适时耕翻。既能抢农时，又能保证作业质量。

（2）应保证达到规定耕深，且耕深一致。一般耕深应达到 20～26 cm 且与规定耕深相差不超过 1 cm。

（3）翻垡良好，覆盖严密，耕后地表平整。

（4）不漏耕、重耕，地头整齐，不留三角地头。

2. 耕地的基本方式　有平翻、深耕和旋耕等基本方式。

平翻：是麦田的基本耕地方式，主要包括普通平翻和复式耕翻。普通平翻是最常用的耕地方式，用不带小铧的犁翻地，垡片翻转角小于 180°，适用于熟地，但对于多杂草地覆盖不严。复式耕翻是用带小铧的复式犁耕地，耕后地表松碎平坦，覆盖严密，有利于消灭杂草和防治病虫害。

深耕：可以加厚耕作层，提高土壤蓄水保墒能力，促使土壤熟化，加速养分的分解和积累，为作物生长提供广阔的地下空间，促使作物根系发育。适当深耕也是提高产量的重要措施。只有用大中型作业机械，才能很好地完成深耕作业。

旋耕：是一种新的耕地方式，用旋耕机耕作。其特点是耕后土壤松碎，可减少整地作业量。

3. 耕地作业机械的选择　湖北省常用的麦田耕地作业机械有铧式犁、圆盘犁和旋耕机。

铧式犁：具有良好的翻垡、掩埋杂草的性能。常使用的有 1－7 铧，配 2.2～5.5 kW 拖拉机系列产品。铧式常用型号有 1LS－520、1LS－420、1LS－320、1LS－120 等。

圆盘犁：与铧式犁相比，翻垡、碎土、覆盖性能较差，但入土、切断杂草和作物茎秆能力强，不易堵塞，适用于耕翻绿肥和稻草回田作业。圆盘犁常用型号有 ILYXF－322、1LYS－215、1LYS－222 等。

旋耕机：其特点是碎土能力强，耕后表土细碎平整，土肥掺和好。旋耕机常用型号有东风－12、工农－12、1G－125、1G－125A 等。

4. 机械耕地作业技术要点 耕地工艺路线：机组入区→耕地头→开墒→耕翻→收墒→耕地头线→出区。

根据田块大小和形状决定是否耕地头线，作为起落犁的标志。地头宽度因不同机组而异，一般中型拖拉机悬挂机组地头宽度 8 m 为适，作业中要求机组转弯正确，起落犁及时，避免漏耕、重耕和出现喇叭口。

根据农艺要求、作业方法、地块情况确定开墒位置，开墒宜用低速走直。

行走方法有内翻法、外翻法、内外翻交替耕法、四区内翻套耕法、四区外翻套耕法等多种，可因地灵活选择，一般麦田采用内翻法。收墒要求沟平且直。

每到田角处应提犁转弯。在耕较窄地块时，对悬挂犁可采用提犁倒车移行法单独耕地头。

5. 旋耕机作业技术要点 要根据土质、地表情况和作业要求，正确选择刀形和安装方法。一般麦田和潮湿地选用弯刀形，用交错安装法，即弯刀交错对称安装，最外两端刀片向里弯。

正确做好旋耕机与拖拉机的连接，并做好相应部位的调整和连接部位的检查。旋耕机的调整有轮距调整、前后左右水平调整和耕深调整。

行走方法有梭形耕法，常用于手扶拖拉机旋耕机组作业；套耕法、回行法，适用于麦田旋耕。

旋耕机作业关键技术要求：合理选择前进速度，一般水耕或耙地 3～5 km/h，旱耕 2～3 km/h。旋耕时，应先接合动力输出轴，再挂工作挡，柔和松放离合器踏板，同时操作液压升降手柄，使旋耕刀逐渐入土，随之加大油门，直到正常耕深为止。禁止在拖拉机起步前，将旋耕机先入土或猛入土。地头转弯和在传动中要提升旋耕机，刀片离地 15～20 cm，但在田间转移或过田埂时，要提到最高位置。旋耕机开始作业要使刀片逐步入土，边起步边入土。不允许有漏耕，允许有少量重耕。

6. 耕整机作业操作技术要点 按使用说明书，进行正确安装和调整。遵守操作规程，严禁在硬地面上长时间行驶；严禁耕整机爬陡坡、转急弯或高速行驶。耕整机因重心高，注意防止翻车，如发生歪车，立即分离离合器，将发动机熄火，扶正机车。

7. 耕地质量检查 耕地质量检查内容主要包括：

耕深：随机抽取适当的点数，用尺直接测量。

地头地边：目测有无漏耕，地头是否整齐，应耕的地头、地边是否耕到。

地面：目测土垡翻转情况和地表是否平整，有无沟和坑。检查犁底层是否平整，目测检查有无漏耕和重耕。

（二）机械化整地

1. 整地农艺要求 整地要及时，以利防旱保墒；要求土壤细碎，表土松软，田面平坦；工作深度要适宜、一致；地面平整，无漏耙、漏压。湖北省常用的麦田整地机械包括圆盘耙、旋耕机等。

2. 整地机械作业技术要点　根据农业技术要求合理选配作业机组，并做好作业前的技术状态检查和调整。根据田块大小、形状及作业要求选择行走方法。耙地有回形耙、套耙、对角交叉耙等方法，一般要求耙两遍，第一遍多采用套耙，第二遍采用横耙，最后作一次四对角梭形往返，绕田块四周耙1圈。耙地后，应进行质量检查，内容包括深度及其是否一致、地面平整度，并观察有无漏耙。

（三）机械化开沟

1. 开沟作业的农艺要求　开沟是小麦生产的一个重要作业环节，麦田的沟有厢沟、围沟、腰沟三种。沟厢配套的农艺标准为：一般厢宽3 m左右，厢沟深20～25 cm，宽20 cm；腰沟深、宽均为26 cm；围沟深、宽各30 cm，排水不畅的冷浸田、烂泥田应加深到深、宽各40 cm，达到三沟相通，排明水、滤暗水，能排能灌、一沟两用。

2. 机具选择　目前，湖北省的麦田机械开沟应用还不多，可以选用上海生产的1GH－35型开沟机、江西生产的1GK－30型开沟机。

3. 作业技术要点　结合整地开好围沟，播种时开厢沟，长地块加腰沟，沟要直，壁要光，沟底平。开沟时要做到沟土打碎撒施开，“开沟不堆土，土撒不压苗”。机具的使用要严格按照说明书操作，保证安全生产，提高作业质量。

（四）机械化播种

1. 播种作业农艺要求

（1）适时播种。要不误农时，保证适时播种，最好能在最佳播种期内完成播种作业。

（2）保证播种质量。播种量要根据种子发芽率、田间出苗率、每公顷的基本苗数进行精确计算。种子箱排种要均匀，并按农艺栽培技术要求的田间籽粒分布（株距、行距）、土壤内的位置（距地表的距离）等将籽粒种均匀播种到位，排量准确可靠，无断条现象。

（3）不损伤种子。播种时不对种子造成机上二次机械损伤，即使有，也要限制在最低损伤率内，并相应调大播量。

（4）播后迅即覆土盖种，覆土要均匀严实，厚薄符合规定。干旱地区或播种时遇旱还需适度镇压。

（5）播种的同时，最好施用种肥。农田机播作业时，最好能做到播种、施肥同步进行，化肥要做到细碎不结块，种与肥要有3～6 cm厚的土壤隔离层，排肥量可调并连续均匀。

（6）每块地应播到边、播到头。要求播行平直，地头整齐，机具播种部件入土、出土时无漏种现象，机具调头时搭行符合行距要求，边播边检查，要防止重播、漏播，无丢边遗角。

（7）搞好维修调整，减少故障。更换播种品种时要清理干净，以防造成作物品种混杂。

2. 精少量播种机械化技术　小麦的机械化播种方法主要是条播，湖北省农机系统从20世纪80年代后期开始大力推广精少量播种技术，到20世纪90年代，每年的推广应用面积在2.67万hm^2左右。

小麦精少量播种机械化技术就是将过去的“大肥、大水、大播量、大群体”的传统高产栽培技术改为“足肥、足水、小播量、适宜群体”的高产更高产机械化种植技术。即在地力和肥水条件较好的基础上，利用机械匀播并控制和做到减少播种量，比较好地处理了群体和个体矛盾，使麦田群体动态结构科学合理，提高群体质量；改善群体内光照、通风条件，使个体营养良好，发育健壮，从而达到穗足、穗大、粒重，获得高产高效益。

（1）小麦精少量播种机械化技术特点　主要技术特点有：一是播种量少，基本苗也少，每公顷仅保证基本苗120万～150万；二是对水、肥、土等条件要求较高；三是选用分蘖较强的高产品种；四是要加强田间管理。

（2）小麦精少量播种机械化技术配套措施　实施小麦精少量播种技术并非所有的田块都能适宜，一般要求地块要大一些，尽量连片，以便于机械作业。此外，还要求土层深厚、疏松，土壤肥沃，麦田平整。施用底肥应以农家肥为主，化肥为辅。整地作业前将农家肥和适量化肥均匀撒施地面，随着耕翻整地把肥翻入土壤中。在播种前，要深耕深松，要求耕深达到20～25 cm，深耕后要耙细耙透，地面平整，便于后期的机播作业。另外，所选的田块墒情要好，如底墒不足，应在耕地作业前适量浇水补墒。应尽量选用产量高、品质优的当地看家品种，并在播种前对种子进行精选、拌药等处理。在小麦品种最佳播种期进行播种。根据精少播麦田的生长情况，加强田间管理，对夺取小麦最终的丰收至关重要。

（3）常用机具简介　目前，湖北省广泛使用的播种机具是山东、河南及湖北生产的2BB系列半精量播种机和2BBM系列小麦精密播种机，这两个系列均有3行、6行、9行、12行四种型号。分别可与畜力、8.8～11.0 kW（12～15马力）小四轮拖拉机和18.4 kW（25马力）拖拉机配套使用。能适应各地动力机械的配备情况和农田作业条件。

（五）田间管理机械化

1. 机械化施肥

（1）施肥方法与施肥机械　肥料按化学性质可分为无机肥料和有机肥料。无机肥料包括各种化学肥料和微量元素肥料；有机肥料包括各类农家肥、绿肥、作物茎秆和杂肥。按肥料形态又可分为液肥、粒肥和粉肥。不同肥料采用不同的施肥方法。

施肥方法按施布方式有喷施、浇施、撒施、条施和穴施；按施布深度有表施、浅施和深施。此外，还可分为施底肥和施追肥。肥料深施是提高肥效、减少污染，大力提倡的施肥新技术。

因肥料种类和施布方法不同而选用不同的施肥机械，主要包括肥料处理加工机械、装载运输机械和施布作业机械。

（2）施肥农艺要求　撒施和喷施要均匀，条施、穴施和深施定位与数量要准确；工艺操作要简便，尽量结合其他作业同步进行；不伤苗、不伤根、不发生肥害。

（3）农家肥施用机械化技术

施肥方法：一般麦田多用地面撒施，耕翻覆盖的方法。

施肥用机械与作业：湖北省小麦多用装载机械和耕翻作业机械，即拖拉机或农用汽车将肥料装载到田中或田边，用锹抛撒，再用耕作机械耕翻覆盖。

（4）化肥深施机械化技术　化肥施用必须根据当地气候、土壤、作物特性和化肥品种，在农艺部门的配合下，合理制定施肥制度和施肥计划。内容包括施肥品种、数量、施肥时期、深度、方式和使用工具或机具的确定。

深施是化肥合理、科学施用方式，化肥深施机械化技术就是使用机械将化肥按农艺要求的数量和位置深施于土壤中的技术。化肥深施的方法有两种，一种是将施肥部件装在犁或播种机上，进行联合作业，把肥料施在犁沟或作物两侧土层中。如 2FS－45 型化肥深施机就是装在耕整机上，有些播种机就配有专用施肥器，边播边施肥，一般作施基肥用。另一种是专用施肥机（器），可施基肥和追肥。化肥喷施多用于叶面追肥，将可溶性化肥按一定肥水比例溶解后装入喷雾机（器），进行喷洒。

化肥机械深施要根据作物品种、化肥种类和农艺要求合理选用作业机械和作业方式。其主要技术要点有：

化肥深施机械作业工艺路线：肥料配制→机械准备→田块与道路准备→施肥量调节→行走方法与速度的确定→试施→正常作业→停机→清洗入库。

肥料配制：应根据各地土壤特性和作物特性合理配制。机械深施的化肥一般为颗粒状和粉状，含水量＜5%，若结块应打碎过筛。

化肥深施机械作业要求田块平整，无明显的沟或坑，浅水作业。

机械深施技术要求：基肥深度为 10～14 cm，追肥深度为 10～20 cm。要求施肥量均匀，不重不漏，覆盖严密。

作业前，应将机械进行检查和试运转，然后进行施肥量的调整，保证施肥均匀。

田间施肥作业的行走方法，若与耕整机、小麦播种机配套作业就按耕、播作业方法行走，单项施肥作业可采用梭行或套行方法行走。遵守操作规程，注意施肥的连续性，严防断条或堵塞。作业时肥料箱应盖严，防止水、泥、人为造成结块堵塞。施肥与耕、播、插联合作业时，在转弯地头行走处操作要协调。作业完成后，应将肥料箱内剩余肥料取出，并清洗干净入库。

基肥深施机具以 1LD－20、1LD－40、1LD－60 型犁底化肥深施机械为主；追肥机具以 2FC 系列碳酸氢氨追肥机为主。

2. 机械化植保

（1）病虫防治原则与农艺要求　病虫防治要贯彻“预防为主、综合防治”的方针，坚持安全、有效、经济、简便的原则。喷药量应符合说明书规定，喷洒要均匀，不漏喷、不重喷、不损伤植株。注意施药安全，严防人、畜、作物发生药害。

（2）施药方法与机械的选择

施药方法：化学药剂包括液剂和粉剂。施药液的方法有喷雾法、弥雾法、超低量喷雾法和喷烟法；施粉剂则采用喷粉法。

施药机械：小麦病虫防治施药机械常用的有喷雾机、弥雾机、超低量喷雾机和喷粉机。手动喷雾器有 3WS－7、3WB－12、3WB－14 等，机动喷雾机有工农－36、WFB－18AC 背负式等。

施药机械的选择：施药机械的选择应充分考虑以下条件：

① 生产情况。包括所采用的防治方法，作物生长形态，病、虫、草害的种类和发生规模，危害情况等。

② 自然条件。包括地形特征、田块大小、水源、道路条件以及气候特点等。

③ 现有的防治手段、药械型号和数量。

（3）施药机械使用技术

施药的工艺路线：疫情查看→药液配制→药械准备→行走方法与速度的确定→试喷→正常作业→药械清洗与残液处理。

药液配制：根据疫情和防治面积，选择药种和配制所需要的浓度和用药量。

药械准备：根据防治要求，选择药械型号和数量，选择喷头和喷孔片，并按技术要求进行检查调整，保证良好的技术状态。

喷雾喷粉技术操作要点：喷雾机可用水试喷，检查各部件是否正常，有无漏水和堵塞的情况，喷雾质量是否良好；喷粉机可用空转检查，有无杂声，出风量是否正常。喷雾应在无风或微风情况下进行。开始喷药前，凡设有调压装置的喷雾机应使机动喷雾机的压力泵处于卸压位置，并调低压力。起动发动机后，如液泵排液正常，不再卸压，并关闭开关，逐渐调到正常工作压力即可喷药。工作中随时注意喷雾质量和压力的变化。如喷雾质量恶化或压力不稳定，应及时检查、排除。喷粉应在清晨有露水时进行。工作中要注意不使喷头沾碰露水，以免阻碍药粉喷出。检查作业质量，主要检查内容包括：一是药液、药粉在植株上覆盖是否均匀，要求所喷之处都应均匀喷到。并经常复核单位面积喷药量是否合乎要求，以便及时调整。二是喷药后必须检查防治效果。

超低量喷雾技术操作要点：超低量喷雾是防治病虫害的一项高效节支的新技术，但使用技术要求严格，稍不注意，易发生药害，受风向限制大，所以使用要特别注意。以东方红-18型超低量喷雾为例，要掌握流量和有效射程。该机流量开关有四挡，其有效射程在静风时为10 m，1～2级风时为15～20 m。加药时，必须经过细孔滤网过滤。喷药的时间若为晴天，应在上午9点以前，下午4点以后进行；阴天可以全天喷。风速超过5 m/s或有露水时不能喷。开始喷药前先校正行走速度，作业过程中严格按规定的行走速度前进；喷药的方向，一定要与风向一致或稍有夹角。作业时，喷头不要直接对准作物，应高于作物0.5 m。作业中，如遇雾量减少或不出雾，这是由于空气孔堵塞或调量开关孔堵塞，应取下清洗，使之通畅。长期存放时，应把喷头零件拆开，用柴油清洗干净，轴承中加入少量机油，重新安装好，放置干燥通风处。

（4）施药安全规则　操作人员应戴口罩、手套、风镜、穿好鞋袜，作业中禁止吃东西。当脸、手、皮肤触药后，应立即用肥皂水或清水洗去。超低量喷雾禁止用剧毒农药。应两人轮换操作，不准顶风作业。作业中应经常注意喷雾机的压力表、开关和各处接头有无漏洒药或药粉，排除故障时，应在机器停止工作后进行。作业结束后，药箱、管道、滤网等必须用清水洗净、晾干，喷雾机的安全阀应放松。设备要由专人负责，妥善保管。

3. 机械化灌溉

（1）灌溉农艺要求　能将灌溉水有效地送入并蓄存在作物的根层土壤内，以利农作物根系能吸收这些水分，应尽量防止或减少向深层渗漏。灌溉水在整个田面上要有一定的均匀度，使灌区内每一株作物都能吸收大致相同的水分，以利于作物均匀生长。不能因灌溉产生土壤冲蚀，不能破坏土壤的团粒结构，不能造成灌溉水的田间损失。对于必要的灌溉退水，要能回收再利用。占地少，效率高，灌溉用工少，灌溉工程养护量小。

（2）喷灌　喷灌是将灌溉水加压（用泵或利用水源的自然落差）后，经管道输送至喷头，并由喷头将水射出，均匀地散成细小水滴对作物进行灌溉的节水型灌溉技术。喷灌对地形的适应强，灌水均匀且不受地形的影响；灌水质量好，土表不会板结，不造成水、土、肥的流失；灌水工作机械化、自动化程度高，有利于科学用水，省水、省工、增产；喷灌还可以调节田间的小气候。但喷灌设备的投资较大，运行时要消耗能量，特别是喷灌均匀度受风的影响较大，干热有风的气候，喷灌时的蒸发、漂移损失较大。

喷灌设备可分为两大类：一是管道式喷灌系统；二是机组式喷灌系统。小麦喷灌采用的主要是投资小、移动方便、利用率高的机组式喷灌系统。

机组式喷灌系统又分为单喷头机组和多喷头机组，单喷头喷灌机在一个位置上能控制较大的喷灌面积，从而减少机组移动次数和机行道的占地面积。要求射程远，工作点之间的距离足够大。因此，要求工作压力较高，喷出水量的单位能耗大。机组末端喷灌强度大，水滴大。喷洒过程中受风的影响大，且不均匀。但单喷头机组结构简单，制造成本低，投资小，特别是可以作为抗旱的应急措施，使用灵活，维护、保养方便。

多喷头机组采用低压大流量方式，以降低单位能耗。适当增加工作支管上喷头的密度，使灌水均匀，受风影响减少。但由于增加移动支管，机组庞大，不易维修、保养。

（3）喷灌机选型的影响因素

① 应根据地区的自然特征，如地形、农田规划现状、土壤种类、灌溉季节风力的大小和方向、现有的水源工程建设状况等因素选择机型。全面分析和综合考虑这些因素后，可初步选定喷灌机组的类型。对地块零散、水源不足的地方，机组宜小不宜大；土壤黏重的地方，要选择喷灌强度小的机型；灌溉季节多风的地区，最好采用多喷头机组。

② 农业生产的特点。如大型农场可采用机械化、自动化程度比较高的机组，对于只需要进行季节性灌溉的地区，宜采用易于收藏的机组。

③ 各类型喷灌机的性能、价格、厂家的信誉等因素。

④ 注意标准化、系列化、通用化的要求。在同一地区，尽可能选用统一的机型，以便于管理、维护和喷灌技术的普及。

（六）机械化收割

1. 收获方法与收获工艺　小麦收获包括收割、脱粒、烘干、清选等主要作业，可采用分段收获法和联合收获法。

（1）分段收获工艺　收割→铺放→打捆→运输→堆垛→脱粒→清选→烘干→入库。其中收割、脱粒、清选、烘干作业一般可选用机械完成。

（2）联合收获工艺　用联合收割机一次完成收割、脱粒、分离、清选等作业，后经干燥入库。

2. 收割机械化技术

（1）农艺要求　要求在适时收获期内完成。收割干净，不漏割，收割损失应小于1%。割茬高度要符合要求，割下的作物铺放整齐，位置正确。

（2）小麦收割工艺　包括机组准备→田块准备→试割→正常作业→停车。

收割机械选型：小麦收割一般选用与手扶拖拉机（3.6～8.8 kW）或小动力底盘（2.1～3 kW）配套的割晒机，多选用立式割台。

收割前的技术准备：对收割机要按要求进行全面检查调整，确保其技术状态良好。田块地面干湿程度，以人站立田面两脚下陷不大于1～2 cm为宜。收割前，要平整地块内的横向渠埂。局部严重倒伏的作物事先要由人工收割。雨后或作物湿度较大时，不宜立即收割。地块四角先人工割掉2～5 m^2，四边割收0.3～0.5 m的通道。

（3）机械收割操作要点　根据作物生长情况（高、矮、稀、密）和地形，正确选用收割机的前进速度（一般3～3.5 km/h），地头转弯、过渠埂等应减速。开始收割前，应先转动收割机各工作机构，然后小油门平稳起步，当割刀将要接触作物时要加大油门。收割机应沿播种方向，尽量走直，满幅工作。不能满幅工作时，要使作物靠输出口一边，不要左右摇摆，也不要取中而漏两边。雨后作物潮湿、清晨有露水等情况不宜收割。作业过程中要按时检查，及时清理缠草和泥土等。装配在手扶拖拉机上的收割机，要合理选用配备。收割倒伏角大于45°的小麦时，采取单向顺倒伏或垂直倒伏方向收割的方法。

3. 脱粒机械化技术

（1）农艺要求　待脱作物要干燥并堆成垛，茎秆中不应夹带有谷粒，脱净率要大于99%，破碎率应小于1.5%，脱扬机清洁率应大于98%，抛撒距离应大于8～14 m。

（2）常用小麦脱粒机型　机械动力脱粒机的型号很多，主要为洪湖、黄梅、随州等地生产的5T-110全喂入脱扬机、5T-500型脱粒机、TB-56K型脱粒机等。

（3）脱粒机组的编组方法

功率的配用：动力机与脱粒机功率应当相匹配，功率大小可参考脱粒机说明书来配备。

速度的配备：脱粒机滚筒转速一定要达到额定转速，可按说明书配搭皮带轮的大小。

动力机和脱粒机两皮带轮中心距离应等于或大于两皮带轮直径和的5倍（1～5 m）。

（4）机械脱粒前的准备

脱谷场的准备：要求场地平坦、干燥、坚实，运输方便。脱谷场应在脱粒前5～10 d建成，大小根据脱粒量而定，一般30 m×20 m。

脱粒机的准备：脱粒机的准备包括脱粒机组的空运转检查、制定作业计划、油物料准备、脱粒机的正确安装等。脱粒机要顺风布置，脱粒机前后左右应放置水平并固定。脱扬机扬场方向最好顺风。正确选择滚筒转速。

（5）脱粒机操作技术要点

试脱：试脱前先用手转动主传动轮，使脱粒机转动，检查各工作部件和传动机构是否正常，然后才由动力机带动空运转，并由低速逐渐到正常转速。空运转过程中，检查各工作部件的运转是否正常、轴承有无发热、固定螺栓有无松动等。试脱过程中检查调整脱粒质量，直到质量符合要求并稳定后才可正式脱粒。

喂入：脱粒开始时，应达到正常转速时才能喂入。停止脱粒前先停止喂入，待谷粒排尽后再停止。喂入量要求均匀、连续满负荷喂入。用弓齿式滚筒半喂入式脱粒机时，应注意穗头先进，作物与滚筒轴垂直，适当控制喂入深度。脱粒过程中要检查脱粒质量，发现问题及时调整。质量检查包括脱净率、破碎率、清洁率和损失率等项。

4. 联合收割机械化技术

（1）农艺要求　收割、脱粒干净，总损失率小于2%，破碎率小于1%；割茬高度应根据农户要求控制在 5～20 cm 范围内；茎秆、颖壳等应能收集成堆，或切成一定长度均匀抛撒田中。

(2) 联合收割作业技术路线　机组准备→田块准备→试割→正常作业→停机。

(3) 联合收割机选型　对于田块面积大，作物集中连片，经济条件好，有一定使用基础和道路条件的地区，可选用中型联合收割机，如新疆-2号、桂林 4L-2.5B、4L-1型、上海-90型、4L-3型等联合收割机。对于规模在 13.33 hm^2、田块面积 0.2 hm^2 左右、有一定经济条件的地区，可选用 4GL-140 型联合收割机、HZ-100B 型半喂入小麦联合收割机。对于种植规模在 6.67 hm^2 左右、田块面积小于 0.2 hm^2 的地区，宜选用 4GL-130 型、4GL-100 型等小型稻麦联合收割机。

(4) 收割前的技术准备　要根据技术要求，对机车组进行检查调整。田块准备与收割机要求相同，但四角要求割出一定半径的圆角。同时，运粮汽车或拖拉机要与收割机匹配，确定合理的配备数量。

(5) 联合收获的操作技术要点　正式收割前选择有代表性的地块进行试割，检查试运转中未发现的问题。在作业中要定期检查机车运转情况和作业质量，找出问题，及时调整。质量检查包括割茬高度、收割损失、脱粒损失、清选损失、清洁度和破碎率等项。要熟练掌握机组过障碍物、转弯收割、行走卸粮的操作要领。行走方法一般选用顺时针向心回转法。收割倒伏作物时，措施之一是将割台降低到最低并将轮轴前移。要正确选择收割方向，最好逆倒伏方向或横倒伏方向进行收割。

（七）机械化秸秆还田

机械化秸秆粉碎还田，是湖北省小麦产区大力推广应用的一项新技术，该技术就是用秸秆粉碎机将摘穗或脱粒后的小麦等作物秸秆就地粉碎，均匀地抛撒在地表，随即耕翻入土，使之腐烂分解，达到大面积培肥地力的目的。这是施肥方式的一次变革，较传统的沤制还田省去了割、捆、运、铡、沤、翻、送、撒等多道工序，不仅可以大大提高工效，减轻劳动强度，争抢农时，而且作物秸秆及时翻压还田，可以有效地改善土壤的结构和理化性能，增加有机质含量，降低土壤容重，增加孔隙度，提高土壤保水能力，促进农作物持续增产丰收。

1. 秸秆还田农艺要求　秸秆应全部翻入土层，覆盖严密，无残茎秆表露，腐烂良好。

2. 秸秆还田工艺流程　小麦播种前工艺流程：前茬作物的秸秆切碎、抛撒→耕整→播种。

小麦收割后工艺流程：用旋耕耙或圆盘犁、组合耙直接耕整，将小麦秸秆轧入泥中。为了加速秸秆腐烂，灌浅水，用旋耕机旋整 2～3 遍，静水浸 3～5 d，然后放掉水，再精耕细耘。

3. 设备选择　所用机械除耕整地机械外，另可选择秸秆切碎机，型号有与 10～15 kW小型轮式拖拉机配套的 4QT-65 型，生产率 0.1～0.4 hm^2/h；与手扶拖拉机配套的有 MQ-A 型和 9QC-20 型，后者用于田间行走作业。

（八）机械化烘干

1. 烘干工艺流程与设备选择　工艺流程因选用的设备和要求不同而异。

商品粮：谷物→初清选→上粮→烘干→冷却→入库。

种子粮：种子→初清选→精选→上粮→烘干→冷却→入库。

烘干设备包括清选机、输送机和烘干机，其中烘干机是必备设备。烘干机品种型号很多，分两大类，一类为高温快速干燥，一类为常温与低温慢速干燥。目前湖北省主要使用常温、低温慢速干燥仓、简易堆架式烘干机和简易流化斜槽式烘干机。

干燥设备的选择应根据经营体制、粮食处理量、能源种类，以及经济条件等情况，综合考虑，合理选择。当前农村选择干燥设备应以床式和仓式烘干设备为主。平床类烘干机中，烟道气间接加热干燥的以5HJ-0.5A性能较好；正常无烟煤为燃料直接加热的以堆放式简易干燥设备为好；对要求操作人员较少，劳动强度较低的可选用5HDX-II型煤柴两用烘干机；烘干种子，可选用5HZ-3.2循环式谷物种子干燥机；农户使用的可选用5H-0.3和5H-0.1户用烘干机，村乡级可选用5HY-2.5型烘干机。

2. 烘干机操作技术要点 要熟练掌握和了解所使用的烘干机型号的结构性能特点和使用方法，做好开机前的准备工作，如燃料、电源、安全设施等准备工作，待烘谷物一定要经清选；做好设备检修、调整和试运行，运行中一定要掌握好烘干速度、温度和堆放厚度。

（九）机械化清选

1. 清选农艺要求 按期保质完成清选工作，要求清洁率在98%以上，破碎率、破壳率、损失率应低于0.5%。

2. 清选机型设备与选择 小麦清选方法有场上清选和专用机械清选。场上清选可用扬场机；机械清选分人力和动力清选机械。扬场机型号有：5YC-35型、5Y-5型和YC-10型半自动谷物扬场机；人力清选机有：FG-560风谷机、5XF型人力风谷机。配烘干机的有5X-1型清选机、5XFZ-10型清选机，此外还有专用种子清选机。小麦小型种子清选机有5XT通用种子精选机、5XJ-0.5小型种子精选机、5XS-0.5户用清选机等。可根据需要因地制宜选用。

清选机械的使用：对烘晒前的清选，质量应达到烘干的要求；对烘晒后的清选质量，应达到入库的要求。

清选机的使用：除种子精选机外，一般常与脱粒机、烘干机配合使用，技术操作可按说明书，参照脱粒机、烘干机的要求进行。

三、全程机械化周年产量表现

从表4-33可以看出，2013年WDR129实际产量为9 436.5 kg/hm²，郑麦9023、襄麦25实际产量为6 166.5 kg/hm²，稻麦周年粮食单产达到15 603.0 kg/hm²；2014年WDR129、甬优1540实际产量10 036.5 kg/hm²，郑麦9023、鄂麦596实际产量6 232.5 kg/hm²，周年粮食单产16 269.0 kg/hm²；2015年甬优4949、甬优1540实际产量11 920.5 kg/hm²，郑麦9023、鄂麦170实际产量6 241.5 kg/hm²，周年粮食单产18 162.0 kg/hm²。2013—2015年连续3年在襄州区不同地点、不同土壤类型，通过选用适宜稻麦品种进行稻麦全程机械化周年高产栽培示范，平均周年粮食单产达16 678.0 kg/hm²，达到吨粮田产量标准。

表 4-33　全程机械化周年产量表现

年份	作物	品种	每公顷有效穗数（万）	穗粒数	千粒重（g）	理论产量（kg/hm²）	实际产量（kg/hm²）
2013	水稻	WDR129	284	149.0	26.0	11 003	9 436.5
	小麦	郑麦 9023、襄麦 25	537	27.9	46.20	6 922	6 166.5
	周年实际产量						15 603.0
2014	水稻	WDR129、甬优 1 540	279	142.0	26.0	10 302	10 036.5
	小麦	郑麦 9023、襄麦 25	521	27.2	46.7	6 606	6 232.5
	周年实际产量						16 269.0
2015	水稻	甬优 4949、甬优 1 540	199	294.0	23.6	13 777	11 920.5
	小麦	郑麦 9023、鄂麦 170	514	29.2	46.0	6 902	6 241.5
	周年实际产量						18 162.0
周年实际产量平均							16 678.0

主要参考文献

敖万立，2002. 湖北小麦［M］. 武汉：湖北科学技术出版社.

白小琳，张海林，陈阜，等，2010. 耕作措施对双季稻田 CH_4 与 N_2O 排放的影响［J］. 农业工程学报，26（1）：282-289.

陈厚存，李桂云，吴中华，等，2012. 水稻间歇灌溉增产机理与防治蚊媒应用研究［J］. 中国稻米，18（2）：33-36.

陈书涛，黄耀，邹建文，等，2012. 中国陆地生态系统土壤呼吸的年际间变异及其对气候变化的响应［J］. 中国科学：地球科学，42（8）：1273-1281.

陈友荣，侯任昭，范仕容，等，1993. 水稻免耕法及其生理生态效应的研究［J］. 华南农业大学学报（2）：10-17.

陈云柱，2015. 加快水价改革　促进水利的可持续发展［J］. 山东工业技术（16）：227.

程建平，曹凑贵，蔡明历，等，2008. 不同土壤水势与氮素营养对杂交水稻生理特性和产量的影响［J］. 植物营养与肥料学报（2）：199-206.

程建平，2007. 水稻节水栽培生理生态基础及节水灌溉技术研究［D］. 武汉：华中农业大学.

褚光，展明飞，朱宽宇，等，2016. 干湿交替灌溉对水稻产量与水分利用效率的影响［J］. 作物学报，42（7）：1026-1036.

崔一龙，安相哲，朴仁哲，等，1992. 间歇灌溉对水稻生育和产量的影响及其节水效果［J］. 延边农学院学报（4）：210-219.

戴其根，霍中洋，张洪程，等，2001. 抛秧水稻生长发育与产量形成的生态生理机制 Ⅱ. 秧苗田间垂直分布格局及其生态生理效应［J］. 作物学报（5）：600-611.

邓定武，谭正之，龙兴汉，等，1990. 灌溉对杂交水稻产量及稻米品质的影响［J］. 作物研究（2）：7-9.

董爱玲，冯跃华，赵田径，等，2008. 免耕对移栽杂交水稻生长特性及产量的影响［J］. 山地农业生物学报，27（6）：471-475.

冯福学，黄高宝，柴强，等，2009. 不同耕作措施对冬小麦根系时空分布和产量的影响［J］. 生态学报，

29 (5): 2499-2506.

冯跃华，邹应斌，Roland J Buresh，等，2006. 免耕直播对一季晚稻田土壤特性和杂交水稻生长及产量形成的影响 [J]. 作物学报 (11): 1728-1736.

高明，张磊，魏朝富，等，2004. 稻田长期垄作免耕对水稻产量及土壤肥力的影响研究 [J]. 植物营养与肥料学报 (4): 343-348, 354.

高云超，朱文珊，陈文新，1994. 秸秆覆盖免耕土壤微生物生物量与养分转化的研究 [J]. 中国农业科学 (6): 41-49.

龚少红，崔远来，黄介生，等，2005. 不同水肥处理条件下水稻生理指标及产量变化规律 [J]. 节水灌溉 (2): 1-4.

龚少红，2005. 水稻水肥高效利用机理及模型研究 [D]. 武汉：武汉大学.

顾掌根，王岳钧，2001. 水稻直播栽培高产机理研究初报 [J]. 作物研究 (2): 5-8, 12.

关振寰，2013. 保护性耕作对陇中黄土高原旱作农田土壤总有机碳及活性碳组分的影响 [D]. 兰州：甘肃农业大学.

郭保卫，陈厚存，张春华，等，2010. 水稻抛栽秧苗立苗中的形态与生理变化 [J]. 作物学报，36 (10): 1715-1724.

郝义树，2008. 油菜—水稻保护性耕作对产量的影响研究 [J]. 南方农业 (2): 14-15.

黄春，2014. 成都平原不同秸秆还田模式下农田系统运行效益研究 [D]. 成都：四川农业大学.

黄国勤，黄小洋，张兆飞，等，2005. 免耕对水稻根系活力和产量性状的影响 [J]. 中国农学通报 (5): 170-173.

黄见良，李合松，李建辉，等，1998. 不同杂交水稻吸氮特性与物质生产的关系 [J]. 核农学报 (2): 26-31.

黄小洋，黄国勤，余冬晖，等，2004. 免耕栽培对晚稻群体质量及产量的影响 [J]. 江西农业学报 (3): 1-4.

霍中洋，姚义，张洪程，等，2012. 不同播期直播稻氮素吸收、利用效率的差异 [J]. 扬州大学学报（农业与生命科学版），33 (4): 39-45, 71.

姜道远，徐顺年，2009. 水稻全程机械化生产技术与装备 [M]. 南京：东南大学出版社.

江立庚，周佳民，徐世宏，2009. 免耕对水稻根系生长及根际环境的影响 Ⅲ. 免耕对水稻根际 pH 和养分含量的影响 [J]. 中国农学通报，25 (15): 113-116.

康绍忠，胡笑涛，蔡焕杰，等，2004. 现代农业与生态节水的理论创新及研究重点 [J]. 水利学报 (12): 1-7.

康绍忠，许迪，2001. 我国现代农业节水高新技术发展战略的思考 [J]. 中国农村水利水电 (10): 25-29.

康轩，黄景，姜建初，等，2010. 免耕稻草覆盖种植红薯对稻田土壤碳库及微生物数量的影响 [J]. 广西农业科学，41 (3): 236-239.

雷昌云，杨伟明，高剑华，等，2009. 晚稻免耕直播适宜基肥施用量探讨 [J]. 湖北农业科学，48 (4): 809-810.

李朝辉，2015. 试论节水灌溉与农业可持续发展 [J]. 珠江水运 (24): 72-73.

李成芳，寇志奎，张枝盛，等，2011. 秸秆还田对免耕稻田温室气体排放及土壤有机碳固定的影响 [J]. 农业环境科学学报，30 (11): 2362-2367.

李春喜，姜丽娜，代西梅，等，2000. 小麦氮素营养与后期衰老关系的研究 [J]. 麦类作物学报 (2): 39-41.

李华兴，卢维盛，刘远金，等，2001. 不同耕作方法对水稻生长和土壤生态的影响 [J]. 应用生态学报 (4): 553-556.

李景，吴会军，武雪萍，等，2015. 长期保护性耕作提高土壤大团聚体含量及团聚体有机碳的作用 [J]. 植物营养与肥料学报，21 (2): 378-386.

李世清，田霄鸿，李生秀，2000. 养分对旱地小麦水分胁迫的生理补偿效应 [J]. 西北植物学报 (1)：22-28.
李晓蓉，朱忠阳，洪秋生，等，2009. 直播稻生育特性及高产栽培技术 [J]. 上海农业科技 (5)：30，40.
李忠芳，徐明岗，张会民，等，2009. 长期施肥下中国主要粮食作物产量的变化 [J]. 中国农业科学，42 (7)：2407-2414.
梁建斌，刘今河，杨涛，2006. 不同耕作方式对玉米根系生长发育及土壤水分的影响 [J]. 安徽农业科学 (11)：2353-2354.
刘大刚，王少丽，许迪，等，2013. 农田排水资源灌溉利用适宜性评价指标体系研究 [J]. 灌溉排水学报，32 (2)：93-96.
刘晗，吕国安，2009. 不同水肥处理对水稻产量构成因素及产量的影响 [J]. 安徽农学通报（上半月刊），15 (3)：100-101.
刘会玲，陈亚恒，许皞，等，2002. 河北低平原潮土氮磷钾平衡状况及评价研究 [J]. 河北农业大学学报 (2)：28-31.
刘敬宗，李云康，1999. 杂交水稻免耕抛秧栽培技术研究初报 [J]. 杂交水稻 (3)：35-36.
刘军，黄庆，刘怀珍，等，2000. 水稻免耕抛秧的特点及高产技术 [J]. 作物杂志 (4)：11-12.
刘凯，张耗，张慎凤，等，2008. 结实期土壤水分和灌溉方式对水稻产量与品质的影响及其生理原因 [J]. 作物学报 (2)：268-276.
刘世平，庄恒扬，陆建飞，等，1998. 免耕法对土壤结构影响的研究 [J]. 土壤学报 (1)：33-37.
刘淑霞，刘景双，赵明东，等，2003. 土壤活性有机碳与养分有效性及作物产量的关系 [J]. 吉林农业大学学报 (5)：539-543.
陆峥嵘，王国忠，汤剑平，等，1999. 密度对直播稻产量及群体质量的调节效应 [J]. 上海农业学报 (2)：61-64.
罗守德，董竹蔚，罗坤，1993. 免耕秸秆覆盖对玉米根系的影响 [J]. 山西农业科学 (1)：14-18.
吕国安，李远华，沙宗尧，等，2000. 节水灌溉对水稻磷素营养的影响 [J]. 灌溉排水 (4)：10-12.
茆智，2002. 水稻节水灌溉及其对环境的影响 [J]. 中国工程科学 (7)：8-16.
莫亚丽，蒋鹏，詹可，等，2008. 不同耕作方式对超级杂交稻剑叶生理指标和籽粒灌浆特性的影响 [J]. 作物研究，22 (4)：235-238，242.
裴鹏刚，张均华，朱练峰，等，2014. 秸秆还田对水稻固碳特性及产量形成的影响 [J]. 应用生态学报，25 (10)：2885-2891.
彭斌，王国忠，陆峥嵘，等，2003. 直播稻“武运粳八号”产量形成特征及其高产栽培途径 [J]. 上海交通大学学报（农业科学版）(3)：214-219.
彭少兵，2014. 对转型时期水稻生产的战略思考 [J]. 中国科学（生命科学），44 (8)：845-850.
秦华东，张玉，徐世宏，等，2011. 稻草还田对免耕水稻根系生长及产量的影响 [J]. 杂交水稻，26 (4)：65-67，71.
秦晓波，李玉娥，万运帆，等，2012. 免耕条件下稻草还田方式对温室气体排放强度的影响 [J]. 农业工程学报，28 (6)：210-216.
邱红波，何腾兵，龙友华，等，2011. 免耕栽培对玉米根系性状及其产量的影响 [J]. 贵州农业科学，39 (9)：55-57.
权太勇，金妍姬，韩云哲，2000. 水稻不同群体的氮素吸收特性 [J]. 延边大学农学学报 (2)：86-90.
任万军，伍菊仙，卢庭启，等，2009. 氮肥运筹对免耕高留茬抛秧稻干物质积累、运转和分配的影响 [J]. 四川农业大学学报，27 (2)：162-166.
邵达三，黄细喜，陶嘉玉，等，1985. 南方水田少（免）耕法研究报告 [J]. 土壤学报 (4)：305-319.

沈阿林，刘春增，张付申，等，1997. 不同水分管理对水稻生长与氮素利用的影响［J］. 植物营养与肥料学报（2）：111-116.

沈阿林，刘春增，张付申，等，1997. 不同渗漏条件下尿素用量对水稻生长和氮肥利用率的影响［J］. 中国水稻科学（4）：231-237.

苏昌龙，钱晓刚，2009. 不同栽植方式对超级稻准两优 527 性状与产量的影响［J］. 贵州农业科学，37（2）：25-26，30.

苏蕾，曹玉昆，陈锐，2012. 国际碳排放交易体系现状及发展趋势分析［J］. 生态经济（11）：51-53，73.

唐晓红，邵景安，高明，等，2007. 保护性耕作对紫色水稻土团聚体组成和有机碳储量的影响［J］. 应用生态学报（5）：1029-1034.

陶诗顺，2003. 麦后免耕直播杂交水稻的生育特性及产量研究［J］. 西南科技大学学报（3）：61-64.

陶诗顺，陈红春，2003. 杂交水稻麦（油）免耕直播省本高效栽培［J］. 农业科技通讯（7）：6-7.

王昌全，魏成明，李廷强，等，2001. 不同免耕方式对作物产量和土壤理化性状的影响［J］. 四川农业大学学报（2）：152-154，187.

王成瑗，张文香，2002. 吉林省优质稻米生产与优质栽培技术［J］. 农业与技术（6）：85-89，103.

王丹丹，周亮，黄胜奇，等，2013. 耕作方式与秸秆还田对表层土壤活性有机碳组分与产量的短期影响［J］. 农业环境科学学报，32（4）：735-740.

王国强，周静，崔键，等，2008. 不同水肥组合对红壤地区早稻产量及氮肥利用率的影响［J］. 土壤（3）：392-398.

王梦影，2016. 长江中游固定厢沟直播稻节水灌溉技术及效应研究［D］. 武汉：华中农业大学.

王熹，陶龙兴，黄效林，等，2004. 灌溉稻田水稻旱作技术要素及产量形成［J］. 中国农业科学（4）：502-509.

王增发，洪小康，1998. 试论我国的节水灌溉技术［J］. 西北大学学报（自然科学版）（5）：85-88.

王志敏，方保停，2009. 论作物生产系统产量分析的理论模式及其发展［J］. 中国农业大学学报，14（1）：1-7.

吴桂成，张洪程，戴其根，等，2010. 南方粳型超级稻物质生产积累及超高产特征的研究［J］. 作物学报，36（11）：1921-1930.

吴普特，冯浩，2005. 中国节水农业发展战略初探［J］. 农业工程学报（6）：152-157.

武际，郭熙盛，张祥明，等，2013. 免耕条件下水稻产量及稻田无机氮供应特征［J］. 中国农业科学，46（6）：1172-1181.

肖启银，任万军，杨文钰，等，2009. 免耕留茬抛秧栽培模式对水稻生育后期叶片衰老特性的影响［J］. 作物学报，35（8）：1562-1567.

谢光辉，韩东倩，王晓玉，等，2011. 中国禾谷类大田作物收获指数和秸秆系数［J］. 中国农业大学学报，16（1）：1-8.

徐国伟，谈桂露，王志琴，等，2009. 麦秸还田与实地氮肥管理对直播水稻生长的影响［J］. 作物学报，35（4）：685-694.

徐生，黄务涛，杨芳彬，等，1995. 抛栽水稻抽穗结实期的干物质积累［J］. 江苏农业科学（5）：2-4.

徐世宏，周佳民，江立庚，2009. 免耕对水稻根系生长及根际环境的影响 Ⅰ. 免耕对水稻干物质生产及产量的影响［J］. 中国农学通报，25（13）：70-73.

杨建昌，王志琴，朱庆森，1996. 不同土壤水分状况下氮素营养对水稻产量的影响及其生理机制的研究［J］. 中国农业科学（4）：59-67.

杨建昌，袁莉民，唐成，等，2005. 结实期干湿交替灌溉对稻米品质及籽粒中一些酶活性的影响［J］.

作物学报（8）：1052-1057.

杨建昌，朱庆森，王志琴，1995. 土壤水分对水稻产量与生理特性的影响［J］. 作物学报（1）：110-114.

杨丽敏，2008. 不同栽培模式对双季稻生长发育及产量影响的研究［D］. 武汉：华中农业大学.

杨宇，吕军，胡春梅，等，2017. 水稻新品种浑粳377选育和栽培技术要点［J］. 北方水稻，47（6）：59，64.

姚义，霍中洋，张洪程，等，2011. 播期对麦茬直播粳稻产量及品质的影响［J］. 中国农业科学，44（15）：3098-3107.

殷晓燕，徐阳春，沈其荣，等，2004. 直播旱作和水作水稻的氮素吸收利用特征研究［J］. 土壤学报（6）：983-986.

尹光华，刘作新，陈温福，等，2006. 水肥耦合条件下春小麦叶片的光合作用［J］. 兰州大学学报（1）：40-43.

余灿，2009. 杂交稻半期旱作节水效应及其对产量品质的影响研究［D］. 武汉：华中农业大学.

余琱，陶光灿，郭兴强，等，2008. 黄淮平原麦茬直播稻分蘖发生规则及其与产量构成的关系［J］. 中国农业科学（3）：678-686.

岳寿松，于振文，余松烈，等，1997. 不同生育时期施氮对冬小麦旗叶衰老和粒重的影响［J］. 中国农业科学（2）：43-47.

翟晶，曹凑贵，潘圣刚，等，2008. 水肥耦合对水稻生长性状及产量的影响［J］. 安徽农业科学（29）：12632-12635，12662.

展茗，2009. 不同稻作模式稻田碳固定、碳排放和土壤有机碳变化机制研究［D］. 武汉：华中农业大学.

张春雷，李俊，余利平，等，2010. 油菜不同栽培方式的投入产出比较研究［J］. 中国油料作物学报，32（1）：57-64，70.

张殿忠，王沛洪，1988. 水分胁迫与植物氮代谢的关系［J］. 西北农业大学学报，16（3）：9-15.

张福春，朱志辉，1990. 中国作物的收获指数［J］. 中国农业科学（2）：83-87.

张磊，肖剑英，谢德体，等，2002. 长期免耕水稻田土壤的生物特征研究［J］. 水土保持学报（2）：111-114.

张书萍，祝从文，周秀骥，2014. 华北水资源年代际变化及其与全球变暖之间的关联［J］. 大气科学，38（5）：1005-1016.

张玉屏，李金才，黄义德，等，2001. 水分胁迫对水稻根系生长和部分生理特性的影响［J］. 安徽农业科学（1）：58-59.

赵全志，丁艳锋，黄丕生，等，1999. 水稻植株含氮量与穗粒重的关系［J］. 南京农业大学学报（4）：13-18.

赵全志，高桐梅，宁慧峰，等，2006. 旱稻叶片含氮量与水分含量的定量关系［J］. 水土保持学报（4）：183-185.

赵田径，2009. 氮肥施用量对免耕移栽稻群体质量及产量形成的影响［D］. 贵阳：贵州大学.

郑桂萍，郭晓红，陈书强，等，2005. 水分胁迫对水稻产量和食味品质抗旱系数的影响［J］. 中国水稻科学（2）：142-146.

郑丽娜，王先之，沈禹颖，等，2011. 保护性耕作对黄土高原塬区作物轮作系统磷动态的影响［J］. 草业学报，20（4）：19-26.

郑世宗，王士武，卢成，2007. 不同水肥模式对南方地区单季水稻需水特性影响研究［J］. 灌溉排水学报（6）：86-88.

周江明，姜家彪，姜新有，等，2008. 不同肥力稻田晚稻水氮耦合效应研究［J］. 植物营养与肥料学报（1）：28-35.

周林杰，罗兵前，2008. 江苏省直播稻技术应用现状与对策［J］. 江苏农业科学（3）：16-19.

周明耀，赵瑞龙，顾玉芬，等，2006. 水肥耦合对水稻地上部分生长与生理性状的影响［J］. 农业工程学报（8）：38－43.

周晓舟，唐创业，2008. 氮磷钾对秋玉米农艺性状和植株养分的影响［J］. 河南农业科学（9）：27－29，33.

周应友，曾令琴，2005. 油菜秸秆还田免耕抛秧效果初报［J］. 耕作与栽培（2）：42－43，46.

周玉，倪家伟，2009. 直播稻生育特性及高产栽培技术［J］. 现代农业科技（20）：44－45.

朱德峰，程式华，张玉屏，等，2010. 全球水稻生产现状与制约因素分析［J］. 中国农业科学，43（3）：474－479.

朱伦，2008. 早稻旱直播栽培试验初报［J］. 广西农学报（3）：10－11，15.

朱庆森，邱泽森，姜长鉴，等，1994. 水稻各生育期不同土壤水势对产量的影响［J］. 中国农业科学（6）：15－22.

庄恒扬，刘世平，沈新平，等，1999. 长期少免耕对稻麦产量及土壤有机质与容重的影响［J］. 中国农业科学（4）：41－46.

邹长明，秦道珠，徐明岗，等，2002. 水稻的氮磷钾养分吸收特性及其与产量的关系［J］. 南京农业大学学报（4）：6－10.

Abdalla M，Jones M，Ambus P，et al，2010. Emissions of nitrous oxide from Irish arable soils：effects of tillage and reduced N input ［J］. Nutrient Cycling in Agroecosystems，86（67）：53－65.

Ahmad S，Li C F，Dai G Z，et al，2009. Greenhouse gas emission from direct seeding paddy field under different rice tillage systems in central China ［J］. Soil and Tillage Research，106（1）：54－61.

Baggs E M，Stevenson M，Pihlatie M，et al，2003. Nitrous oxide emissions following application of residues and fertiliser under zero and conventional tillage ［J］. Plant and Soil，254（2）：361－370.

Ball B C，Scott A，Parker J P，1999. Field N_2O，CO_2 and CH_4 fluxes in relation to tillage，compaction and soil quality in Scotland ［J］. Soil and Tillage Research，53（99）：29－39.

Bayer C，Costa F D S，Pedroso G M，et al，2014. Yield－scaled greenhouse gas emissions from flood irrigated rice under long－term conventional tillage and no－till systems in a humid subtropical climate ［J］. Field Crops Research，162（2）：60－69.

Bayer C，Martin－Neto L，Mielniczuk J，et al，2002. Tillage and cropping system effects on soil humic acid characteristics as determined by electron spin resonance and fluorescence spectroscopies ［J］. Geoderma，105（1）：81－92.

Bayer C，Mielniczuk J，Amado T J C，et al，2000. Organic matter storage in a sandy clay loam acrisol affected by tillage and cropping systems in southern Brazil ［J］. Soil and Tillage Research，54（1，2）：101－109.

Bhattacharyya P，Roy K S，Neogi S，et al，2012. Effects of rice straw and nitrogen fertilization on greenhouse gas emissions and carbon storage in tropical flooded soil planted with rice ［J］. Soil and Tillage Research，124（4）：119－130.

Bouman B A M，HumphreysE，Tuong T P，et al，2007. Rice and water ［J］. Advances in Agronomy，92：187－237.

Brennan J，Hackett R，Mccabe T，et al，2014. The effect of tillage system and residue management on grain yield and nitrogen use efficiency in winter wheat in a cool atlantic climate ［J］. European Journal of Agronomy，54（2）：61－69.

Cai H，Chen Q，2000. Rice research in China in the early 21st century ［J］. Chin. Rice Res. Newsl，8：12－16.

Chen H Q，Hou R X，Gong Y S，et al，2009. Effects of 11 years of conservation tillage on soil organic matter fractions in wheat mono－culture in loess plateau of China ［J］. Soil and Tillage Research，106（1）：85－94.

Edwards N T, Ross - Todd B M, 1979. The effects of stem girdling on biogeochemical cycles within a mixed deciduous forest in Eastern Tennessee [J]. Oecologia, 40: 247 - 257.

Ellert B H, Janzen H H 1999. Short - term influence of tillage on CO_2 fluxes from a semi - arid soil on the Canadian prairies [J]. Soil and Tillage Research, 50 (1): 21 - 32.

Flechard C R, Ambus P, Skiba U, et al, 2007. Effects of climate and management intensity on nitrous oxide emissions in grassland systems across Europe [J]. Agriculture Ecosystems and Environment, 121 (1, 2): 135 - 152.

Flessa H, Beese F, 1995. Effects of sugarbeet residues on soil redox potential and nitrous oxide emission [J]. Soil Science Society of America Journal, 59 (4): 1044 - 1051.

Franzluebbers A J, Hons F M, Zuberer D A, 1995. Tillage - induced seasonal changes in soil physical properties affecting soil CO_2 evolution under intensive cropping [J]. Soil and Tillage Research, 34 (94): 41 - 60.

Gan Y T, Lafond G E, May W E, 2008. Grain yield and water use: relative performance of winter VS. spring cereals in east - central Saskat chewan [J]. Canadian Journal of Plant Science, 80: 533 - 541.

Grace P R, Harrington L, Jain M, et al, 2003. Long - term sustainability of the tropical and subtropical rice - wheat system: an environmental perspective [J]. Improving the Productivity and Sustainability of Rice - wheat Systems, Issues and Impacts: 27 - 43.

Grist D, 1975. Rice: Tropical Agriculture Series [M]. London: Longman.

Guo L J, Zhang Z S, Wang D D, et al, 2015. Effects of short - term conservation management practices on soil organic carbon fractions and microbial community composition under a rice - wheat rotation system [J]. Biology and Fertility of Soils, 51 (1): 65 - 75.

Guo Z L, Ca C F, Li Z X, et al, 2009. Crop residue effect on crop performance, soil N_2O and CO_2 emissions in alley cropping systems in subtropical China [J]. Agroforestry Systems, 76 (1): 67 - 80.

Heal O W, Anderson J M, Swift M J, 1997. Plant litter quality and decomposition: an historical overview [J]. Driven by Nature Plant Litter Quality and Decomposition, 180 (2): 377 - 388.

Hill J E, Mortimer A M, Namuco O S, 2001. Water and weed management in direct - seeded rice: Are we headed in the right direction [R]//Peng S, Mardy B. Rice research for food security and poverty alleviation. Manila: IRRI: 491 - 510.

Hobbs P R, 2008. Tillage and crop establishment in south asian rice - wheat systems [J]. Journal of Crop Production, 4 (1): 1 - 22.

Huang M, Jiang L, Zou Y, et al, 2013. Changes in soil microbial properties with no - tillage in Chinese cropping systems [J]. Biology and Fertility of Soils, 49 (4): 373 - 377.

Hütsch B W, 1998. Tillage and land use effects on methane oxidation rates and their vertical profiles in soil [J]. Biology and fertility of Soils, 27 (3): 284 - 292.

Iqbal J, Hu R, Lin S, et al, 2009. CO_2 emission in a subtropical red paddy soil (ultisol) as affected by straw and N - fertilizer applications: a case study in southern China [J]. Agriculture Ecosystems and Environment, 131 (3): 292 - 302.

Jat M L, Gathala M K, Ladha J K, 2009. Evaluation of precision land leveling and double zero - tillage systems in the rice - wheat rotation: water use, productivity, profitability and soil physical properties [J]. Soil Tillage Research, 105: 112 - 121.

Jat R K, Sapkota T B, Singh R G, et al, 2014. Seven years of conservation agriculture in a rice - wheat rotation of eastern gangetic plains of south Asia: yield trends and economic profitability [J]. Field Crops

Research, 164 (4): 199 - 210.

Jiang X J, Xie D T, 2009. Combining ridge with no - tillage in lowland rice - based cropping system: long -term effect on soil and rice yield [J]. Pedosphere, 19 (4): 515 - 522.

Johnson F C, Griffiths J R, Hartley R J, 2003. Task dimensions of user evaluations of information retrieval systems [J]. Information Research: An International Electronic Journal, 8 (4): 98 - 100.

Kay B D, Vandenbygaart A J, 2002. Conservation tillage and depth stratification of porosity and soil organic matter [J]. Soil and Tillage Research, 66 (2): 107 - 118.

Kessel C, Venterea R, Six J, et al, 2013. Climate, duration, and N placement determine N_2O emissions in reduced tillage systems: a meta - analysis [J]. Global Change Biology, 19 (1): 33 - 44.

Khosa M K, Sidhu B S, Benbi D K, 2010. Effect of organic materials and rice cultivars on methane emission from rice field [J]. Journal of Environmental Biology, 31 (3): 281 - 285.

Kondo M, Aragones D V, Pablico P P, 2001. Effect of tillage intensity, water control and planting method on seeding establishment and growth of direct - seeded rice [R] //Peng S, Mardy B. Rice research for food security and poverty alleviation. Manila: IRRI: 521 - 532.

Kreba S A, Coyne M S, Mcculley R L, et al, 2013. Spatial and temporal patterns of carbon dioxide flux in crop and grass land - use systems [J]. Vadose Zone Journal, 12 (4): 4949 - 4960.

Krishna V V, Veettil P C, 2014. Productivity and efficiency impacts of conservation tillage in northwest Indo - gangetic Plains [J]. Agricultural Systems, 127 (18): 126 - 138.

Lampurlanés J, Angás P, Cantero - MartíNez C, 2001. Root growth, soil water content and yield of barley under different tillage systems on two soils in semiarid conditions [J]. Field Crops Research, 69 (1): 27 - 40.

Li B, Fan C H, Zhang H, et al, 2015. Combined effects of nitrogen fertilization and biochar on the net global warming potential, greenhouse gas intensity and net ecosystem economic budget in intensive vegetable agriculture in southeastern China [J]. Atmospheric Environment, 100: 10 - 19.

Li C F, Yue L X, Kou Z K, et al, 2012. Short - term effects of conservation management practices on soil labile organic carbon fractions under a rape - rice rotation in central China [J]. Soil and Tillage Research, 119 (2): 31 - 37.

Li C F, Zhang Z S, Guo L J, et al, 2013. Emissions of CH_4 and CO_2 from double rice cropping systems under varying tillage and seeding methods [J]. Atmospheric Environment, 80 (2): 438 - 444.

Li P, Lang M, 2014. Gross nitrogen transformations and related N_2O emissions in uncultivated and cultivated black soil [J]. Biology and Fertility of Soils, 50 (2): 197 - 206.

Liang A Z, Zhang X P, Fang H J, et al, 2007. Short - term effects of tillage practices on organic carbon in clay loam soil of northeast China [J]. Pedosphere, 17 (5): 619 - 623.

Liebig M A, Tanaka D L, Wienhold B J, 2004. Tillage and cropping effects on soil quality indicators in the northern Great Plains [J]. Soil and Tillage Research, 78 (2): 131 - 141.

Liu X B, Herbert S J, Jin J, 2004. Response of photosynthetic rates and yield/quality of main crops to irrigation and manure application in the black area of Northeast China [J]. Plant Soil, 26 (1): 55 - 60.

Liu X J, Mosier A R, Halvorson A D, et al, 2006. The impact of nitrogen placement and tillage on NO, N_2O, CH_4 and CO_2 fluxes from a clay loam soil [J]. Plant and Soil, 280 (1, 2): 177 - 188.

Lorenz A J, Gustafson T J, Coors J G, et al, 2010. Breeding maize for a bioeconomy: a literature survey examining harvest index and stover yield and their relationship to grain yield [J]. Crop Science, 50 (1): 1 - 12.

Lynch J P, 2011. Root phenes for enhanced soil exploration and phosphorus acquisition: tools for future crops [J]. Plant Physiology, 156 (3): 1041 - 1049.

Ma J, Ma E, Xu H, et al, 2009. Wheat straw management affects CH_4 and N_2O emissions from rice fields [J]. Soil Biology and Biochemistry, 41 (5): 1022 - 1028.

Madejón E, Murillo J M, Moreno F, et al, 2009. Effect of long - term conservation tillage on soil biochemical properties in Mediterranean Spanish areas [J]. Soil and Tillage Research, 105 (1): 55 - 62.

Maestre F T, Cortina J, 2003. Small - scale spatial variation in soil CO_2 efflux in a Mediterranean semiarid steppe [J]. Applied Soil Ecology, 23 (3): 199 - 209.

Malhi S S, Lemke R, 2007. Tillage, crop residue and N fertilizer effects on crop yield, nutrient uptake, soil quality and nitrous oxide gas emissions in a second 4 - yr rotation cycle [J]. Soil and Tillage Research, 96 (1): 269 - 283.

Martin H, Markus R, 2008. Terrestrial ecosystem carbon dynamics and climate feedbacks [J]. Nature, 451 (7176): 289 - 292.

Mcandrew D W, Fuller L G, Wetter L G, 1994. Grain and straw yields of barley under four tillage systems in northeastern Alberta [J]. Canadian Journal of Soil Science, 74: 713 - 722.

Mccarty G W, Lyssenko N N, Starr J L, 1998. Short - term changes in soil carbon and nitrogen pools during tillage management transition [J]. Soil Science Society of America Journal, 62 (6): 1564 - 1571.

Mosaddeghi M R, Mahboubi A A, Safadoust A, 2009. Short - term effects of tillage and manure on some soil physical properties and maize root growth in a sandy loam soil in western Iran [J]. Soil and Tillage Research, 104 (1): 173 - 179.

Mosier A, Kroeze C, Nevison C, et al, 1998. Closing the global N_2O budget: nitrous oxide emissions through the agricultural nitrogen cycle [J]. Nutrient Cycling in Agroecosystems, 1998, 52 (2, 3): 225 - 248.

Mosier A R, Halvorson A D, Reule C A, et al, 2006. Net global warming potential and greenhouse gas intensity in irrigated cropping systems in northeastern Colorado [J]. Journal of Environmental Quality, 35 (4): 1584 - 1598.

Naser H M, Nagata O, Tamura S, et al, 2007. Methane emissions from five paddy fields with different amounts of rice straw application in central Hokkaido, Japan [J]. Soil Science and Plant Nutrition, 53 (1): 95 - 101.

Palma R M, Saubidet M I, Rímolo M, et al, 1998. Nitrogen losses by volatilization in a corn crop with two tillage systems in the Argentina Pampa [J]. Communications in Soil Science Plant Analysis, 29 (19): 2865 - 2879.

Peiris M E, Broadseedling, 1956. A promising new technique in paddy cultivation [J]. Tropical Agriculrist, 112: 105 - 108.

Peter E B, Lawrence U Lewnn, 1990. Rice growth under interent stubble and nitrogen - fertilization management techniques [J]. Field Urohs Research, 24: 51 - 65.

Pittelkow C M, Xinqiang L, Linquist B A, et al, 2015b. Productivity limits and potentials of the principles of conservation agriculture [J]. Nature, 517 (7534): 365 - 368.

Plaza - Bonilla D, Cantero - Martínez C, Bareche J, et al, 2014. Soil carbon dioxide and methane fluxes as affected by tillage and n fertilization in dryland conditions [J]. Plant and Soil, 381 (1, 2), 111 - 130.

Raich J, Tufekcioglu A, 2000. Vegetation and soil respiration: correlation and controls [J]. Biogeochemistry, 48: 71 - 90.

Rao D N, Mikkelsen D S, 1977. Effect of acetic, propionic, and butyric acids on young rice seedlings' growth [J]. Agronomy Journal, 69 (6): 923 - 928.

Rizhiya E, Bertora C, Vliet P C J V, et al, 2007. Earthworm activity as a determinant for N_2O emission from crop residue [J]. Soil Biology and Biochemistry, 39 (8): 2058 - 2069.

Rochette P 2008. No - till only increases N_2O emissions in poorly - aerated soils [J]. Soil and Tillage Research, 101 (1): 97 - 100.

Sam S Y, Mano Y, Ookaw A T, 2002. Comparisons of dry matter production and related characters between transplanted and direct - sown plant s in the submerged paddy field in r ice cultivar, Takanari, with reference to planting pattern [R] //IRRI. Proceedings of the abstracts of Beijing international rice congress. Manila: IRRI: 371.

Sanchis E, Ferrer M, Torres A G, et al, 2012. Effect of water and straw management practices on methane emissions from rice fields: a review through a meta - analysis [J]. Journal of Environmental Engineering Science, 29 (12): 1053 - 1062.

Schuur E A, Trumbore S E, 2006. Partitioning sources of soil respiration in boreal black spruce forest using radiocarbon [J]. Global Change Biology, 12 (2): 165 - 176.

Schwen A, Jeitler, Böttcher J, 2015. Spatial and temporal variability of soil gas diffusivity, its scaling and relevance for soil respiration under different tillage [J]. Geoderma, 259 - 260, 323 - 336.

Shan J, Yan X, 2013. Effects of crop residue returning on nitrous oxide emissions in agricultural soils [J]. Atmospheric Environment, 71 (3): 170 - 175.

Sharma P, Tripathi R P, Singh S, 2005. Tillage effects on soil physical properties and performance of rice -wheat - cropping system under shallow water table conditions of Tarai, Northern Indian [J]. European Journal of Agronomy, 23: 327 - 335.

Shearman V J, Sylvesterbradley R, Scott R K, et al, 2005. Physiological processes associated with wheat yield progress in the UK [J]. Cropence, 45 (1): 175 - 185.

Six J, Elliott E T, Paustian K, 2000. Soil structure and soil organic matter: ii. a normalized stability index and the effect of mineralogy [J]. Soil Science Society of America Journal, 64 (3): 1042 - 1049.

Six J, Guggenberger G, Paustian K, et al, 2002. Sources and composition of soil organic matter fractions between and within aggregates [J]. European Journal of Soil Science, 52: 607 - 618.

Smith M A, Carter P R, Imholte A A, 1992. No - Till vs conventional tillage for late - planted corn following hay harvest [J]. Journal of Production Agriculture, 5 (2): 261 - 264.

Smith P, Martino D, Cai Z C, et al, 2008. Greenhouse gas mitigation in agriculture [J]. Philosophical Transactions of The Royal Society of London Series B - biological Sciences, 363: 789 - 813.

Sun B, Roberts D M, Dennis P G, et al, 2014. Microbial properties and nitrogen contents of arable soils under different tillage regimes [J]. Soil Use and Management, 30 (1): 152 - 159.

Tabbal D F, Bouman B A M, Bhuiyan S I, et al, 2002. On - farm strategies for reducing water input in irrigated rice; case studies in the Philippines [J]. Agricultural Water Management, 56 (2): 108 - 112.

Tang J W, Baldocchi D D, 2005. Spatial - temporal variation in soil respiration in an oak - grass savanna ecosystem in California and its partitioning into autotrophic and heterotrophic components [J]. Biogeochemistry, 73 (1): 183 - 207.

Terry A, Howell, 2001. Enhancing water use efficiency in irrigated agriculture [J]. Agronomy Journal, 93: 281 - 289.

Tian K, Zhao Y, Xu X, et al, 2015. Effects of long - term fertilization and residue management on soil organic carbon changes in paddy soils of China: a meta - analysis [J]. Agriculture Ecosystems and Environment，204：40－50.

Tomita Y，2003. Potential formation and ion distribution function in expanding magnetic field to divertor region [J]. Journal of Nuclear Materials，3：313.

Trumbore S，2000. Age of soil organic matter and soil respiration：radiocarbon constraints on belowground c dynamics [J]. Ecological Applications，10 (2)：399－411.

Van Groenigen J W，Velthof G L，Oenema O，et al，2010. Towards an agronomic assessment of N_2O emissions：a case study for arable crops [J]. European Journal of Soil Science，61 (6)：903－913.

Vieira F C B，Bayer C，Zanatta J A，et al，2007. Carbon management index based on physical fractionation of soil organic matter in an acrisol under long－term no－till cropping systems [J]. Soil and Tillage Research，96 (1)：195－204.

Wang B，Xu Y，Wang Z，et al，1999. Methane production potentials of twenty－eight rice soils in China [J]. Biology and Fertility of Soils，29 (1)：74－80.

Wang W，Lai D Y F，Wang C，et al，2015. Effects of rice straw incorporation on active soil organic carbon pools in a subtropical paddy field [J]. Soil and Tillage Research，152：8－16.

Wassmann R，Neue H U，Lantin R S，et al，2000. Characterization of methane emissions from rice fields in Asia. II. Differences among irrigated，rainfed，and deepwater rice. Methane Emissions from Major Rice Ecosystems in Asia [J]. Nutrient Cycling in Agroecosystems，58 (1)：13－22.

West T O，Post W M，2002. Soil organic carbon sequestration rates by tillage and crop rotation [J]. Soil Science Society of America Journal，66 (6)：1930－1946.

Wu X，Yao W Y，Zhu J，et al，2010. Biogas and CH_4 productivity by co－digesting swine manure with three crop residue as an external carbon source [J]. Bioresource Technology，101 (11)：4042－4047.

Xia L，Wang S，Yan X，2014. Effects of long－term straw incorporation on the net global warming potential and the net economic benefit in a rice－wheat cropping system in China [J]. Agriculture Ecosystems and Environment，197：118－127.

Xue Y，Duan H，Liu L，et al，2013. An improved crop management increases grain yield and nitrogen and water use efficiency in rice [J]. Crop Science，53：271－284.

Y Peng，C Shu，Chew Y T，et al，2006. Application of multi－block approach in the immersed boundary－lattice Boltzmann method for viscous fluid flows [J]. Journal of Computational Physics，218 (2)：469－478.

Yao Z，Zheng X，Wang R，et al，2013. Nitrous oxide and methane fluxes from a rice－wheat crop rotation under wheat residue incorporation and no－tillage practices [J]. Atmospheric Environment，79 (11)：641－649.

Ye R，Doane T A，Morris J，et al，2015. The effect of rice straw on the priming of soil organic matter and methane production in peat soils [J]. Soil Biology and Biochemistry，81：98－107.

Zhang L，Zheng J C，Chen L G，et al，2015a. Integrative effects of soil tillage and straw management on crop yields and greenhouse gas emissions in a rice－wheat cropping system [J]. European Journal of Agronomy，63：47－54.

Zhang Y F，Sheng J，Wang Z C，et al，2015b. Nitrous oxide and methane emissions from a Chinese wheat－rice cropping system under different tillage practices during the wheat－growing season [J]. Soil and Tillage Research，146：261－269.

Zou J，Yao H，Jiang J，et al，2005. A 3－year field measurement of methane and nitrous oxide emissions from rice paddies in China：effects of water regime，crop residue，and fertilizer application [J]. Global Biogeochemical Cycles，19 (2)：153－174.

第五章 湖北稻麦周年丰产高效技术体系

第一节 水稻丰产技术体系

一、保护性耕作

（一）免耕

针对长江中游水稻产区，油—稻、麦—稻两熟或油—稻—稻三熟区稻田，水稻生产劳动强度大，机械化耕作能耗高，水肥资源浪费，土壤破坏，秸秆燃烧等问题，实施免耕、秸秆还田、肥料深施、节水灌溉、机械收获，构建油茬、麦茬中稻免耕直播栽培体系。其优点：①一次性开挖排水沟，之后不再搅动破坏，且排水沟为机械作业道，节能降耗；②秸秆返田，增加土壤有机质，减少温室气体排放；③肥料深施，控制面源污染，提高养分利用率；④沟灌厢湿，好气灌溉；⑤厢沟边行，形成边行效应，增加产量。

1. 技术模式 水稻免耕栽培技术模式如图 5-1 所示。

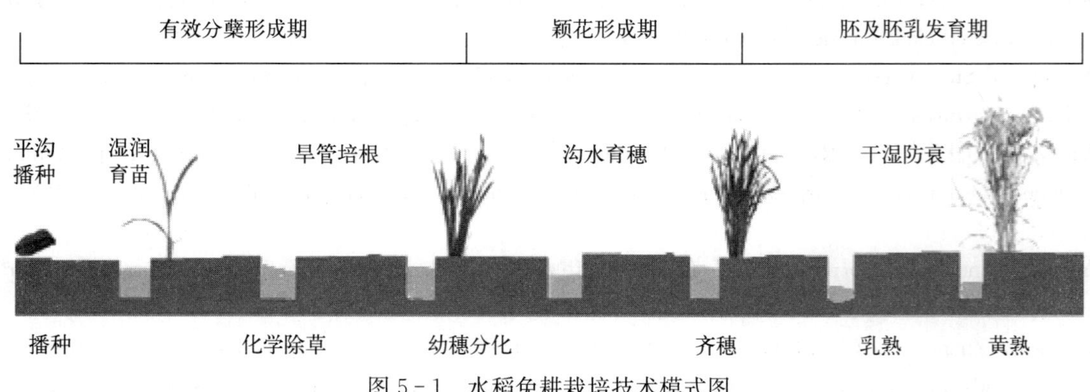

图 5-1 水稻免耕栽培技术模式图

2. 技术体系

（1）品种选择 筛选生育期适中的中熟品种和中熟偏迟、分蘖能力强、根系发达、茎秆粗壮、穗形偏大、抗倒性强的优势高产水稻品种。免耕直播的理想品种：黄科香 1 号、黄科香 2 号、黄华占、扬两优 6 号、甬优 4949、隆两优华占。免耕直播水稻生育期较水稻移栽一般缩短5～7 d，株高变矮，穗形变小，后期易倒伏。免耕直播稻较翻耕直播稻分蘖提前 2～3 d，每穴平均要比翻耕高出 2 个分蘖，无效分蘖亦较高，成穗率低于翻耕直播稻，有效穗数明显提高；免耕直播稻结实期也较长，全生育期免耕比翻耕要长 1～2 d。

（2）施肥　形成了以“氮肥后移与氮肥深施”为核心的氮肥施用技术。氮肥（基肥：分蘖肥：拔节费：保花肥=2：2：3：3）后移与氮肥 10 cm 深施有效地提高免耕直播水稻产量。

（3）水分管理　确立了水稻生长过程合理土壤水分指标和灌溉模式，建立了水稻“湿润播种、苗期干旱培根、浅水育穗、后期干湿防衰抗倒”的好气栽培水分管理技术。

（4）草害控制　筛选出适宜免耕直播的除草剂并制定了配套施药模式。以 20%克无踪水剂每公顷用 2.25 L 加 40%直播净粉剂 900 g 防效最佳，经济合理。

（5）开沟　明确了开沟间隔对土壤呼吸量的影响及与水稻产量的关系，提出了降低土壤 CO_2 排放与高作物产量的“1.8 m 开沟”技术。

（6）秸秆还田　明确了秸秆还田对土壤总有机碳的影响，全还田＞2/3 还田＞1/3 还田＞不还田，全还田、2/3 还田、1/3 还田总有机碳分别比不还田提高了 16%、6%与 4%。

（二）秸秆还田

秸秆还田时要选木质化程度较低、易腐烂的作物秸秆。秸秆还田数量因地区、栽培技术等而异，大型农场通常是全部秸秆还田，联合收割机收获后，秸秆直接切碎抛撒于田间，用秸秆还田机翻埋。秸秆直接还田的时间与种植制度、土壤墒情和茬口等关系密切，力争边收、边碎、边耕翻，以利于保持土壤水分加速分解。还田秸秆宜切成 5～10 cm 长，并均匀分布。耕埋深度以 15～20 cm 为佳，土壤含水量较少，还田秸秆数量多，以及土壤质地较粗者可深些，以利于吸水分解。为保证秸秆的正常矿质化和腐殖化，秸秆在腐解的过程中，需要吸收一定的氮、磷与水分，因此，土壤湿度要求在田间最大持水量的60%～80%为宜，否则需在翻埋后及时灌水。为了防止作物与秸秆争氮，必须配合施用适量氮肥。一般可按秸秆量（风干重）的 1.5%～2.0%添加氮素，调节碳氮比（C/N）。

秸秆还田整地时应进行深埋和镇压，以消除秸秆架空现象。播种后要及时浇水，一方面可进一步消除土壤架空现象，另一方面可以加速秸秆腐解的速度，同时秸秆在腐解过程中产生的有机酸，累积到一定浓度时会危害作物的生长，旱地通气较好，有机酸不易积累；而水田施用过量秸秆时有机酸易积累。因此，水田应控制秸秆用量，酌情使用碱性肥料，适量地往田里撒草木灰（K_2CO_3）中和，以及适当提早施用期，以预防有机酸的危害。

1. 小麦秸秆还田作业模式

（1）联合收割机收获（割茬不高于 25 cm）→免耕播种水稻→喷洒除草剂。

（2）联合收割机收获→同时配备麦茎秆机械粉碎抛撒装置→水稻免耕播种。

（3）机械收获→水稻免耕播种→人工覆盖麦秸。

2. 水稻秸秆还田模式

（1）联合收割机收获→秸秆击断粉碎排出→腐熟→旋耕、滚压、翻耕→小麦播种。

（2）联合收割机收获→深翻、整株还田→整地→小麦播种。

注意：水稻秸秆整株还田一般不适于杂交稻，因杂交稻秸秆高而硬，腐烂慢，应进行切碎还田。

针对湖北省稻麦两熟制地区生产机械化配套程度不够、秸秆还田难度大等问题，设计了稻麦两熟制秸秆全量还田条件下农机农艺配套技术体系，其具体作业流程如图 5－2 所示。

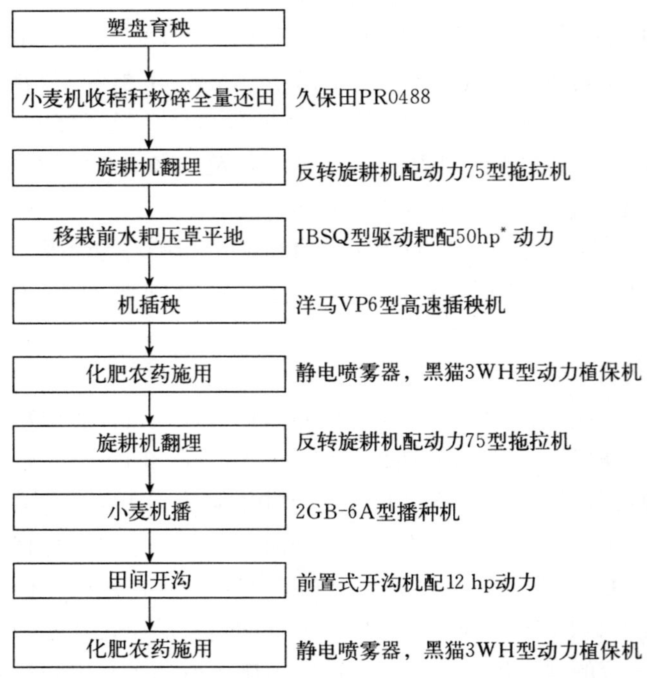

图 5－2　稻麦两熟制秸秆全量还田农机农艺配套技术流程

二、工程化育秧

（一）播期确定

湖北地处南北过渡地带，属于单双季稻混作区。由于该区域气候及水土资源的分布特点，目前水稻生产中存在稻麦两熟、稻麦三熟、稻油两熟和稻田综合种养等多种种植制度，在此制度下，栽培种植的水稻品种类型较多，水稻的种植方式包括小苗机插、直播和人工移栽，但冬作作物的收获期和各地所用品种保证安全齐穗的安全播期是制约水稻适播期的主要因素，依此分析湖北省南北各地、各熟期类型品种的适宜播期。

湖北北部，小麦在 5 月底至 6 月初收获，水稻的可播栽期在 6 月 1 日左右。粳稻的安全齐穗期为 9 月 24 日，迟熟中粳品种安全播期为 6 月 18 日，即必须在 6 月 18 日前直播，才能确保安全齐穗。小苗机插，宜在可播栽期 6 月 1 日向前推 15 d（秧龄期），即 5 月 15 日播种。不可提早过多，以防超秧龄减产。人工移栽，宜在可播栽期 6 月 1 日向前推 25 d（秧龄期），即 5 月 5 日播种。

湖北中部，小麦于 5 月 25～30 日收获，水稻的可播栽期在 5 月 28 日左右。粳稻的安

* 马力（hp）为非法定计量单位，1 hp＝735.5 W。

全齐穗期为 9 月 26 日，迟熟中粳品种安全播期为 6 月 21 日，在可播栽（始）期之后半个多月，生产上力争早播是增产的关键。小苗机插，宜在可播栽期 5 月 28 日向前推 15 d（秧龄期），即 5 月 13 日播种。不可提早过多，以防超秧龄减产。人工移栽，宜在可播栽期 5 月 28 日向前推 25 d（秧龄期），即 5 月 3 日播种。

湖北南部，油菜在 5 月 15～20 日收获，水稻的可播栽期在 5 月 18 日左右。粳稻的安全齐穗期为 9 月 30 日，早熟晚粳品种的安全播期为 7 月 12 日，在可播栽期之后 1 个多月，生产上应于可播栽（始）期之后力争早播，以利延长生育期，增加生长量，从而提高产量。小苗机插，宜在可播栽（始）期 5 月 18 日左右向前推 15 d（秧龄期），即 5 月 3 日左右播种，播期提早过多会因超秧龄而减产。人工移栽，宜在可播栽期 5 月 18 日向前推 20 d（秧龄期），即 4 月 28 日播种。

（二）壮秧培育

1. 播种落谷密度　培育壮秧的关键技术，首要的是合理的落谷密度，只有合理的落谷密度才能保证形成壮苗所需的土壤营养和接受光照的空间。大量的研究和生产实践表明，培育 3 叶 1 心期的粳稻壮苗合理的落谷密度为 250 粒（芽谷）/dm^2，即折合标准软、硬秧盘（58 cm×28 cm）每盘播破胸露白的芽谷 140～150 g（千粒重 26 g 左右）。

2. 床土培肥　床土是培育壮秧的基础条件。培肥的量因具体取土田块而定，培肥后的床土碱解氮含量以 250～300 mg/kg 为宜。若用商用壮秧剂或培肥剂，则务必先做小规模用量试验，以确定合理的培肥用量，以免用量过多烧苗、过少培肥量不足，不能培育出壮秧。

按“旋耕培肥→晒（风）干→碾碎→筛选（用筛孔直径 4～6 mm 的筛子）→拌壮秧营养剂”的程序进行盘土的准备。就地培肥的施肥参考用量：每公顷取土稻田施氮磷钾高浓度复合肥 750～1 050 kg，或尿素 300～450 kg、过磷酸钙 600～1 200 kg、氯化钾 225～450 kg。菜园土可少培肥或不培肥。

3. 控水盘根　机插小苗育秧过程中无论用何种补水的方式，移栽前 7 d 左右都必须开始控制水分供给，床土水分一定要保持在饱和含水量以下，最低可为土壤最大含水量的 85%～90%，以促进根系生长，促成毯状苗盘根。目前生产中应用的部分育秧基质，因质地过分疏松，不仅保水性太差，也不利于盘根，故应加入 20%（体积）左右田土拌和其中，以改善质地，保证毯状苗盘根。

4. 生长调节物质　目前市售的壮秧剂、育秧专用肥和育秧（苗）基质，多数都含有多效唑、烯效唑等抑制秧苗地上部器官伸长的生长调节物质，在配制合理、使用恰当的情况下，有防止徒长和减轻超秧龄危害的良好作用。但抑制过度，秧龄已到期而株高过矮，不能满足机插要求，从而延误农时的情况也是常见的。所以，使用这类商品时必须经多点多次试验，明确其用量和使用方法，确认效果后再大面积应用。

三、机械化播插

（一）小苗机插

小苗机插的特点是移栽叶龄小（3 叶 1 心，一般不带蘖），单株成穗决定于本田期的有效分蘖叶龄数及分蘖发生率。

1. 小苗机插稻的群体与分蘖特点

（1）机插稻高产群体结构的特点　单位面积穗数和手插稻基本相同或每公顷略高15万～30万穗，但仍然应走稳定适宜穗数，主攻大穗的路子。群体培育同样应是“小、壮、高”途径，在合理基本苗基础上，通过促进分蘖，提高茎蘖成穗率（70%～80%）达到高产。机插小苗仍遵循 $N-n$ 叶龄期稍前够苗的规律。目前江苏的单季稻（伸长节间5个以上）品种高产田的够苗期，多数在 $N-n$ 叶龄期稍前（a 值一般为1），高峰苗期也较手插秧的早1个叶龄。但4个伸长节间以下的品种，其够苗期仍遵循 $N-n+1$ 叶龄期的规律。

（2）机插稻的分蘖特点　与手插秧相比有两点主要区别：一是由于苗床密度过大，1、2、3三个叶位的分蘖芽发育受抑制。二是在3叶期移栽的情况下，2、3叶位的分蘖芽尚能发育分蘖（$bn=1$）；而在4叶期移栽时，这三个分蘖芽全部休眠而成缺位，要到第7/0叶长出时，才在第4/0叶叶位上发生分蘖。从移栽到始蘖要间隔2个叶龄，$bn=2$。

（3）机插秧在本田期的分蘖　多数品种分蘖主要发生在8、9、10、11四个叶位上，这4个叶位是分蘖高发生率和高成穗率叶位，这是计算本田期有效分蘖发生数的重要依据。例如，计算公式中的 C 值，主茎有效分蘖叶龄为4，对应的 C 值为1.25。

2. 小苗机插稻基本苗的确定　小苗机插水稻的基本苗计算公式：

$$X=Y/ES$$

单株成穗数 $ES=1$（主茎）+（$N-n-SN-bn-a$）Cr，代入公式：

$$X=\frac{Y}{1+(N-n-SN-bn-a)Cr}$$

式中，Y 为总穗数；N 为总叶片数；n 为伸长节间数；SN 为叶龄；C 为有效分蘖理论发生值；bn 为移栽至始蘖间隔的叶龄数；调节值 a 和分蘖发生率 r 等参数，视具体情况而定。

4叶期移栽的 bn 值为2；5个以上伸长节间品种的 a 值为1；本田期有效分蘖叶位一般可达5个左右；分蘖发生率 r，在播种量适宜、秧龄适当（15～18 d）的情况下，可以达到70%～80%。随着秧龄天数的延长，分蘖率下降，若秧龄达25d以上，则分蘖率下降至50%～60%。根据以上参数，可对机插稻基本苗作精确定量计算。

（二）机直播

机直播在多熟制地区常出现3个缺点：一是播期更晚，抽穗结实期低温威胁的频率高；二是草害严重；三是易倒伏。同时，生产上往往单位面积苗数太多，甚至接近穗数，这是影响直播产量的最大制约因素。因此用基本苗公式来计算剖析直播生产的密度问题，是很有必要的。

1. 直播稻基本苗的确定　小苗机插的基本苗的计算公式：

$$X=Y/[1+(N-n-bn-a)Cr]$$

上式中没有 SN 这一参数。bn 是指始蘖叶龄减1（如5叶期始蘖，则 $bn=5-1=4$）。水稻在直播条件下，由于苗期大田营养条件不足，直播苗一般要到5叶以后才开始分蘖，因此 bn 值取4，具有普遍意义。直播稻的够苗叶龄，和机插小苗一样，一般要较 $N-n$ 提前1个叶龄，a 值取1。这样直播稻的单株成穗数为 $ES=1+(N-n-4-1)Cr$。

2. 播种量的确定　设一个中粳稻品种直播时的 N 为 16，n 为 5，高产的适宜穗数为 360 万/hm^2，直播的适宜基本苗数应为：

$$X=360/[1+(16-5-4-1)Cr]$$

主茎有效分蘖叶龄数一般为 6，对应的 C 值为 2.0。设分蘖发生率 r 分别为 0.6、0.7、0.8 和 0.9，则基本苗分别为 43.90 万/hm^2、38.30 万/hm^2、33.96 万/hm^2 和 30.51 万/hm^2。

设该品种千粒重为 28g，发芽率 90%，大田成苗率为 80%，则对应播量分别为 17.1、15.0、13.2 和 11.85 kg/hm^2。

单位面积上播如此少量的种子，而且要播得均匀，是很困难的。目前一般条播机每公顷最低播量只能达到 60 kg，是计划精量播种的 4～5 倍；精确播种每公顷播种量大都在 80～120 kg，是计划精量播种的 7～10 倍，如此高的播量，如此大的群体，限制了产量的提高。因此，进行机直播首要是研制精量点播机，目前更要尽可能把人工播种量降下来。

四、精确定量施肥

（一）氮肥施用总量的确定

氮肥施用总量的确定，可用斯坦福（Stanford）的差值法求取，其基本公式为：

$$\text{达到目标产量的施氮总量}(kg/hm^2)=\frac{\text{目标产量的需氮量}(kg/hm^2)-\text{土壤的阶段供氮量}(kg/hm^2)}{\text{氮肥的当季利用率}(\%)}$$

阶段施肥量（基蘖肥和穗肥）计算公式为：

$$\text{达到目标产量的阶段施氮量}(kg/hm^2)=\frac{\text{达到目标产量的阶段吸氮量}(kg/hm^2)-\text{土壤的阶段供氮量}(kg/hm^2)}{\text{氮肥的阶段利用率}(\%)}$$

公式的实际应用首先要明确目标产量需氮量、土壤供氮量及氮肥当季利用率 3 个参数，再确定施氮总量，然后合理确定基蘖肥与穗肥的分配比例和施用时间。

（二）基蘖肥的调节

基肥直接翻入土壤，氮素的损失少，在中、大苗移栽的情况下，基肥一般要占基蘖肥总量的 70%～80%。小苗机插，对基肥吸收利用率低，基肥宜减少，以占基蘖肥总量的 20%～30%为宜。在麦秸还田的情况下，因麦秸的腐解，要消耗大量土壤氮素，为促苗早发，不但要提高基蘖肥占总施氮量的比例，基肥占基蘖肥的比例也要提高，一般要达 50%。分蘖肥宜早施，一般于栽后 1 个叶龄施下，最迟必须距离有效分蘖叶龄期 4 个叶龄。

（三）穗肥的调节

在施氮总量和前后分配数量确定，并按计划施用了基蘖肥后，至施用穗肥时，必须根据 $N-n$ 叶龄期群体总茎蘖数和顶 4 叶、顶 3 叶的叶色差，对穗肥施用的时间和数量，做进一步调节。大体可分 4 种苗情做相应调节：

（1）群体适宜，叶色正常　群体在 $N-n$ 叶龄期前按时够苗，$N-n$ 叶龄期后叶色按时"落黄"，达到预期的生育要求，则可按原定的穗肥总量，分促花肥（倒 4 叶露尖，占穗肥总量的 60%～70%）、保花肥（倒 2 叶生出，占 30%～40%）两次施用。

(2) 群体适宜或较小，叶色“落黄”较早　若群体“落黄”早，出现在 $N-n$ 叶龄期，或 $N-n$ 叶龄期不够苗，则应提早到倒 5 叶期开始施穗肥，并于倒 4 叶、倒 2 叶再施，共分 3 次施用。氮肥的施用量比原计划要增加 10%～15%，3 次施用的比例一般以 3∶4∶3为好。

(3) 群体适宜，叶色过深　若 $N-n$ 叶龄期以后顶 4 叶>顶 3 叶，则穗肥一定要推迟到群体叶色“落黄”时才施用，且只宜一次，数量要减少，作保花肥施用。

(4) 群体过大，叶色正常　对于 $N-n$ 叶龄期总基蘖苗过多（因基本苗多造成茎蘖数过多），高峰苗达适宜穗数 1.5 倍以上的过大群体，只要在 $N-n+1$ 至 $N-n+2$ 叶龄期能正常“落黄”的，还应按原计划在倒 4 叶及倒 2 叶期两次施用穗肥，穗肥数量不能减少。因为这类已经“落黄”的群体需氮量大，有了足够的穗肥，可保证强势茎蘖的需要，能获得较多的穗数，夺取高产。

水稻 $N-n$ 叶龄期至穗分化开始是实现肥水调控的关键时期。群体的发展极为多样，但基本上是上述 4 种类型，了解和掌握了这 4 种调节的原则和方法，便可举一反三。

五、绿色防控

病虫害防治是水稻生产的关键环节之一，其技术执行好坏不仅对产量影响大，有时甚至可能导致绝收；防控病虫草害的药物使用不当，一方面会影响防治效果，另一方面可能产生农药残留，甚至可能威胁到人的健康。绿色防控是绿色稻米生产的依托技术。

（一）病虫草防控原则及农药使用标准

水稻病虫草害的绿色防控依据中华人民共和国农业行业标准《绿色食品　农药使用准则》（NY/T 393—2013）执行。

1. 标准中推荐使用的药物种类和主要品种　生物源农药、微生物源农药、矿物源农药、有机合成农药、农用抗生素（灭瘟素、春雷霉素、多抗霉素、井冈霉素、农抗 120、中生菌素、浏阳霉素、华光霉素）、活体微生物农药真菌剂（蜡蚧轮枝菌、苏云金杆菌、蜡质芽孢杆菌、昆虫病原线虫、微孢子、核多角体病毒）、动物源农药（昆虫信息素）、捕食性的天敌动物、植物源农药（除虫菊素、烟碱、植物油乳剂、大蒜素、印楝素、苦楝、川楝素、芝麻素）、矿物源农药（硫悬浮剂、可湿性硫、石硫合剂、硫酸铜、氢氧化铜、波尔多液）、矿物油乳剂，以及符合绿色标准的有机合成农药。

2. 优先采用农业防控　通过选用抗病抗虫品种、非化学药剂种子处理、培育壮苗、加强栽培管理、中耕除草、秋季深翻晒土、清洁田园、轮作倒茬、间作套种等一系列措施起到防治病虫草害的作用。

3. 其他防控手段　灯光、色彩诱杀害虫，机械捕捉害虫，机械和人工除草等措施。

（二）病害绿色防控技术

1. 选用抗病品种　由于绿色防控中要求少用或不用化学农药，因此在品种选择上除关注产量和品质外，还必须重点考虑选择抗（耐）稻瘟病、稻曲病的品种，及时替换种植年限较长的品种，以防病害的严重发生。

2. 落实好种子处理　做好晒种、选种和符合绿色标准的药物浸种，灭杀种子携带的病菌。

3. 培育壮秧　根据播种期和移栽期确定好秧龄及其播种量，培育稀播壮秧，做好苗期病害的预防，施好“送嫁药”。如使用枯草芽孢杆菌防治稻瘟病，选用石硫合剂防控其他苗期病害。

4. 合理密植　根据品种特性和土壤肥力水平，合理安排移栽密度、株行配置和栽插基本苗，坚持宽行窄株种植，一般行距为 30 cm、株距 13～16 cm，根据常规稻、杂交稻及其分蘖能力按每穴 2～5 苗的标准栽插。

5. 病害防治　根据水稻生长发育状况，对生长旺盛的秧苗或遇利于病害发生的气候条件时，及时施用枯草芽孢杆菌预防稻瘟病，井冈霉素预防纹枯病和稻曲病，农用链霉素预防白叶枯病，对病毒病通过防治传染病毒的害虫实现有效防控。所有防病药物也可从 NY/T 393—2013 附录 A 中选择。

（三）虫害绿色防治

水稻的主要虫害有稻蓟马、三大螟虫、稻飞虱等。苗期主要以防治稻蓟马为主，可选择吡虫啉（A 级）、石硫合剂（AA 级）等药剂。大田害虫的防控要注意以下几个方面。

1. 性引诱剂诱杀螟虫　用螟虫性引诱剂诱杀螟虫雄蛾，使雌蛾不能正常交配繁殖，减少下代基数，减轻为害发生。5～8 月，每公顷放诱捕器及诱芯 45 个。

2. 灯光诱杀害虫　每 2 hm^2 稻田安装杀虫灯一盏，诱杀二化螟、三化螟、稻纵卷叶螟、稻飞虱等多种害虫。

3. 保护并利用天敌治虫　保护并利用稻田天敌，发挥天敌对害虫的控制作用。常用措施有田埂种豆保护并利用蜘蛛和青蛙等天敌。还可人工释放赤眼蜂，以灭杀螟虫虫卵。

4. 其他防控技术　当稻田飞虱达到防治指标时，使用吡蚜酮防治。使用苏云金杆菌和阿维菌素防治螟虫。也可选用 NY/T 393—2013 附录 A 中推荐的药物防治。

（四）杂草绿色防控

1. 直播稻田杂草防除　对于直播稻田杂草可采取“封、杀”相结合的防治策略，即在使用土壤封闭型除草剂的基础上，辅助施用茎叶处理剂杀灭杂草。

（1）土壤封闭　一般在播种后，田面明水自然落干后进行。药剂可选用丙草胺等，也可选用 NY/T 393—2013 标准附录 A 中推荐的药剂进行防控。

（2）茎叶处理　土壤封闭处理不佳时，二次用药。用药适期要掌握在杂草 3～4 叶期，常用药剂为二氯喹啉酸等。也可选用 NY/T 393—2013 标准附录 A 中推荐的药剂进行防控。

（3）注意事项　直播稻田药后苗前田间切忌积水；播后如遇干旱，须及时上“跑马水”，做到“沟满水、畦湿润”。

2. 机插稻田杂草防除　机插秧采取“两封一杀”的化学除草方案。

（1）第 1 次封闭　整田后插秧前进行，防除药剂可选丙草胺或 NY/T 393—2013 标准附录 A 中推荐的药剂。

（2）第 2 次封闭　插秧后 7～10 d，防除药剂有乙草胺、异丙草胺或选用 NY/T 393—2013 标准附录 A 中推荐的药剂。

（3）“一杀”　茎叶处理剂杀灭，栽插后 20 d 左右，杂草 3～4 叶期是防除最佳适期。防除药剂有 6%稻喜，如杂草偏大，可适当加用稻杰（五氟磺草胺）或选用 NY/T 393—

2013 标准附录 A 中推荐的药剂。

(4) 注意事项　机插秧田面要平整、保水，栽插后要做到薄水活株、浅水化除，二次封闭后仍要保水 5～7 d，以发挥“以水控草”的作用。平田后不能及时栽插的田块，要先用药封闭，且应保水增效。用药后遇大雨天气，应及时开好排水沟，降低水位，切忌水层淹没秧心。要严格把握最佳用药期，确保最佳效果。

六、节水灌溉

(一) 活棵分蘖阶段灌溉

活棵分蘖阶段以浅水层（2～3 cm）灌溉为主，结合必要的排水露田。移栽苗秧龄不同，水层灌溉也有差异。湖北省移栽稻以小苗机插为主，以下主要讲述小苗机插稻的精确灌溉技术。

机插小苗的苗体较小，叶面蒸发量不大，加之根部带部分土移栽，移入大田后，保持土壤湿润即可满足生理需水的要求。其技术要点是保持土壤通气，促进秧苗尽快发根。在南方稻区，移栽后一般不宜建立水层，宜采用湿润灌溉的方式。阴天无水层，晴天灌薄水，1～2 d 后落干，再上薄水。待 1 个叶龄、秧苗活棵后，断水露田，田间保持湿润状况，进一步促进发根。待移栽后长出第 2 片叶时，苗体已较大，此时结合施分蘖肥开始以浅水层为主，并多次落干露田通气，维持到整个有效分蘖期。

不论是机插小苗还是塑盘穴播小苗，移栽后如灌水层施除草剂，均对苗体的损害很大，常导致僵苗不发，故小苗移栽的化学除草应在移栽前进行。田耙平后随即施除草剂，保持水层封杀 4 d 后，既灭了草，又使表土沉实，利于浅播。栽后实施湿润灌溉。

湖北省目前有相当面积的直播稻，播后的灌溉技术与移栽稻不同。旱直播，一般播后淹灌后，脱水露田（若淹水超过 1 d，则要及时排水，并注意及时将低洼处积水排净），保持土壤充分湿润，待齐苗至放大叶（1 叶 1 心期）时开始过渡为以浅水灌溉为主。水直播，一般催芽至露白播种，播种后即露田。遇高温烈日天气，可在上午 10 时左右上水护芽，午后排水，至放大叶时开始过渡为以浅水灌溉为主。其后的灌溉标准和技术同小苗机插稻。

搁田时间始于 $N-n-1$ 叶龄期，持续时间为 5～7 d，以达到土壤水势指标值 －15 kPa和叶色“落黄”（顶 4 叶＜顶 3 叶）为度。如一次搁田土壤水势已达到指标值，而叶色尚未“落黄”时，则应及时上“跑马水”，并进行第 2 次搁田，达到叶色“落黄”为止。而且这种上“跑马水”后再次搁田的方式，一直要延续到拔节前（$N-n+2$ 叶龄期），这段时间实际上是进行多次适度搁田，切不可一次重搁田。此外，发苗快、够苗早的田块，则应提早搁田，够苗迟的田块最迟也应在 $N-n$ 叶龄期搁田。

(二) 长穗期灌溉

中、晚粳稻长穗期需要进行灌水的最佳（取得最高产量）低限土壤水势值为：－5～－8 kPa。在上述范围内，地下水位低的和沙土地取上限值；地下水位高的或黏土田取下限值。

长穗期灌浅层水后，当土壤水势值达到上述低限指标值时，就需要灌 2～3 cm 水层，自然落干，待土壤水势再达到低限值时，再灌水 2～3 cm。如此周而复始，形成浅水层与湿润交替的灌溉方式。这种灌溉方式也能维持稻田土壤沉实而不虚浮，利于防止倒伏。

（三）结实期灌溉

结实期（抽穗至成熟）的灌溉仍宜采用浅湿交替的灌溉方式，且结实期无水层期土壤水势的低限值较长穗期低。获得高产、优质的结实期灌溉的低限土壤水势指标值为：－10～－15 kPa，具体的灌水节奏同长穗期。

第二节　小麦丰产技术体系

一、品种选择

（一）品种选择

选用已通过湖北省审定或通过全国审定且适宜种植范围包括湖北省、适宜当地种植的小麦品种。根据湖北省小麦的生态条件和生产条件，鄂北地区宜选择抗（耐）条锈病和赤霉病的半冬性或弱春性品种；鄂中南地区宜选择抗（耐）赤霉病、条锈病、白粉病和穗发芽的弱春性品种。

（二）种子质量

种子质量应符合 GB 4404.1—2008 标准中的相关要求，即种子纯度不低于 99%，发芽率不低于 85%，净度不低于 98%，水分含量不高于 13%。

（三）种子处理

在病害多发的地区，可用 3%苯醚甲环唑悬浮种衣剂（1 kg 药剂拌种 300 kg）进行拌种；对全蚀病发生地区，可用 12.5%全蚀净悬浮种衣剂（每 20～30 mL 药剂拌种 15 kg）进行拌种。

在地下害虫危害严重的地区，每 50 kg 麦种用 50%辛硫磷乳油 50 mL，或用 40%甲基异柳磷乳油 50 mL 加 20%三唑酮乳油 50 mL，或用 2%戊唑醇湿拌剂 75 g 加入喷雾器内，加水 3 kg 搅匀边喷边拌。拌后堆闷 3～4 h，待麦种晾干即可播种。

在地下害虫危害不严重地区，可以单独使用三唑酮拌种，每千克麦种用药量为 15%三唑酮 2 g，但必须干拌，随拌随用。

种子处理过程中农药使用应符合国家标准 GB/T 8321 的规定。

二、耕作整地

（一）整地准备

前茬作物收获后，对田间剩余秸秆进行粉碎还田，要求粉碎后 85%以上的秸秆长度≤10 cm，且抛撒均匀。如采用灭茬、旋耕、施肥、播种、覆土（镇压）联合复式机具作业，秸秆留茬高度应≤30 cm。若预测播种时墒情不足，则应提前灌水造墒。同时，整地前，应按农艺要求施足底肥。

（二）整地方法

1. 旋耕整地　适宜机械化作业的土壤含水量应控制在 15%～25%，旋耕深浅一致，旋耕深度应达到8 cm以上，耕深稳定性≥85%，耕后地表平整度≤4 cm，碎土率≥50%。为提高播种质量，提倡播后应及时镇压。每隔 3～4 年应深松 1 次，打破犁底层，深松深度一般为 35～40 cm，深松深度稳定性≥80%，土壤膨松度≥40%。深松后应及时合墒。

2. 保护性耕作　实行保护性耕作的地块，如田间秸秆覆盖状况或地表平整度影响免耕播种作业质量，应进行秸秆匀撒处理或地表平整作业，以确保机械播种质量。

3. 耕翻整地　对上茬作物根茬较硬，没有实行保护性耕作的地块，小麦播种前需进行耕翻整地。耕翻整地属于重负荷作业，需用大中型拖拉机牵引，其动力大小应根据不同作业耕深、土壤比阻选配。整地质量要求：耕深≥20 cm，深浅一致，无重耕或漏耕，耕深及耕宽变异系数≤10%。犁沟平直，沟底平整，垡块翻转良好、扣实，以掩埋杂草、肥料和残茬。耕翻后应及时进行整地作业，要求土壤散碎良好，地表平整，满足播种要求。

三、精量播种

（一）播种要求

采用机械化播种技术一次性完成施肥、播种、镇压等复式作业，播种深度为 3～5 cm，要求播量精确、下种均匀，无漏（重）播，覆土均匀严密，播后镇压效果良好（如土壤湿度较大或黏重土壤，亦可不需镇压）。实行保护性耕作的地块，播种时应保证种子与土壤接触良好。调整播量时，应考虑药剂拌种导致种子重量增加的因素。

（二）机具选择

提倡选用带有镇压装置的播种机具，一次性完成灭茬、旋耕、施肥、播种、覆土（镇压）等复式作业。其中，少（免）耕播种机应具有较强的秸秆防堵能力，施肥机的排肥能力应达到 750～800 kg/hm^2 以上。

（三）播种期

根据气候、品种类型、土壤墒情确定适宜播期。鄂北地区小麦适宜播期为 10 月 20～30 日，鄂南地区的适宜播期为 10 月 25 日至 11 月 5 日。具体确定小麦播种适期时，还要考虑麦田的土壤类型、土壤墒情和安全越冬情况等，旱地小麦可在适宜播种期前后抢墒播种。

（四）播种量

稻茬小麦基本苗应保证在每公顷 270 万～300 万，正常情况下播种量应为 187.5～225.0 kg/hm^2，鄂北地区旱茬小麦适宜的基本苗应保证在 225 万～300 万/hm^2，正常情况下播种量应为 150.0～187.5 kg/hm^2，但应根据播种时土壤墒情、整地质量、土壤质地和种子发芽率等情况适当调整。在干旱年份和晚播条件下，应适当增加播种量，但也要避免盲目加大播种量，导致基本苗过多。

四、田间管理

（一）冬前管理

1. 管理目标　培育带蘖壮苗越冬，12 月 20 日主茎叶龄 3.5～4.0 叶，总茎蘖数 420 万～480 万/hm^2，单株带蘖 1.0 个，次生根 3～5 条。

2. 化学除草　当田间杂草密度达每平方米 50 株以上时，在温度和土壤墒情适宜时，进行化学除草。以禾本科杂草为主的田块可用 6.9%骠马 750 mL/hm^2，以阔叶类杂草为主的田块可用 75%苯黄隆（巨星）15 g/hm^2，两类杂草混生的田块，则可兼用上述两种除草剂。也可根据当地情况选用其他高效低毒药剂。有条件的地区，可采用喷杆式喷雾机进行均匀喷洒，要做到不漏喷、不重喷、无滴漏，以防出现药害。

3. 冬前促弱控旺　在小麦 3 叶期前后，对基肥不足、麦苗瘦弱、群体不足田块，根据苗情，适量追施平衡肥，每公顷追施尿素 45～75 kg。播种出苗过早，或因冬前气温过高常导致小麦年前旺长，如小麦 11 月下旬主茎已发生 5～6 片叶，越冬期有可能拔节，则这类旺苗麦田越冬或春季有可能受冻。对这类旺苗麦田，可采取冬前中耕镇压 2～3 次。

（二）春季管理

1. 管理目标　春季稳发，长势平衡，培育壮秆，巩固穗数。2 月 15 日主茎叶龄 6.0～6.5 叶，总茎蘖数 825～900 万/hm^2；2 月下旬出现高峰苗，总茎蘖数 1 125 万 ～1 200 万/hm^2；成穗率 45%～50%。

2. 化学除草　对冬前除草效果不好或未及时化除的麦田，待气温回升后要及时进行化学除草。以禾本科杂草为主的田块可用 6.9%骠马 750 mL/hm^2 兑水 300 L 喷雾防治，以阔叶类杂草为主的田块可用 75%苯黄隆（巨星）15 g/hm^2 兑水 20～30L 喷雾防治。两类杂草混生的田块，则可兼用上述两种除草剂。

3. 追施拔节肥　追肥时间一般掌握在群体叶色褪淡，小分蘖开始死亡，分蘖高峰已过，基部第 1 节间定长时。群体偏大、苗情偏旺的延迟到拔节后期至旗叶露尖时施用。拔节肥施氮量为总施氮量的 30%左右，可看苗追施尿素 112.5～150.0 kg/hm^2。

4. 清沟排渍　春季雨水较多，应注意清好“三沟”，防止渍害。做到沟直底平，沟沟相通，雨住田干，雨天排明水，晴天排暗水。

5. 控旺防倒　在拔节前，对群体较大，长势较旺的麦田及抗倒伏能力差的品种，可用壮丰安进行化控，防止倒伏。壮丰安用量为每公顷 450～600 mL，兑水 375～450 kg 进行叶面喷施。

6. 一喷三防　最佳时期为小麦齐穗至籽粒灌浆中期，在防治小麦赤霉病、白粉病和蚜虫时，将尿素、磷酸二氢钾或植物生长调节剂加入防病治虫的药剂中，喷施 2～3 次，每次间隔5～7 d，以防病虫、防倒伏、防后期早衰，增加千粒重。鄂北地区可选用 15%粉锈宁 70～100 g+菊酯类农药 40～50 mL+磷酸二氢钾 100 g 配方或用多菌灵与菊酯类农药及尿素、磷酸二氢钾等组合的配方。

（三）植保机具

在植保机具选择上，可采用机动喷雾机、背负式喷雾喷粉机、电动喷雾机、农用航空植保机具等。

五、机械收获

为提高下茬作物的播种出苗质量，要求小麦联合收割机带有秸秆粉碎及抛撒装置，确保秸秆均匀分布地表。收获时间应掌握在蜡熟末期，同时做到割茬高度≤15 cm，收割损失率≤2%。作业后，收割机应及时清仓，以防止病虫害跨地区传播。

参考文献

凌启鸿，2007. 水稻精确定量栽培理论与技术 [M]. 北京：中国农业出版社.

邹娟，高春保，刘易科，等，2017. 湖北省小麦全程机械化生产技术 [J]. 湖北农业科学，56 (24)：20 - 23.

第六章　湖北稻麦两熟常见技术问题分析

第一节　水稻种植常见技术问题分析

一、水稻主要种植方式有哪些？

水稻种植按是否移栽分直播和移栽两种种植方式。

直播稻就是不经育秧和移栽而直接将种子播于大田的一种种植方式。根据土壤水分状况以及播种前后的灌溉方法，通常将直播稻分为水直播和旱直播。

水稻的育秧移栽，秧田占地面积少，便于集中施肥、灌溉、防除病虫草害，易于管理；可选用生育期较长的品种，充分利用温光资源，挖掘水稻增产潜力；对于多熟种植茬口，能解决前后茬矛盾；通过壮秧移栽，能保证大田基本苗，有利于提高群体质量。

移栽稻的育秧方式，主要有水育秧、湿润育秧、旱育秧、塑料软盘育秧、双膜育秧、塑料薄膜保温育秧、两段育秧等。

（1）水育秧　水育秧是我国传统的育秧方式，是指整个育秧期间，秧田以淹水管理为主，即水整地、水作床，带水播种，出苗过程除防治绵腐病、坏种烂秧及露田扎根外，一直都建立水层。目前生产上已不提倡使用。

（2）湿润育秧　湿润育秧也叫半旱秧田育秧，是一种露地育秧方法，主要特点是深沟高畦面、沟内有水、畦面湿润，水整地、水作床，湿润播种，扎根立苗前秧田保持湿润通气以利根系下扎，扎根立苗后间歇灌溉，以湿润为主。湿润育秧方式容易调节土壤中水气矛盾，播后出苗快、出苗整齐，不易发生生理性立枯病，有利于促进出苗扎根，防止烂芽死苗，也能较好地通过水分管理来促进和控制秧苗生长，已成为替代水育秧的较为常见的育秧方法。

（3）旱育秧　旱育秧是在旱地条件下育苗，苗期不建立水层，主要依靠土壤底墒和浇水来培育健壮秧苗的一种育秧方式。旱育秧需高肥力水平的秧床，故称之肥床旱育秧。秧床通过有机肥料培肥后，苗期很少追施肥料，床面土壤上下通透性好，有利于培育根深、根毛多、白根比例高的壮秧，移栽后缓苗期短、发根快、分蘖早。旱育秧操作方便，节地节水，省工省时。旱育秧时，通过覆盖薄膜保湿、药剂防病等措施，能有效地解决因水分短缺导致的出苗不齐的问题，并较好地控制了立枯病的发生以及鼠雀危害。旱育秧现已成为优质高产水稻生产中应用面积较大的育秧方法。

（4）塑料软盘育秧 塑料软盘育秧是随着抛秧技术发展而形成的育秧方式，其特点是利用塑料软盘培育秧苗，培育的秧苗根体带土、穴体之间分离。塑料软盘育秧能提高秧本田的比例，降低育秧成本，管理方便，秧苗素质好，苗期不易发病，育出的秧苗可以栽插，更便于抛栽。根据育秧时水分管理的不同，又可将塑料软盘育秧分为塑盘旱育秧和塑盘湿润育秧两种。

（5）双膜育秧 采用两层地膜，先在秧板上平铺地膜（需要事先对地膜按一定规格打孔），然后在有孔地膜上铺放底土（铺土厚度 2.0 cm），完成灌水、播种、盖土、铺草等程序后，再覆盖一层地膜。一般在秧苗出土 2 cm 左右时揭膜炼苗。起秧前要将整板秧苗用刀切成一定规格的秧块，切块深度以切破底层有孔地膜为宜，以便机插。

（6）塑料薄膜保温育秧 是在湿润育秧基础上，畦面上加盖一层塑料薄膜，以提高和保持畦面温度和湿度的一种育秧方法。这种育秧方式有利于保温、保湿、增温，可适时早播，防止烂芽、烂秧，提高成秧率，早春播种预防低温冷害是十分必要的。

（7）两段育秧 是将水稻的育秧过程分成两段进行的一种育方法。第一阶段，采用密播方法培育小苗（通常为 3～4 叶）；第二阶段，将小秧苗移植到寄秧田，继续培育壮秧。水稻两段育秧的主要优势是能解决早播与迟栽的矛盾，可以培育出大龄壮秧，缓解水稻生长的季节矛盾。不足之处是水稻育秧过程花工较多，从寄秧田向本田移栽的过程中，拔秧、运秧、移栽的劳动强度和用工量均较大。

（8）其他育秧方式 主要有塑盘硬盘育秧、工厂化育秧、场地小苗育秧等。

水稻移栽方式主要有：

（1）手插 是最传统的一种移栽方式。插秧规格不同，势必造成株行间光照、营养、通风、湿度等田间生态环境的不同，进而影响产量。生产实践中，往往通过移栽基本苗和插秧规格来调整水稻群体与稻株个体之间的矛盾。

（2）机插 机插秧是水稻生产机械化的主要方式，可以降低劳动强度，提高生产效率。

（3）抛栽 是指将带土秧苗往空中定向抛撒，利用带土秧苗自身重力落入田间定植的一种水稻移植方式。

除上述之外，还有一种叫“再生稻”的种植方式。再生稻是在头季稻收割后，利用稻桩上存活的休眠芽或潜伏芽，给予适宜的水、温、光和养分等条件，加以培育萌发成再生分蘖，进而抽穗成熟的一季水稻，俗称“抱孙谷”或“秧孙谷”。

二、水稻机插有什么技术特点？

水稻机插是现代稻作的基本方向，也是当前实现水稻高产、稳产、优质和高效的现实选择。其技术特点：一是机械性能有较大提高，机械作业性能和作业质量完全能满足现代农艺要求；二是育秧方式有重大改进，采取软盘或双膜育秧，中小苗带土移栽，其显著特点是播种密度高，床土层薄，秧块尺寸标准，秧龄短，易于集约化管理，秧田及肥水利用率高，秧田和大田比为 1∶(800～1 000)，从而大量节约秧田。

机插稻的主要生育特性：由于其自身的特殊性，且对秧龄控制要求极其严格，其播种期推迟导致生育期缩短；机插秧是在规定的秧盘中进行育秧，播种密度极大，秧苗生长完全处于密生条件下，个体所占营养面积及生长空间小，苗间竞争加剧，秧苗小而素质趋弱，抗逆性较弱；机插稻的宽行浅栽，有利于低节位分蘖的发生，机插水稻的分蘖具有爆发性，分蘖期也较长，够苗期提前，但是高峰苗容易偏多，使成穗率下降，穗形偏小。

三、水稻直播有什么技术特点？

直播稻秧苗从幼苗开始就直接在大田生长，秧苗生长的立地面积和占据空间比较大，与秧田生长的秧苗相比，环境条件大大改善，秧苗生长发育好。表现为秧苗生长健壮敦实，根茎粗壮，根系发育也好，秧苗素质明显好于秧田的秧苗。而且直播稻秧苗不经拔苗、移栽等措施，不会伤根损叶，为壮苗早发奠定了基础。直播稻前期根系生长旺盛，又多分布在肥沃的浅层，因此前期生长容易过旺，而中后期容易出现早衰。直播稻的分蘖节位低，分蘖早，分蘖势强，生产上，虽然通常直播稻播种期比移栽稻有所推迟，但其生长发育进程较快。在产量构成上，表现出每公顷穗数多，而每穗粒数较少。直播稻主要生产优势是：节省了育秧以及移栽时的拔秧、运秧、栽秧等环节的用工，操作简便。如果采用机械直播，更适合规模化、集约化经营，而且劳动强度不大。

直播稻在生产上应用，存在突出问题主要有：一是在品种选择上具有局限性，尽管有些品种产量高、抗病性强、品质好，但由于生育期长，不适宜进行直播种植；二是播种质量难以保证，生产上普遍存在田面平整度差、播种不匀、水浆管理粗放，常有缺苗、弱苗、死苗现象；三是长期的少免耕，易造成土壤板结、肥力差，加之直播稻的根系分布浅，使得水稻的倒伏风险大；四是部分田块病虫草害严重。直播水稻中期群体大，田间通风透光性能差，利于水稻纹枯病的发生；稻田后期稻飞虱、稻纵卷叶螟等的发生量比移栽稻大；杂草防治难度大，除草剂使用量高，环境污染重。

四、水稻品种选用应注意哪些事项？

用作生产的水稻品种应首先保证：种子纯度、发芽率、净度、水分指标必须达到国家标准的要求；农艺性状稳定，生产整齐一致；稻米品质优良，能符合市场需求；高产稳产，抗逆性较强；适应性广，能在较大区域范围内推广应用。

在水稻生产上，具体选择品种时应注意以下几点：①应是通过品种审定（或认定）并适宜在本地区种植的品种。②根据具体生产中的个性化目标，做到高产、优质、多抗三个方面的相互协调。③要与作物茬口相配套，并考虑具体种植方式进行品种选择。前茬作物成熟早或采用育苗移栽方式种植水稻的，可选用生育期略长的品种；若前茬作物成熟迟或是采用直播方式种植水稻的，则应选用生育期较短的品种。

五、播种前水稻种子需要经过哪些处理？如何进行稻种催芽？

水稻种子处理主要包括晒种、选种、浸种与消毒、催芽等。晒种能够促进种子后熟和提高酶的活性，增加种皮的透性，增强吸水性，从而提高种子的发芽率和发芽势，并有一定的杀菌作用。选种，可以剔除混在种子中的草籽、杂质、虫瘿和病粒等，提高种子质量。精选后的种子，播种前要浸种。这是因为种子从休眠状态转向萌芽状态，需要足够的水分、适当的温度和充足的空气，而吸足水分是种子萌动的第一步。一般种子吸水达到自重的25%时，缓慢萌发但不整齐，只有吸水达自重的40%（达饱和的吸水量）时，才能顺利发芽。吸足水分的外部特征是：谷壳透明，米粒腹白可见，胚部膨大突起，胚乳变软、手碾成粉，米粒容易折断而无响声。

稻种催芽就是根据种子发芽过程中对温度、水分和氧气的要求，利用人为措施，创造良好的发芽条件，将种子催成“粉嘴谷”（即谷种刚露白）或“芽谷”。催芽可以防止因田间水分不足及不良气候造成的烂种烂芽现象，提高成秧率。但在气温较高下播种的多不催芽，旱育秧也有不催芽的。催芽的主要技术要求是“快、齐、匀、壮"。“快”是指2 d内催好芽；“齐”是指要求发芽势达85%以上；“匀”是指芽长整齐一致；“壮”是指幼芽粗壮，根长、芽长比例适当，颜色鲜白，气味清香。根据种子生长萌发的主要过程和特点，催芽可以分为高温破胸、适温长芽和摊晾炼芽三个阶段。①高温破胸。稻谷种胚突破谷壳露出，称为破胸。种子吸足水分后，适宜的温度是破胸快而整齐的主要条件，在38 ℃的温度上限内，温度越高，种子的生理活动越旺盛，破胸也越迅速而整齐；反之，则破胸越慢，且不整齐。一般上堆后的稻谷在自身温度上升后要掌握谷堆上下内外温度一致，必要时进行翻拌，使稻种间受热均匀，促进破胸整齐迅速。②适温长芽。自稻种破胸至幼芽伸长达到播种的要求时为催芽阶段。不同播种和育秧方式对幼芽的要求不同，例如：双膜手播育秧，催芽标准是根长达稻谷长的1/3，芽长为稻谷长的1/5～1/4；机械水直播，催芽标准是根长达稻谷长的1/2，芽长为稻谷长的1/3；旱育秧催芽到90%种子破胸露白，湿润育秧芽长不宜超过粒谷的1/2。“湿长芽，干长根”，控制根、芽长度主要是通过调节稻谷水分来实现，同时要及时调节谷堆温度，使催芽阶段的温度保持在25～30 ℃，以保证根、芽协调生长，根、芽粗壮。③摊晾炼芽。为了增强芽谷播种后对外界环境的适应能力，提高播种均匀度，催芽后还应摊晾炼芽。一般在谷芽催好后，置室内摊晾4～6 h，至种子水分适宜、不黏手即可播种。

六、直播稻如何整地？直播稻的播种形式有哪些？

直播稻整地分旱整地和水整地两种。

（1）旱整地　是在旱田状态下进行耕、耙、耖等作业，它对土壤水分有一定的要求，在田间最大持水量40%～45%时耕作整地最适宜，太干太湿均不适宜耕作，也不便于整平田面。旱整地适宜于旱直播。

（2）水整地　是在淹水状态下进行耕、耙、耖等作业，它不受土壤水分限制，保持3～5 cm水层就可以耕作，整地质量好，而且可以减少渗漏。水整地适用于水直播。

近年来也有用旱整水平的方法整地，即先旱整地后再灌水平整田面，把水整地与旱整地的优点结合起来，田面既能达到松软平整的要求，又提高了土壤的通透性。直播稻的播种形式有撒播和条播等。撒播通常采用人工撒播，而条播则多为机械条播。撒播可使种子分散，秧苗前期生长良好，但后期通风透光性较差，撒播时要求播种尽量均匀。人工撒播时，一般将种子分成两份，一份进行纵向撒播，另一份进行横向撒播。机械条播便于中耕除草，群体的通风透光性好，抗倒伏能力强，产量高，通常播种行距40 cm（包括播幅10～20 cm），一次播种8～13行。机械条播在选择好适宜的机型（可选用2BD-185/6带式精量直播机）基础上，播前做好机械调试，重点做好机械维护保养和适宜的播种量调节。

七、水稻旱直播和水直播的主要区别有哪些?

旱直播是在旱田状态下整地与播种，种子播入 1～1.5 cm 的浅土层中，播种后再灌水，种子在稳定的浅水层下长芽、长根，出芽后再排水落干，促进扎根立苗。实践表明，旱直播对整地要求不高，能抢季节提早播种，且出苗率好，但易受天气影响，一旦下雨便无法实施。旱直播要坚持按畦称种，提高播种的均匀度。其播种程序：在冬闲田或麦茬田板茬上用除草剂（如克无踪等）进行化学除草→底施肥料→浅旋灭茬→清沟→播种→盖籽机盖种。水直播是在土壤经过水耕或者干耕、灌水整平后播种。水直播可以不受天气变化影响，生产上要求沉实 1 d 后进行播种。水直播的播种程序：耕翻→底施肥料→整平→沉实（1 d）→播种，或底施肥料→旋耕灭茬、整平→沉实（1 d）→播种。

八、直播稻如何进行肥水管理?

直播稻每公顷产 9～9.75 t 水平下，每公顷施氮肥（N）240～300 kg、磷肥（P_2O_5）75～90 kg、钾肥（K_2O）75～90 kg。氮肥运筹上，30%～40%作基肥，25%～30%作分蘖肥，35%～40%作穗肥；磷肥全部作基肥；钾肥的 50%～70%作基肥，30%～50%作促花肥。

（1）基肥施用　基肥尽量多施有机肥，并做到有机肥和无机肥相结合，一般每公顷施有机肥 15 t，碳酸氢铵 375～450 kg（或尿素 150kg），过磷酸钙 375～450 kg，氯化钾90～105 kg，实行全层施肥，随施随耕翻整地。

（2）分蘖肥施用　于 3 叶期、7～8 叶期分两次作分蘖肥均衡施用。3 叶期左右每公顷施尿素 60～75 kg 作促蘖肥，以促进分蘖早生快发，发挥低位蘖穗大粒多的优势；7～8 叶期每公顷施尿素 90～112.5 kg 作保蘖肥，保证早生分蘖不致脱肥死亡而顺利成穗。

（3）穗肥施用　在叶龄余数 3～3.5 叶和 1～1.5 叶时分两次施用。叶龄余数 3～3.5 叶时，每公顷施尿素 150kg、氯化钾 45～60 kg 作促花肥；叶龄余数 1～1.5 叶时，每公顷施尿素 75 kg 作保花肥。

直播稻播种后需建立浅水层，以满足种子萌发出苗所需的水分，并且有保温、防鸟和防太阳暴晒等作用，通常在播种后洇一次水，过 3～4 d 水自然落干后再上第 2 次水（田面表土不干不上水）。出苗后适时排水晾田，促进扎根立苗。如果此时田间有水层，秧苗地上部会疯长，自身抗性降低，容易遭受病虫危害；若水少偏干，又易形成僵苗。出苗后至三叶期这段时期，每 3～4 d 洇 1 次水（具体间隔天数是以田面出现小裂缝时洇水为宜），田间土壤洇足水分后及时排水，沟中不能有积水。上水时间以早上 8：00 前或 17：00后为宜，这两个时段外界气温与土壤温度比较接近，有利于秧苗生长。中午高温时段不能上水，以免高温伤苗。稻苗三叶期以后，秧苗开始从自养向异养阶段过渡，体积增大，叶片增多，新根逐渐增多并开始发生分蘖，水分管理应从干过渡到湿。稻苗三叶期到五叶期，一般 3 d 左右灌 1 次水，灌水后不立即排水，保持沟中半沟水、畦面无积水。如果田面比较干，需要保持一段时间的水层时，水层的保持时间只能在 17：00 后到第 2 天上午 10：00 前，否则会造成烂根、黑根，严重的会造成死苗。稻苗五叶期以后，根系增多，光合作用增强，要逐步建立水层，促进植株上下部协调生长。水深以1～1.5 cm为宜，水层过深，不利于分蘖发生；水层过浅，达不到秧苗生长的水分需求。建立水层后5～7 d断水1次，以利于根系生长发育，促进下扎。直播稻分蘖期及其以后的灌水，大体上与移栽稻相仿，采用浅水勤灌的方法促进分蘖。当分蘖数达到预定穗数80%时，及时进行排水搁田。由于直播稻的根系分布浅，搁田不宜过重，排水3～4 d后，灌一次“跑马水”，直到最高苗数为预定穗数的1.3～1.5倍。达到最高苗数以后，搁田程度逐渐加重，搁田的时间相对比移栽稻要长些，搁田程度比移栽稻轻些。通过多次轻搁，叶色明显褪淡，在幼穗开始分化时及时复水，随后采取与移栽稻相同的水分管理方法。在水稻灌浆期间，要密切关注天气变化，在强降温天气来临前，及时灌水调温，减轻低温危害。

九、塑盘育秧如何提高播种质量？

通常选用的塑盘规格为：长（605±5）mm、宽（335±5）mm，每盘有561个育秧孔，秧孔孔面直径（18～19）mm，孔底直径（10～11）mm，孔深17 mm。每公顷大田需秧盘750～825张。塑盘育秧应把握以下环节，以提高播种质量。

一是确定播种量。塑盘湿润育秧时，用种量以移栽前不出现死蘖现象为度，一般小、中苗（5叶内）的播种量为每盘50～60 g（常规稻）或35～40 g（杂交稻）。塑盘旱育秧的播种量可适当增加。对于迟抛的长秧龄大苗，应减少播量，一般常规稻每孔播2～3粒、杂交稻每孔播1～2粒，避免因长秧龄而影响秧苗素质，同时结合控水旱育、化控等措施控制苗高，促使秧苗矮壮。

二是铺盘装泥。①湿润育秧：摆盘时，应相互紧贴，不留缝隙，以减少种子和营养土损失，防止秧田杂草从缝隙处长出而影响秧苗生长。秧盘摆好后，用秧板沟泥或河泥装填于塑盘中，用扫帚扫平并清除盘面烂泥，以免出现秧苗串根现象而影响抛栽效果。待孔穴中泥浆沉实后再播种，这样可以防止种谷下沉闷芽。播种要均匀，播后用扫帚蘸泥浆水轻轻塌谷。若用肥力低的泥土，应加适量的肥料；泥土过于干燥的需在装盘前适量加水使其潮湿适度，以免播后浇水泥土发胀漫出秧孔。②旱床育秧：秧盘摆放后，将准备好的专用营养土或肥沃细土装填盘孔中，先装至塑盘孔高的2/3处，播种后再装填余下1/3高度的营养土或细土。扫净盘面泥土，洒足水分。

三是播后覆盖。播种后在盘面施杀虫剂和除草剂，防止秧田害虫和杂草。低温条件下育苗时，采用地膜平铺或低架覆盖保温育秧。若是地膜平铺，播种后在秧盘上撒些砻糠灰或盖上少量切碎的鲜草作隔离层，防止“贴膏药”闷芽。要严格做好地膜秧的管理，根据气温变化及时通风，防止高温烧苗。晴天通风前要先灌“跑马水”，在上午8：00～9：00膜内外温差较小时通风或揭膜，防止秧苗失水青枯。高温条件下育苗时，要防止高温烫芽和雷阵雨将芽谷冲出秧孔外，播种后覆盖麦秆或遮阳网3d左右降温保湿，于出苗后去掉，也可用油菜籽壳覆盖，至秧苗2叶期灌一次深水，将菜籽壳浮起捞出。育秧初期要注意防止鼠、雀危害。

十、为什么机插稻要强调培育适龄壮秧？机插稻的壮秧标准是什么？

机插稻是在规定规格的秧盘中进行育秧，播种密度极大，秧苗生长完全处于密生条件下，秧苗根系集中在厚度仅为 2～2.5 cm 的薄土层中交织生长，苗间竞争加剧，秧苗小而素质趋弱，抗逆性较弱。试验表明，一般超过 4 叶，秧龄越大，秧苗素质越差，尤其是成苗率和单位面积上的成苗数急剧下降。秧苗素质的变差，严重影响机插质量和效果，造成大量的缺穴漏插现象，直接导致群体最终穗数的不足。当秧龄超过 25 d 以上，群体单位面积有效穗数较 20d 秧龄的显著减少，产量显著降低。尤其是常规粳稻，通常播种密度较大，随着秧龄的延长，减产的幅度更大。因而，培育适龄壮秧是实现机插稻高产高效前提条件和重要措施，生产上必须根据茬口安排，按照 15～20 d 适龄移栽算播期，宁可田等秧，不可秧等田。机插面积较大时，要根据插秧机工作效率和机手技术熟练程度，安排好插秧进度，合理分批播种，顺序播种，确保每批次播种均能适龄移栽。

机插稻的壮秧标准：秧龄 15～20 d，3～4 叶龄，苗基部宽 2～2.5 m，单株白根数 10 条以上，地上百株干重 2.5～3.5 mg，秧苗最佳高度为 12～15 cm，适宜高度为 10～20 m，每平方厘米成苗 1.5～3 株，苗挺叶绿，基部粗扁有弹性，秧苗整齐，无病虫危害。根部盘结牢固，秧块提起后不散落，盘根带土厚度 2.0～2.5 cm，厚薄一致，形如毯状。

十一、机械化塑盘育秧播种和叠盘暗化催芽如何操作?

机械化流水线播种，可一次性完成上底土、喷水、播种、盖籽等多道工序，实现盘土量适宜平整、播量准确均匀、覆土盖种均匀全面，保证秧苗出苗整齐、生长均匀、苗质粗壮。机械化流水线播种在播前基质要过筛，盘内填装营养土的厚度控制在 2.0～2.5 cm。种子浸种催芽后捞出要摊开，沥干水分，至稻种无明显水迹，抓在手上放开后稻种能自然撒落不粘手时再播种，否则影响机播质量。播前要调试好机械，控制好播种量、底土厚度、喷水量及盖籽土厚度等再播种。调节喷水量至盘土水分充分饱和，土表无积水层。播种量：常规粳稻每盘播干谷 100～120 g、芽谷 150～170 g，相当于每平方厘米播 3.0～3.5 粒；杂交粳稻每盘播干谷 80～90 g、芽谷 110～125 g，相当于每平方厘米播 1.5～2.0 粒。播种后覆盖素土 3～5 mm，如有露粒应人工补土覆盖。

叠盘暗化催芽是在播种作业全部结束后，叠盘于室内暗化出苗，通常 40 张左右盘叠为一堆，堆与堆之间留 10cm 左右间距以便通风和起运操作，顶部放一只有土无种盘封顶，秧盘的排放务必做到垂直、整齐，盘堆大小适中。堆放完毕后，顶部和四周用黑色农膜封闭，不可有漏缝和漏洞，做到保温保湿不见光，防止盘间温湿度不一致，影响齐苗。在江苏沿江及其以南等地，两熟田育秧暗化室一般不必加温，待 80%芽苗露出土面 1.0～1.5 cm，暗化结束，即摆盘入田绿化。

十二、机插稻的大田整地有什么要求？如何保证机插质量?

机插秧的秧龄弹性小，大田耕整必须抢早进行，宁可田等秧，不可秧等田。机插秧采用小苗移栽，对大田耕整质量的要求相对较高。一般来讲，大田耕翻深度掌握在 15～20 cm，要求田面平整，田块内高低落差不大于 3cm，要清除田面过量残物，做到泥土上细下粗，细而不糊，上软下实。为防止壅泥，水田平整后沉实，沙质土要沉实 1 d 左右，壤土要沉实 2 d 左右，黏土要沉实 3 d 左右，待泥浆沉淀、表土软硬适中、作业不陷机时移栽。为保证机插质量，生产上应把握以下技术要点。

一是适时栽插。适宜机插的秧龄掌握在 15～20 d，3～4 叶龄，防止超龄移栽。

二是正确起运。由于机插的秧苗既小又嫩，因此在起秧的过程中要防止萎蔫，防止秧苗折断。秧盘育秧起秧时，先慢慢拉断穿过盘底渗水孔的少量根系，连盘带秧一并提起，再平放，然后小心卷苗脱盘。要尽量减少秧苗搬动次数，保持秧块不变形。运秧时秧块要平放，堆放层数不宜过多，一般 2～3 层为宜，也可卷叠运输。秧苗运至田头时应随即卸下平放，使秧苗自然舒展。做到随起随运随插。起运过程中，如果遇到烈日高温，要采取遮阴措施防止秧苗失水枯萎；如果遇有下雨天气需要用设施遮盖，防止秧块过烂而影响机插质量。

三是合理密植。插秧前须对插秧机做一次全面检查调试，以确保插秧机能够正常作业。特别是要根据秧苗的密度，调节确定适宜的穴距与取秧量，以保证每公顷大田适宜的基本苗，再根据所用品种和栽培要求确定每公顷穴数和每穴苗数。生育期长的、早栽的、分蘖力强的大穗型品种（特别是杂交稻组合），栽插密度以每公顷 22.5 万～25.5 万穴、每穴 2 苗左右为宜；一般穗数型或穗粒兼顾型品种栽插密度宜每公顷 25.5 万～28.5 万穴、每穴 3 苗左右。中等地力和施肥水平的田块，常规粳稻每公顷基本苗 90 万～120 万，杂交稻每公顷 45 万～60 万。机插秧的行距 30cm，株距可按需要进行调整，栽植穴苗数可调节秧爪取秧面积来调节。插秧株距的调整方法：步行插秧机的插秧株距调整手柄位于插秧机齿轮箱右侧，推拉手柄有 3 个位置，标有“90、80、70”字样。“70”位置，密度最稀，株距为 14.6 cm，每公顷密度为 21 万穴；“80”位置，株距为 13.1 cm，每公顷密度 24 万穴；“90”位置，株距为 11.7 cm，每公顷密度为 27 万穴。

四是薄水浅插。田间水深要适宜，水层太深易导致漂秧、倒秧，水层太浅易导致伤秧、空插。一般水层深度保持在 1～2 cm，利于清洗秧爪，又不漂、不倒、不空插，可降低漏穴率，保证足够苗数。栽插深度直接影响活棵与分蘖，栽插过深，活棵慢，分蘖发生推迟，分蘖节位升高，地下节间伸长，群体穗数严重不足。栽插深度 1.5～2 cm，以入泥为宜，不漂不倒。做到清水淀板，薄水浅栽，确保直行、足苗。栽插结束后如出现缺苗、断垄、漂秧、浮秧，要进行人工补栽，并及时上水 3～4 cm，促进返青活棵。

十三、水稻如何进行肥料的精确定量施用？

根据斯坦福的差值法公式计算施氮量：施氮总量（kg/hm^2）＝（目标产量需氮量－土壤供氮量）/氮肥当季利用率。单季粳稻公顷产 9～10.5 t 的每 100 kg 稻谷需氮量为 1.9～2.0 kg，基础产量 4.5～6.0 t 的地力水平的每 100kg 稻谷的需氮量为 1.5～1.6 kg，氮素当季利用率为 42.5%（40%～45%）。氮肥运筹，大、中、小苗高产栽培的基蘖肥与穗肥比例分别为 4∶6、5∶5、6∶4。对秸秆全量还田的前期可适当增施速效氮肥，调节碳氮比至（20～25）∶1，基蘖肥比例提高 10%，后期适当减施氮肥。对有机肥用量大的田块，要根据有机肥施用情况酌情调减化学氮肥用量。穗肥在中期叶色褪淡后于倒 4 叶（促花肥）、倒 2 叶（保花）施入。磷、钾肥用量按当地测土配方施肥比例而定，磷肥基施，钾肥 50%作基肥，50%作穗肥（促花肥）。

十四、如何有效地施用好水稻的基肥、分蘖肥和穗肥？

水稻栽插前施用的肥料称为基肥，通常也称底肥。基肥的施用要强调“以有机肥为主，有机肥和无机肥相结合，氮、磷、钾配合”的原则。基肥的用量和比例，应根据土壤肥力、土壤种类、施肥水平、品种生育期和移栽秧龄而定。土壤肥力低的，基肥用量和比例可适当增加；土壤肥力高的则适当减少。土壤深厚的黏性土，保肥力强，用量和比例适当增加；而土壤浅薄的沙性土，保肥力差，用量和比例适当减少。施肥水平高的，用量和比例适当增加；反之则适当减少。品种生育期长，移栽秧苗叶龄小，施肥要多些；而品种生育期短，移栽秧苗叶龄大，施肥要小些。通常绿肥茬、油菜茬等地力较肥的田块，可少施基肥；反之，地力较贫瘠的田块可多施基肥。基肥占总施肥量的比重为40%～60%。如果土壤的蓄肥力差，基肥用量又少，可采用浅层施肥法，将肥料施在根系最密集的部位，以利于根系吸收。移栽时气温低，需用少量速效肥料做面肥。分蘖肥是秧苗返青后追施的肥料，其作用是促进分蘖的发生。

分蘖肥一般应在返青后及时施用，以速效氮肥为主，促使水稻分蘖早生快发，为足穗、大穗打下基础。但肥料施用不宜过早，因为水稻栽插后有一个植伤期，植伤期间根系吸收能力弱，肥效不能发挥，同时还会对根系的发育产生抑制作用，反而会推迟分蘖的发生。分蘖肥的施用原则是使肥效与最适分蘖发生期同步，促进有效分蘖，确保形成适宜穗数；控制无效分蘖，利于形成大穗，还能提高肥料利用率。因此，分蘖肥应注意抢晴天施、浅水施，或是采用其他方法做到化肥深施。具体的施肥数量应根据土壤肥力、基肥多少和有效分蘖期的长短、苗情长势等确定。一般土壤肥力高、基肥足、稻苗长势旺的可适当少施；反之则应适当多施。有效分蘖期短的，一般在施基肥的基础上，返青后一次性每公顷施尿素 150～225 kg；而有效分蘖期长的，在第一次施有效分蘖肥的基础上，还要根据苗情每公顷再补施尿素 97.5～135.0 kg。

从幼穗开始分化到抽穗前施的追肥统称穗肥。合理施用穗肥既有利于巩固穗数，形成较多的总颖花数，又能强“源”、畅“流”，形成较高粒叶比，提高结实率和千粒重。水稻高产优质栽培中，普遍重视穗肥施用，穗肥用量一般占总氮肥用量的 35%～40%，超高产田块可以达到 50%。穗肥因其施用时期不同，作用也不同。在幼穗分化开始时施用的，其作用主要是促进稻穗枝梗和颖花分化，增加每穗颖花数，称为促花肥。通常在叶龄余数 3.5 叶左右施用，一般每公顷施尿素 135～225 kg，并配合施用钾肥，或是施用含有氮、钾元素的复合肥。具体施用时间和用量要因苗情而定，如果叶色较深不褪淡，可推迟并减少施肥量；反之，如果叶色明显较淡的，可提前 3～5 d 施用，并适当增加用量。在开始孕穗时施的穗肥，其作用主要是减少颖花的退化，提高结实率，称为保花肥。通常在叶龄余数 1.5～1.2 叶时施用，一般每公顷施尿素 60～105 kg。对于叶色浅、群体生长量小的，可多施；对叶色较深者，则少施或不施。

十五、如何理解水稻的节水灌溉？高产优质水稻怎样进行大田期水分管理？

水稻需水包括生理需水和生态需水。生理需水是供给水稻本身生长发育和进行正常生理活动需要的水分，生态需水是指利用水作为生态因子，营造一个水稻优质高产栽培所必需的体外环境而需要的水。就水稻生长发育本身而言，水稻不需要太多的水，并不比小麦等旱作物用水量多多少，只是在水稻孕穗及灌浆关键时期不能缺水，注意此时满足水分供给就行了，可见对水稻进行节水栽培是完全可行的。水稻的节水灌溉主要优势有：一是能使水稻获得必要的水分，群体协调生长，形成高产株型，充分发挥水稻高产潜力的优势；二是能够增加土壤速效养分释放，促进有机质分解，为水稻生长发育提供良好的营养条件；三是能抑制氮素营养的过量吸收，控制无效分蘖，提高稻株碳氮比，促进生育转化，促使结实良好，活秆成熟；四是改善土壤环境，提高土壤通气供氧能力，排除有毒物质危害，防止烂根并促进根系发育，增加碳氮比，使稻的茎秆组织充实坚硬而不易倒伏；五是能够调控稻田温度，促进生长，增大生育后期的温差，促进灌浆结实。水稻节水灌溉的途径主要有工程节水（防渗渠灌溉）和栽培节水（调节土壤水分合理供给）等。目前，生产上采用的栽培节水方式有：秧苗旱育技术，浅—湿—晒—浅、湿灌溉技术，间歇灌溉技术，浅—湿灌溉技术，浅—旱—湿灌溉技术，水稻旱作无水层灌溉技术等。

高产优质水稻按活棵返青期、有效分蘖期、控制无效分蘖期、长穗期和抽穗结实期 5 个时期实施水分管理。

（1）活棵返青期　采取 2～3 cm 水层与间隙露田通气相结合，特别是秸秆还田条件下，在栽后 2 个叶龄期内应有 2～3 次露田。其中，水稻机插小苗移栽后宜湿润灌溉。

（2）有效分蘖期　移栽后长出第 2 片叶后，应结合施分蘖肥建立 2～3 cm 浅水层。

（3）控制无效分蘖期　当全田茎蘖数达到预期穗数 80%左右时及早自然断水搁田，直至拔节期。通过 2～3 次轻搁，使土壤沉实不陷脚，叶片挺起，叶色显黄。

（4）长穗期　拔节后的整个长穗期实施浅水层间歇灌溉，以促进根系增长，控制基部节间长度和株高，使株型挺拔、抗倒，改善受光姿态。具体的灌溉方法：保持田间经常处于无水层状态，即灌一次 2～3 cm 深的水，自然落干后不立即灌第 2 次水，而是让稻田土壤露出水面透气，待 2～3 d 后再灌 2～3 cm 深的水，如此周而复始，形成浅水层与湿润交替的灌溉方式。剑叶露出以后，正是花粉母细胞减数分裂后期，此时田间应建立水层，并保持到抽穗前 2～3 d，然后再排水轻搁田，促使破口期“落黄”，以增加稻株的淀粉积累，促使抽穗整齐。

（5）抽穗结实期　实施湿润灌溉，保持植株较多的活根数及绿叶数，植株活熟到老，提高结实率与粒重。如果抽穗开花期间，当日最高温度达到 35 ℃时，就会影响稻花的授粉和受精，降低结实率和粒重。若抽穗开花期遇上寒露风，也会使空粒增多，粒重降低。为抵御高温干旱或是低温等伤害，应适当加深灌溉水层（水层可加深到 4～5 cm），有条件的可采用喷灌。

十六、麦秸机械旋耕还田对水稻生长有何影响？其栽培调控的技术环节有哪些？

麦秸机械旋耕还田后，在水稻生长前期，土壤微生物迅速增加。由于微生物分解秸秆过程中，同化土壤碳素和吸收速效氮素，使土壤氮供应量有所下降，从而影响水稻前期的生长发育。因此，水稻前期生长量相对较小，表现为前期生长受抑制，发苗慢。而到抽穗期，秸秆分解由吸氮转化为释氮，土壤供肥强度增大，群体质量得到了全面优化，源库关系得到充分协调。秸秆还田能有效改善土壤理化结构，明显提高土壤氮和有机质含量，尤其提高了土壤的供钾水平和作物的吸钾能力，植株生长旺盛，促进碳水化合物向根系运转，使得根系发达，根系活力明显增强。

麦秸机械还田要遵循“机械收割→充分切碎→人工匀草→施足基肥→上水泡田→旋耕灭茬（捞取浮草）→正常栽插（抛栽）”等作业流程。针对麦秸还田后水稻生长发育特点，其高产栽培关键环节是促进水稻前期早发，栽培调控的技术环节有：

一是提高秸秆还田质量。如果还田秸秆在稻田漂浮，埋草效果差，对机插秧和抛栽秧均有较大的不利影响，因而要严格遵循机械化全量还田作业流程，确保秸秆还田的埋草质量。

二是适当增加前期施氮量。小麦秸秆还田的草量大，而秸秆本身的碳、氮比例约为100∶2，微生物腐解秸秆所需的比例为100∶4，秸秆在腐解为有机肥的过程中需从土壤中吸收氮素营养，形成了与秧苗争夺氮素肥料的情况，影响水稻分蘖早发，因而要补施一定量的氮肥。一般每公顷还田6 t秸秆时，基苗肥需增施尿素4～5 kg。根据秸秆腐解先耗氮后释氮的状况，施氮比例当前移，与秸秆不还田相比，基蘖肥施氮比例通常提高10%，穗肥施氮比例降低10%。根据江苏高产粳稻氮肥施用比例［基蘖肥∶穗肥为（5～6）∶（5～4），调整为（6～7）∶（4～3）］，促前保后，优化水稻群体质量。

三是优化水分管理。麦秸还田后有个腐烂发酵过程，容易产生有毒物质如硫化氢、甲烷等，危害根系，造成根系发黄发黑，抑制稻苗新根发生和吸收功能，造成水稻僵苗。因而，生产上以加速秸秆腐烂、通气增氧、排除毒素和沉实土壤、以防倒伏为目标，优化稻田水分管理。

第二节　小麦种植常见技术问题分析

一、小麦品种选用应注意哪些事项?

小麦品种选用原则主要有以下几点：

（1）选用审定品种　必须选用通过国家和省级农作物品种审定委员会审定的品种，且审定品种必须是适宜在本地区种植的品种。各地在品种确定上，要注意品种的合理搭配，基本做到每个县（市）或是每个小生态区以1～2个品种为主栽品种，2个左右辅助品种。这样既可预防因品种种植单一导致的某些暴发性病虫害危害造成的损失，又利于管理，实现小麦的优质高产。

（2）根据生态条件选用品种　根据小麦生产地的气候条件，特别是温度条件，选用冬性或半冬性、或春性品种种植。并根据当地的自然灾害特点选用良种。例如，在江苏沿江地区，宜种植春性品种；如小麦生长后期湿害和赤霉病、白粉病危害严重，要注意选用早熟、耐湿性强、抗赤霉病和白粉病的品种。

（3）根据生产水平选用品种　例如：在旱薄地应选用抗旱耐瘠品种；土层较厚、肥力较高的旱肥地，应种植抗旱耐肥的品种；肥水条件良好的高产田，应选择丰产潜力大的耐肥、抗倒品种。

（4）根据耕作制度选用品种　例如，麦、棉套种，不但要求小麦品种具有适宜晚播、早熟的特点，还要求植株较矮、株型紧凑、边行优势强等特点，以充分利用光能，提高光合效率。

（5）根据小麦用途选用品种　根据小麦用途以及专用小麦产业发展要求选用适宜的品种。

（6）优先选用区域主推品种　为充分发挥农业科技和投入品在农业增产增效、农民持续增收中的作用，各地均确定并发布主要农作物主推品种。各小麦生产区必须结合当地实际，实行优中选优，做到主推品种要更加突出，每个县要突出 2～3 个主体品种，规模化的生产基地要统一品种，切实解决“多、乱、杂”的问题。

二、小麦种子处理方法主要有哪些？小麦常用的药剂拌种方法有哪些？

小麦种子处理包括种子精选、晒种、浸种、药剂拌种和种子包衣等。种子精选的目的是清除杂质和瘪粒、不完全粒、病粒及杂草种子，以保证种子粒大、饱满、整齐。播种前晒种有利于壮苗、全苗，实现小麦高产。晒种利于提高种子的发芽率，增强种子发芽势，促进种子后熟，杀菌灭虫。浸种处理可以促进早出苗，选用适当药剂并配制适宜浓度浸种，具有调控逆境、培育壮苗等功能。药剂拌种具有调控小麦生长，防控病虫害等作用。种子包衣能防止药剂拌种不当产生的不良作用。

小麦药剂拌种方法主要有：

（1）调节剂拌种　用多效唑、矮壮素、矮苗壮、壮丰安等药剂拌种，不但能促根增蘖，出叶快、叶色深，增强麦苗的抗逆性，而且还可以降低株高，缩短、增粗基部节间，提高充实度。应用多效唑、矮壮素等植物生长延缓剂拌种，若用多效唑，每千克麦种用 1 g 15%多效唑粉剂拌种；若用矮壮素，取 50%矮壮素 250 g，对水 5 kg，搅拌均匀后喷洒在 50 kg 麦种上，然后堆闷 4 h，待药液被麦种充分吸收后播种。但这些药剂拌种后会降低田间出苗率，在具体应用时要严格控制剂量，并适当增加播种量（5%～10%）。

（2）杀虫（菌）剂拌种　杀菌剂主要有粉锈宁和绿享 2 号等，粉锈宁可预防白粉病和纹枯病等，绿享 2 号可预防全蚀病等。粉锈宁拌种的麦田出苗率略有下降，生产上要适当提高用种量（约 5%），或加入强力增产素、丰产灵等，以促早发壮苗。此外，旱茬麦田小麦出苗后易受蝼蛄、蛴螬、金针虫等地下害虫危害，造成缺苗断垄，可用杀虫剂拌种毒杀害虫，或采用杀菌剂、杀虫剂等混合拌种。药剂混合拌种增加了药液浓度，播种前必须对小麦出苗率的影响作好试验，然后根据计算的出苗率确定具体的播种量。需注意的是，药剂用量及是否可以和其他药剂混用，应以药品使用说明书为准，严格操作，以防造成药害和安全问题。

（3）微肥拌种　将多元微量元素肥料 50g 先用温水化开，再加入适量清水，搅拌均匀后拌麦种 10 kg，晾干后播种，可以提高植株抗病能力，有利于小麦高产。此外，也可根据小麦高产需要，分别选用硫酸锰、钼酸铵、硼砂等单一微肥进行拌种。硫酸锰拌种可提高千粒重，方法是将 200 g 硫酸锰溶解在 1 kg 的清水中，然后拌 50 kg 麦种，晾干后播种；钼酸铵拌种，方法是将 150 g 钼酸铵用少量热水溶解后加入适量冷水，搅拌均匀后喷洒在 50 kg 麦种上；硼砂拌种有利于植株根系发育和开花结实，方法是将 100 g 硼砂溶解于 500 g 温水中，冷凉后喷洒在 50 kg 麦种上拌匀，晾干后播种。

（4）微生物菌剂拌种　微生物菌剂拌种具有促进根系发育和促进分蘖的作用。每公顷取粉状微生物菌剂 15 kg，兑适量清水，搅拌均匀后再拌入麦种中，或每公顷用颗粒型微生物菌剂 22.5～30.0 kg，与麦种混合均匀后播种。

三、高产小麦播种期如何确定?

适期播种是小麦优质高产的一个重要条件，它是实现全苗壮苗的关键，也是小麦健壮生长、实现壮秆大穗的基本保证。通过适期播种，可使小麦充分利用冬前的热量资源，在越冬前生长一定数量的叶片、分蘖和次生根，并形成壮苗。小麦壮苗越冬有利于春发稳长、增穗增粒，为小麦高产奠定基础。在适宜温度范围内，温度越高，小麦出叶越快，出蘖速度也相应加快，出蘖的最适温度为 13～18 ℃，低于 10 ℃出蘖缓慢，低于 2～4 ℃基本停止分蘖，高于 18 ℃出蘖受抑制。高产小麦播期确定，是根据小麦冬前形成壮苗要求，通过积温方法加以推断确定。江苏等地冬前日平均气温达到 0 ℃时小麦进入越冬期，高产小麦进入越冬期时，半冬性类型、春性类型的品种所要求达到的叶龄分别为 6 叶 1 心、5 叶 1 心，一般冬小麦从播种至出苗约需 0 ℃以上积温 120 ℃，以后每长出 1 片叶子约需积温 75 ℃，由此计算得出半冬性、春性两种类型约需 0 ℃以上积温分别为 600～650 ℃、500～570 ℃。再根据当地日平均气温达到 0 ℃的日期，往前推，即可计算出当地高产小麦的适宜播种期。一般冬性小麦品种的播种适期为日平均气温 16～18 ℃，半冬性品种为 14～16 ℃，春性品种为 12～14 ℃。

具体确定冬小麦播种适期时，还要考虑麦田前茬作物的收获期、专用小麦的品质要求、肥力水平、病虫害和安全越冬情况等。江苏淮北地区高产小麦适宜播种期在 10 月上、中旬，苏中地区高产小麦的适宜播期在 10 月 23 日至 11 月初，苏南地区高产小麦的适宜播期在 10 月 25 日至 11 月 5 日。在上述适宜播期范围内应适当早播，以充分利用温光资源，确保冬前壮苗形成，有利于增产。而在上述的适宜播期范围之外，过早或是过迟播种，均不利于小麦的高产。若小麦播种太早，苗期温度高，幼苗窜高徒长，不仅会导致麦苗抗寒能力下降，也易引起低位分蘖“缺位”；而小麦播种过迟，苗期温度低，出苗推迟、叶片数减少，加上冬前生长时间短，苗小苗弱，有效分蘖期短，导致分蘖很少或不发生冬分蘖。

四、高产小麦播种量如何确定?

适宜的播种量是建立合理的群体起点，以及充分利用光能和地力、达到穗粒结构协调的重要措施。生产上，普遍存在着播种量偏大的问题，造成群体偏大，冬前和春季旺长，茎秆细弱，易于倒伏，穗多穗小，易于早衰，产量不高等问题。高产小麦播种量应根据品种的成穗特性、预期适宜穗数、播期以及生产条件来确定，以保证获得适宜的群体起点。

一是根据品种类型确定适宜的基本苗。以江苏省小麦生产为例：①多穗型品种。此类型品种的分蘖能力强，单株成穗能力强，每公顷产量 7.5 t 的产量结构是每公顷穗数 750 万左右，每穗粒数 25～28 粒，千粒重 40 g 左右。要达到 7.5 t/hm^2 的产量目标，以争取单株成穗 5～6 个较为理想，每公顷适宜基本苗应为 120 万～150 万。②大穗型品种。此类型品种高产栽培条件下平均单穗重 1.5～2.0 g，每公顷产量 7.5t 的产量结构是每公顷穗数 420 万～480 万，每穗粒数 38～40 粒，千粒重 40 g 以上。要达到 7.5 t/hm^2 的产量目标，应争取适宜的分蘖成穗，单株成穗 2～3 个较为理想，每公顷适宜基本苗应为 180 万～225 万。③中间型品种。此类型品种每公顷产量 7.5 t 时，每公顷穗数 600 万左右，单穗重 1.5g 左右。要求单株成穗 4 个左右，每公顷适宜基本苗应为 150 万～180 万。

二是根据适宜的基本苗确定播种量。基本苗数确定后，可根据计划的基本苗数，结合种子的千粒重、净度、发芽率、田间出苗率等来计划播种量。

$$\text{播种量}\ (\text{kg/hm}^2) = \frac{\text{每公顷预定基本苗数} \times \text{单粒重}}{1000 \times \text{种子净度} \times \text{发芽率} \times \text{田间出苗率}}$$

五、培育小麦壮苗应把握好哪些技术环节?

综合江苏省多年的大面积高产实践，培育小麦壮苗应把握好以下技术环节：①适期早播。不同区域高产小麦明确的适宜播期范围内，要抢季节，力争早播。淮北地区秋播若遇干旱，应提前抢墒播种或播后灌溉。苏南晚粳水稻若腾茬迟，可实施稻田套播。②降低基本苗。淮北地区 10 月 1～8 日播种的早茬田块，每公顷播种量 60～75 kg，基本苗 105 万～135 万；淮北地区 10 月 8～15 日播种的中茬田块，每公顷播种量 75～105 kg，基本苗 150 万～225 万；淮南地区适期早播的田块，每公顷播种量 75～112.5 kg，基本苗 120 万～180 万。③施足基肥。基肥要做到有机肥和无机肥相结合，氮、磷、钾相结合。氮肥（N）占全生育期总施用量的 50%～60%，磷肥（P_2O_5）占全生育期总施用量的 60%～70%，钾肥（K_2O）占全生育期总施用量的 50%。④精选种子，做好种子处理。做到种子饱满整齐，确保种子质量要求，并根据高产需求搞好种子拌种、浸种或是种子包衣。⑤扩行条播，提高播种质量。与撒播相比，条播具有播种均匀、改善中后期群体内通风透光条件、提高光合效率等优势。扩大条播行距，有利于在较低播量条件下的均匀播种，实现后期更高的物质积累。高产小麦的条播行距宜扩大到 25～30 cm，播种深度一般以 2～3 cm 为宜，北部的气温低、水分偏少，播种宜稍深，而南部稻茬土黏，应适当浅播。⑥加强播后管理。播后镇压，能提高成苗率，促进早苗。播时遇有严重干旱，当田间持水量低于 60%时，应及时浇水抗旱或沟灌，抗旱催苗，切忌大水漫灌。麦苗出土后要加强田间检查和配套管理，对于出苗不齐、缺苗断垄田块，要尽早催芽补种或移密补苗；对于基肥不足的田块，要在麦苗二叶露尖时每公顷补施尿素 60～75 kg；对于播种前后未进行化学除草的重草田块，要及早进行麦田化学除草；对于麦田沟系标准不高的田块，要及时补挖、加深，并清理好内外一套沟。

六、长江中下游稻茬麦为何要推广少免耕栽培？少免耕小麦存在哪些问题?

长江中下游稻茬麦推广少免耕栽培，有利于高产增效。这是因为：①确保适时播种。长江中下游的稻麦两熟地区，在水稻收获、小麦播种期间，经常遇到秋旱，出现等墒整地种麦，或是遇有连阴雨天气导致土壤过湿不能及时播种。采用少免耕种麦技术，较好地解决了常规栽培播种偏晚的问题，通过收稻前适时断水，可在收稻后适时播种小麦，保证了大面积生产上的小麦在适期范围内播种。②保障播种质量。稻田若采用耕翻种麦，因土壤质地较黏重，稻田含水量高，易造成垡块大，土壤不易耕整细碎，失墒严重，使麦种萌发出苗及幼苗生长都处于不良的土壤环境，小麦种子分布不均匀，深浅不一致。特别是撒播麦田，常出现丛籽、深籽、露籽和缺苗断垄现象。采用少免耕种麦的麦田，可有效地克服上述问题，有利于早苗、全苗、匀苗和壮苗的形成，具有播种质量好、出苗率高、分蘖发生快等显著特点，有利于培育合理的群体结构并较稳定获得优质高产。③改善土壤环境。一般田地表层的土壤肥力较高，少免耕种麦的麦种落在养分比较丰富的土壤表层，加之稻茬少免耕麦田土层墒情较好，有利于播后早出苗，出全苗。遇有多雨天气，由于少免耕整个土层的土体紧实，水分下渗较慢，只要麦田沟系配套，大部分雨水成为径流排出田外，降湿速度较快，因而可有效地提高抗旱、耐涝能力。

生产上，少免耕小麦存在以下突出的问题：①田间杂草基数大。稻茬麦的杂草以看麦娘、繁缕、猪殃殃、野燕麦、大巢菜为主，这些杂草种子大部分在土壤的表土层。少免耕种麦，不乱土层，因而在土壤表层保留了较多的杂草种子。②后期易脱肥早衰。少免耕种麦表土有机质和全氮富集，但表土以下较深层的土壤中养分比常规耕翻有明显下降趋势。据相关资料显示，黏壤土类不同耕作方法比较，0～7 cm 表层土壤有机质与全氮储量是免耕＞少耕＞常规耕翻，而 7～21 cm 土体内的总储量，少免耕则有相反趋势。因而在部分肥力较高的免耕麦田易出现群体偏大现象，导致麦田中期郁蔽、后期倒伏早衰，从而影响小麦粒重的增加。

七、稻茬麦少免耕机械条播的技术优势是什么？生产上需把握哪些技术要点？

对于水稻收获较早、土质沙土至壤土、墒情适宜、适耕性好的麦田，在稻草离田情况下可采用 2BG－6A 型等小型免耕条播机精细播种，一次可完成碎土、灭茬、浅旋、开槽、播种、覆土、镇压等多项作业，且播种行距、播种量、播种深度可根据需要调节，从根本上解决了稻茬麦地区长期以来的耕种粗放的问题，是稻茬麦高产更高产的一条重要途径。其技术优势表现在：①抢墒播种，一播全苗。一般在水稻收获前 10～15 d 断水，待水稻收获后，进入小麦适播期，能够抓住土壤墒情播种，有利于全苗。②落籽均匀，出苗整齐。在一般情况下，无撒播存在的深籽、露籽、丛籽和缺籽现象，能为降低播量、协调小麦群体和个体关系创造有利条件。③播种速度快。一般一台少免耕条播机每天可播种小麦 1～2 hm^2，从而大大缩短了播期之间差距，减少了晚播麦的面积。④有利于小麦增产。由于少免耕条播机可保证稻茬麦适时播种，具有苗全、苗齐、苗壮、苗匀等诸多优点，在相应配套栽培技术情况下，稻茬麦产量大大提高。其缺点是在播种期间如遇连阴雨天气，条播机不能下田操作，影响适期播种。

应用稻茬麦少免耕机械条播时，生产上需把握以下技术要点：①播前准备。前茬收割时留茬越低越好，最高不超过 3 cm。填平田中低洼处，使田面平整。及时施好基肥，每公顷可施用 25％专用配方肥 525～750 kg（或高浓度专用 BB 肥、复合肥 300～450 kg)、碳酸氢铵 150～262.5 kg（或尿素 75～112.5 kg)、优质专用有机肥（畜禽粪肥）15.0～18.75 t，要求在播种前撒施，施后随即机播，使肥料与土混合，减少挥发，以提高肥效。②适苗扩行。适期早播的高产田块，应调整排种孔装置，改常规每幅 6 行为 5 行，行距 25～30 cm。免（少）耕扩行机条播出苗率达 80％，比耕翻种麦高 10％，同等条件下每公顷播种量可减少 15～22.5 kg。具体的播种密度、播种量和行距配置，应根据品种类型、茬口、播期等因素进行调整。强、中筋小麦采用降苗扩行技术，弱筋小麦采用适苗扩行技术，一般来说，高产田强筋小麦基本苗每公顷 150 万～180 万株，行距 25～30 cm；中筋小麦基本苗每公顷 180 万～210 万株，行距 25～30 cm；弱筋小麦基本苗每公顷 210 万～240 万株，行距 25～30 cm。操作条播机时应中速行驶，确保落籽均匀；来回两趟间接头要吻合，避免重播或拉大行距；不要在田中停机，以免形成堆籽。田块两头预留空幅，以便于机身转弯，最后横条播补种两头空幅。③调节播深。根据土壤墒情调节播种深度，墒情适宜时控制在 2～3 cm，土壤偏旱时调节为 3～5 cm。④沟系配套，加强覆盖。及时机械开沟，做到内外三沟配套，通过机械开沟均匀抛洒沟泥，增加覆盖，减少露籽，防冻保苗。也可每公顷用土杂肥 22.5～30.0 t 或稻草 2.25t 左右均匀覆盖。采用秸秆还田覆盖，可以培肥地力，减少水土流失，通过覆盖还可以减少杂草萌发基数，减轻杂草危害。覆盖稻草时，可将整齐的稻草依次均匀铺盖，疏密有度，疏不裸露土壤，密不遮挡阳光。如是乱草覆盖，也要做到均匀、适量、疏密适度。适时化学除草和防病治虫，因苗化调控旺促壮，防冻、防倒、防高温逼熟。

八、如何确定小麦的高效施肥量和肥料运筹比例?

小麦单位面积施肥量应根据目标产量、土壤供肥能力、肥料有效养分含量及其当季利用率来决定。计算公式：

$$\text{施肥量（kg/hm}^2\text{）}=\frac{\text{目标产量需肥量（kg/hm}^2\text{）}-\text{土壤当季供肥量（kg/hm}^2\text{）}}{\text{肥料中有效养分含量（\%）}\times\text{肥料的当季利用率（\%）}}$$

公式中，目标产量需肥量以小麦吸收的养分量来计算；土壤当季供肥量以空白的产量参数估算；肥料的当季利用率因肥料品种、施用期、施用方法等不同而有较大差异，可根据相关试验资料加以折算。根据江苏省研究示范和高产实践，小麦公顷产 7.5 t 以上的产量水平，每公顷施氮（N）240～300 kg，施磷（P_2O_5）97.5～240 kg，施钾（K_2O）90～180 kg。

小麦高产栽培中肥料运筹比例（江苏省）：①氮肥。高产栽培中氮肥施用，要重视基肥和拔节孕穗肥，壮蘖肥作为平衡、接力肥施用。中强筋类小麦，基肥：平衡肥：穗肥为 5：1：4；弱筋类小麦，基肥：平衡肥：穗肥为 7：1：2。②磷、钾肥。高产田的磷肥 70%作基肥，以满足吸磷临界期和第一吸肥高峰期麦苗的需要，还有 30%在植株倒 4 叶期作追肥施用，满足拔节至开花期吸磷高峰需要及花后对磷的吸收。高产田的钾肥 50%作基肥，还有 50%在植株倒 4 叶至倒 3 叶期作追肥施用。

九、高产小麦如何追肥?

江苏省高产小麦的追肥方法：①普施苗肥。麦苗至第 2 片真叶出生时，就显著受到土壤养分的影响，对于地力差、基肥施用少和苗弱的田块，应在 2、3 叶期早施苗肥，促进其早发根，增加分蘖。②巧施壮蘖肥与平衡肥。长江中下游有明显越冬期，小麦生产上有越冬期施用腊肥、返青期施用返青肥的传统习惯，但实践证明，腊肥和返青肥往往促进了大量的无效分蘖，恶化群体，容易倒伏和早衰。因此，高产麦田要求对基肥足、麦苗生长健壮的麦田，不施腊肥，以免引起春后生长过旺；对施用基肥、苗肥较多，叶色青绿，群体较大，生长较好的麦田，也不宜施用返青肥，以控制春后无效分蘖和中部叶片的生长，促使茎秆粗壮，预防倒伏。科学的追肥适期是在3～5叶期追施壮蘖肥，或在麦苗脱力落黄时追施平衡肥。生产上，腊肥主要是在基、苗肥不足，麦苗生长瘦弱、群体小的麦田施用，以有机肥料为主，也追施速效氮肥，对促进春后早发，提高分蘖成穗率，促进小穗分化均有显著效果。返青肥主要是对基肥不足、未施腊肥的落黄弱苗或茎蘖数不足的田块追肥，促进春发，提高成穗数。③施好拔节、孕穗肥。拔节肥可以提高中期功能叶的光合强度，积累较多的光合产物供幼穗发育，缩短小花发育之间差距，增加可孕小花数，提高结实粒数。高产小麦拔节肥应在群体叶色褪淡，分蘖高峰已下降，第1节间已定长时施用。如果拔节期叶色不出现正常褪淡，叶不披垂，则拔节肥就可不施或推迟施用；如拔节前叶色过早落黄，就必须提早施拔节肥。孕穗肥在剑叶露尖至破口期施用，可提高最后3片功能叶的光合强度和持续时间，促使更多的光合产物向穗部运输，减少小穗和小花的退化、败育，防止早衰，增加粒重。④根外追肥。小麦抽穗开花以后至成熟期间，仍需吸收一定的氮、磷营养，在灌浆初期进行叶面喷施，可以延长后期叶片功能，提高光合效率，促进籽粒灌浆，并提高籽重和籽粒蛋白质含量。可用磷酸二氢钾、尿素单喷或进行混合喷施，磷酸二氢钾喷施浓度为0.2%～0.3%，尿素喷施浓度为1%～2%，每公顷喷施液量750 kg为宜。

十、高产小麦如何进行灌溉？如何进行排水降渍？

高产小麦的灌溉可分成前期灌溉、中期灌溉和后期灌溉。

（1）前期灌溉　在秋季长期干旱年份播种期墒情不足，土壤含水率低于田间持水量60%以下时，必须灌水造墒，然后适墒播种。播种出苗后如遇干旱，分蘖期墒情不足，应及时浇灌分蘖水，灌水后注意松土保墒。越冬期间温度低，不利于小麦地上部生长，地下部根系却在不断生长，是麦苗壮根的关键时期。如遇秋旱接冬旱或旱情持续发展，应及时浇灌越冬水，浇水适期以12月中旬为宜。

（2）中期灌溉　小麦从拔节至抽穗期间，江苏的常年降水很不平衡。淮南降水量超过150～200 mm，雨量有余，需排水降渍。而淮北少于50 mm，尚不足耗水量的一半，因此浇春水具有明显的增产作用。高产麦田灌春水过早有倒伏的隐患，一般推迟至基部第1节间定长时灌水。但是，如果返青起身期预期能成穗的大茎蘖低于目标穗数时，则应适当提早灌水，以提高分蘖成穗率，实现高产。

（3）后期灌溉　小麦抽穗至成熟期，气温升高快，风速加大，蒸发和蒸腾量大，江苏淮北地区的常年此期降水量为70 mm左右，而公顷产7.5 t的麦田在此期间土壤耗水量需130 mm左右，因而必须灌水。灌水时间应掌握在扬花至籽粒形成期，灌水不宜过迟，以防后期倒伏。

渍害在麦作生产特别是淮南麦区高产稳产的主要障碍因子。高产田要强化沟系配套工程，目前大面积高产田采取的排降方式主要有内外三沟配套的明沟排水和沟系硬质化的“三暗工程”两种模式。其中，明沟排水模式，要求麦田的内三沟和外三沟相配套，概括为一方麦田、两头出水、三沟配套、四面腾空、雨止田干。高产麦田内外三沟配套的标准：田间的竖沟、横沟和田头出水沟（称内三沟）的沟深分别达到 25 cm、30 cm 和 40 cm；田外的隔水沟、导渗沟和大排沟（称外三沟）的沟深分别达到 1.0 m、1.2 m 和 1.5 m。做到沟沟相通、内外相通、能灌能排、旱涝保收。

十一、稻秸机械耕翻还田对小麦生长有何影响？如何实现农机与农艺配套？

稻秸机械耕翻还田，具有秸秆总量多，低温旱作持续时间长，秸秆腐烂分解慢，受气候影响大，季节紧张矛盾突出等特点，易影响秋播进度或造成缺肥干旱、僵苗不发、冻害死苗等不利影响。在一定程度上影响小麦的出苗，导致基本苗略有下降，而在分蘖后期对小麦分蘖表现出较大的促进作用，最终能保证小麦成熟期足够的穗数。秸秆还田的正面效应在拔节期后表现较为明显，能够提高小麦抽穗期至成熟期干物质的积累量，从而提高小麦的穗粒数和千粒重。稻秸还田可以在每公顷穗数相当的情况下提高产量。由于秸秆还田后期的持续供氮能力，能够提高小麦籽粒蛋白质，并能提高小麦籽粒的沉降值和容重。有研究显示，持续还田更有利于小麦淀粉品质的改善。

稻秸机械耕翻还田以“水稻收割→同步碎秸→碎秸匀铺→灭茬还田→机械匀播→适时镇压→小麦优化配套管理”为关键环节，实现农机农艺配套。

从农机作业上看，要增加大中型拖拉机作业面，坚持“碎草匀铺（碎草长度控制在 5～8 cm）→深埋整地（耕翻埋草＋旋耕整地，或 1～2 次深旋埋草，确保埋深达 15 cm）→机械条播（或人工均匀撒播机械盖籽）”的作业程序，其中，水稻收割、同步碎秸、碎秸匀铺、灭茬还田、机械匀播、适时镇压等环节均有相应装备支撑，实现水稻秸秆机械化全量还田。利用“碎秸秆扩散匀铺装置”，碎秸摊铺宽度可增加 1 倍以上，厚度降低 50％以上，分布均匀度达 85％以上，可明显优化机械还田作业条件，提高还田整地质量。

从农艺配套技术上看，因地制宜采用适宜的埋秸整地方式和播种方式，提高播种质量，坚持播后镇压，基肥适量增氮，抗逆应变管理，在确保稻茬小麦全苗、壮苗基础上实现其稳产高产。

十二、稻秸机械耕翻还田下小麦如何配套管理？

针对稻秸还田后小麦的生育特点，其高产栽培策略是主攻小麦全苗、壮苗，加强小麦优化栽培和抗逆应变管理。一是提高水稻秸秆还田和整地质量。做到碎秸匀铺，确保秸秆田间撒布均匀，通过埋秸整地使得秸秆既要埋得深，也要埋得匀。二是强化播后管理。遇到干旱须造墒播种或播后窨水沟灌，播后要及时镇压，防止土壤表层过于疏松。三是适当提高前期施氮比例。根据秸秆腐解先耗氮后释氮的状况，适当增加基肥中氮肥用量，比例增加约 10 个百分点，防止秸秆腐解耗氮影响麦苗生长，促进小麦苗期叶蘖同伸，实现壮苗越冬。四是加强抗逆应变管理。

十三、对于强筋、中筋、弱筋不同类型的小麦，从提高品质的角度如何进行氮肥运筹？

氮肥是对小麦品质影响最大的因素，合理施用氮肥可以有效地改善营养品质和加工品质。对于优质强筋和优质中筋小麦，以增加营养品质和面筋品质，改善加工品质为目标的施氮技术，应在适宜群体的条件下，提高氮肥的投入水平，适当增加中后期肥料投入比例。

强筋小麦每公顷 7.5t 左右产量水平下，每公顷施氮（N）量 270～300 kg。氮肥施用中，基肥、追肥比例控制在 5：5，基肥、壮蘖肥、拔节肥、孕穗肥的施用比例为 5：1：(2～2.5)：(1.5～2)，即基肥占总施氮量的 50%、壮蘖肥占 10%、拔节肥占 20%～25%、孕穗肥占 15%～20%。对于基础肥力较高，每公顷总施氮（N）量在 210～240 kg 的水平下，基肥、追肥比例以 3：7 为宜。在江苏省强筋小麦适宜生态区，壮蘖肥在越冬始期（12 月 20 日左右）施用；拔节肥在小麦基部第 1 节间接近定长、叶龄余数 2.5 时施用；孕穗肥在小麦叶龄余数 0.8～1.2 时施用。

中筋小麦每公顷 6.75～7.5 t 产量水平下，每公顷施氮（N）量 210～240 kg。基肥、追肥比例控制在 5：5，基肥、壮蘖肥（平衡接力肥）、拔节肥、孕穗肥施用比例为 5：1：(2～2.5)：(1.5～2)，即基肥占总施氮量的 50%、平衡接力肥占 10%、拔节肥占 20%～25%、孕穗肥占 15%～20%。在基础肥力较高水平下，氮肥基追比以 3：7 或 4：6 为宜。在江苏省小麦产区，壮蘖肥（平衡接力肥）施用时间：春性品种为 5～7 叶期，半冬性品种为 7～9 叶期；拔节肥在小麦基部第 1 节间接近定长、叶龄余数 2.5 时施用；孕穗肥在小麦叶龄余数 0.8～1.2 时施用。

优质弱筋专用小麦肥料施用上，在确保一定产量的前提下，严格控制氮肥的施用量，严格控制后期的肥料施用。一般全生育期每公顷施纯氮 180～210 kg。基肥、追肥比例控制在 7：3，基肥、壮蘖肥（平衡接力肥）、拔节肥施用比例为 7：1：2，即基肥占总施氮量的 70%，平衡接力肥占 10%，拔节肥占 20%。在江苏省弱筋小麦适宜生态区，壮蘖肥（平衡接力肥）于越冬始期（12 月 25 日左右）施用，拔节肥在小麦基部第 1 节间接近定长、叶龄余数 3.0 时施用。

参考文献

刘建．稻麦优质高效生产百问百答［M］．北京：中国农业科学技术出版社．2016.

附　录

一、湖北省农业主推技术：粳稻—小麦全程机械化周年高产栽培技术

（一）技术要点

1. 粳稻全程机械化生产

（1）优选品种　结合当地小麦播种与收获时间，合理选用适宜的品种，如甬优 4949、南粳 9108、甬优 1540 等。

（2）播种准备（浸种、催芽）　选晴好天气晒种 1～2 d，用稀释 2 000～3 000 倍的咪鲜胺浸种，根据水温，常规稻一般浸种 25～50 h、杂交稻浸种 15～30 h，将吸收饱和的稻种清洗干净后保温调湿催芽至整齐露白待播，种芽播种前用吡虫啉拌种。

（3）培育壮秧　根据小麦收割期和机插秧的秧龄要求，适宜播种期在 5 月 10～25 日。2 叶 1 心期前以湿润为主，2 叶 1 心期至移栽前以旱管为主，不缺水不喷水或不灌水。栽插前 5～7 d 断水促进盘根。气温低时盖膜保温，气温较高则适度揭膜降温排湿。秧龄 18～25 d、苗高 12～15 cm、秧苗键壮无病虫，毯苗坚实、白根多、分蘖芽活力强。

（4）精细整地　小麦收获后麦秆粉碎还田，随即灌水促进秸秆腐熟。耕整后的大田适度沉实，沙质土沉实 1 d，沙壤土沉实 2～3 d，黏质土沉实 4 d。

（5）机械插秧　根据品种类型和秧苗素质调节栽插株距和每穴栽插的基本苗数，合理密植，每公顷栽插 27 万～30 万穴，每穴栽插苗数为常规稻 5 苗、杂交稻 3 苗。浅水栽插，要求行直、栽插浅、靠行准确、空穴率低、穴间均衡一致。机插标准为：漏插率≤5.0%，伤秧率≤5.0%，均匀度合格率≥90.0%。

（6）平衡施肥　以每公顷生产稻谷 11.25 t 为目标，氮肥的总用量为纯氮 270 kg，基肥：分蘖肥：穗肥的比例为 4：2：4。基肥先施后耕，采取全层施，一般每公顷用优质复合肥 675 kg；分蘖肥在栽后 7～10 d、返青的早期施用，每公顷施尿素 112.5 kg；第 1 次穗肥在拔节始期施用，每公顷施用钾肥 150 kg 加尿素 112.5 kg；第 2 次穗肥雌雄蕊形成期施用，每公顷施尿素 112.5 kg。

（7）科学管水　机插后浅水紧泥，促扎根、防飘秧；秧苗返青后及时灌水淹泥配合施分蘖肥和除草剂灭草；灭草完成后的分蘖期，湿润间歇灌溉促进分蘖，当达到目标成穗数的 80%左右时分次轻搁田，控制高峰苗为计划穗数的 1.2～1.3 倍，控苗效果显、叶色落黄后及时复水；长穗期深水灌溉与自然落干相结合，控制地上生长，促进根系生长；孕穗至抽穗期保持充足水分，促进抽穗快速整齐；齐穗后自然落干，间歇灌溉，以干为主；成

熟前 7～10 d 断水，以利收获。

（8）综合防控　防治草害，除早除小。虫害重点防治二化螟、三化螟和稻飞虱等；病害重点防治稻瘟病、纹枯病和稻曲病等。

（9）秸秆处理　稻谷黄化完熟率达到 98%以上时，及时采用联合收割机收割，一次完成切割、脱粒、分离和清选等作业。在联合收割机后部配置秸秆粉碎装置，将水稻秸秆粉碎成 7～8 cm 长，并均匀抛撒，以利小麦播种。

2. 小麦全程机械化生产

（1）优选品种　根据当地生产实际，选用适宜当地种植的小麦品种，如襄麦 25、鄂麦 596、襄麦 55 和郑麦 9023 等。

（2）机械整地　水稻收获后立即机械灭茬、粉碎秸秆还田。整地前，按农艺要求施足底肥。结合机械耕整，耕深≥20 cm 以上，掩埋杂草、肥料和粉碎的秸秆。

（3）精量播种　根据气候、品种类型、土壤墒情确定适宜播期。鄂北地区小麦适宜播期为 10 月 20～30 日。稻茬麦每公顷播种 187.5～225.0 kg，确保基本苗在 18 万～20 万。要求播量精确，下种均匀，无漏（重）播，覆土均匀严密，播后镇压。

（4）平衡施肥　注重基肥和拔节孕穗肥的施用。基肥每公顷施用小麦专用肥或优质复合肥 600 kg，齐苗后 1 叶 1 心时追施提苗肥，每公顷用尿素 112.5～150.0 kg；3 月中、下旬小麦拔节孕穗后主茎第 1 节间定长、第 2 节间伸长时施用拔节孕穗肥，每公顷施尿素、氯化钾各 112.5～150.0 kg，或用高氮高钾 BB 肥 150.0～187.5 kg。后期结合病虫害防治喷施叶面肥，防止早衰，确保冬前每公顷 675 万苗、拔节期 900 万苗。

（5）化学除草　采取“一封二杀”方式，即在播种后采取化学封闭除草。按除早除小的原则，在冬前采取一次性除草。

（6）病虫防治　坚持“预防为主，综合防治”的防控策略，虫害重点防治蚜虫、灰飞虱等，播种出苗后要注意地下害虫的防治；病害重点防治条锈病、赤霉病、白粉病和纹枯病等。于 3 月上、中旬小麦分蘖盛期到抽穗扬花期用药控制小麦纹枯病；于小麦抽穗扬花初期，防治赤霉病。

（7）防旱防涝　确保“三沟”（畦沟、腰沟、围沟）配套，沟沟相通。做到沟直底平，沟沟相通，雨住田干，雨天排明水，晴天排暗水。

（8）机械收获　在蜡熟末期至完熟期，根据实际情况选用小麦联合收割机进行收割。要求小麦联合收割机带有秸秆粉碎及抛撒装置，确保秸秆均匀分布地表。做到割茬高度≤15 cm，收割损失率≤2%。

（二）适宜区域

鄂中北稻麦两熟地区。

技术来源：

华中农业大学植物科学技术院、长江大学主要粮食作物产业化湖北省协同创新中心

技术专家：曹凑贵　李成芳　蔡明历

联系地址：湖北省武汉市洪山区南湖狮子山街 1 号

邮政编码：430070

图书在版编目（CIP）数据

湖北稻麦两熟制发展与技术创新 / 江洋主编．—北京：中国农业出版社，2021.1
ISBN 978-7-109-27732-8

Ⅰ.①湖… Ⅱ.①江… Ⅲ.①水稻栽培②小麦－栽培技术 Ⅳ.①S511②S512.1

中国版本图书馆 CIP 数据核字（2021）第 005337 号

湖北稻麦两熟制发展与技术创新
HUBEI DAOMAI LIANGSHUZHI FAZHAN YU JISHU CHUANGXIN

中国农业出版社出版
地址：北京市朝阳区麦子店街 18 号楼
邮编：100125
责任编辑：郭　科　孟令洋
版式设计：王　晨　　责任校对：刘丽香
印刷：中农印务有限公司
版次：2021 年 1 月第 1 版
印次：2021 年 1 月北京第 1 次印刷
发行：新华书店北京发行所
开本：787mm×1092mm　1/16
印张：11.75　　插页：2
字数：265 千字
定价：80.00 元